U0791135

水文化建设丛书

水之行

水利部精神文明建设指导委员会办公室
中国水利文学艺术协会
编

黄河水利出版社

图书在版编目（CIP）数据

水之行/侯全亮主编；水利部精神文明建设指导委员会办公室，中国水利文学艺术协会编.—郑州：黄河水利出版社，2012，6

ISBN 978-7-5509-0282-4

Ⅰ.水…　Ⅱ.①侯…②水…③中…　Ⅲ.①中国文学-当代文学-作品综合集 Ⅳ.①Ⅰ217.1

中国版本图书馆CIP数据核字（2012）第114941号

组稿编辑：韩美琴　电话：0371-66024331　E-mail:hanmq93@163.com

出 版 社：黄河水利出版社

地址：河南省郑州市顺河路黄委会综合楼14层　邮政编码：450003

发行单位：黄河水利出版社

发行部电话：0371-66028414、66026940、66026924、66022620（传真）

E-mail:hhslcbs@126.com

承印单位：河南瑞光印务股份有限公司

开本：787 mm×1 092 mm　1/16

印张：22.375　插页：4

字数：319千字　印数：1-1 000

版次：2012年6月第1版　印次：2012年6月第1次印刷

定价：48.00元

2011年5月5日“行走黄河看水利”中国作家协会黄河采风团在京启动。图为出发式会场

水利部领导与黄河采风团全体成员合影

前排左起：哲　夫　周学文　徐　乘　陈世旭　陈　雷　高洪波　李国英　吕　雷　袁建军

后排左起：高　伟　靳怀琫　方英文　韩春旭　常　莉　李　良　高　凯　刘功业　贺　平　杨　克　叶　舟　侯全亮　王志祥

采风团离京后抵达黄河河口。图为在山东东营黄河岸边考察合影

作家们在山东济南考察黄河防洪形势与标准化堤防建设

采风团成员在山东菏泽冀鲁豫解放区黄河水利委员会纪念碑前合影

采风团在河南郑州花园口将军坝了解黄河历史洪水情况

采风团在郑州参观黄河模型基地

黄河水利委员会主任陈小江向黄河采风团一行介绍黄河治理开发情况

采风团一行在南水北调中线穿黄工程工地考察

作家们在黄河小浪底大坝上详细询问工程建设运行与发挥效益情况

采风团实地考察三门峡工程

紧张采访记录

感受黄河壶口瀑布壮景

采风团在黄河壶口瀑布纪念碑处合影

采风团在甘肃天水麦积区中山流域万亩葡萄园基地

编委会名单

编委会主任：陈　雷

编委会副主任：周　英　张印忠

编委会成员：刘学钊　罗湘成　袁建军

王经国　王卫国　孙秀蕊

姜　莉

主　　编：侯全亮

参编人员：李肖强　廖晓瑜　殷万维

孟　昊　梁海燕

走近黄河看水利

（序一）

水是生命之源、生产之要、生态之基，也是经久不衰的文学母题。水利是治国安邦、造福子孙的千秋伟业，也是丰富多彩、绚丽多姿的文学题材。当代水利特别是广大人民群众的治水兴水实践，为文学艺术创作提供了丰富素材和广阔空间。长期以来，广大作家朋友们关注水利、热爱水利、深入水利、贴近水利、讴歌水利，创作了大量具有深刻思想内涵、感人艺术魅力、强烈时代特征、鲜明水利特色的优秀文学作品，为水利又好又快发展营造了良好文化氛围、提供了强大精神动力。

2011年中央1号文件和中央水利工作会议，从实现中华民族伟大复兴战略高度，从党和国家事业发展全局出发，对加快水利改革发展作出了全面部署，掀开了中国特色水利现代化建设的崭新篇章。为使社会各界和广大群众更加了解我国的国情水情，凝心聚力推动水利事业发展，去年5月，水利部、中国作家协会联合组织了“行走黄河看水利”——中国作家协会会员赴黄河采风及创作活动。此次采风活动得到了中国作家协会的高度重视和大力支持，高洪波副主席专题听取汇报、亲自部署安排并担任采风团的团长，中国作家协会创联部的同志积极联系作家，为采风活动做了大量深入细致、富有成效的前期准备工作。由15位知名作家组成的采风团不辞辛苦，溯流而上，历时12天，行程万余里，跨越7省市，对黄河河口治理、防洪工程布局、标准化堤防建设、小浪底水利枢纽等进行实地考察，深入了解黄河历史、黄河文化和黄河新貌，达到了熟悉水利工作、体验人文风情、感受时代变化、积累创作素材、激发创作灵感的目的。

在这次短暂而紧张的文学之旅中，作家朋友们用敏锐的眼光发掘题材，用火热的激情感受生活，用真挚的笔触传播信息，采写和创作了一大批描写水利的壮美篇章。这些作品，热情讴歌了在中国共产党领导下水利事业取得的巨大成就，形象诠释了“水是生命之源、生产之要、生态之基”的深刻内涵，生动记录了广大人民群众和水利工作者的治水足迹，充分体现了中国文学界和文学家们强烈的时代责任感和历史使命感。这些精品力作的结集出版，不仅为水文化建设增添了宝贵财富，也必将对鼓舞斗志、凝聚人心，推动水利改革发展产生积极影响。

当前和今后一个时期，是全面建设小康社会、加快推进社会主义现代化的重要时期，也是抢抓战略机遇、加快推进水利跨越发展的关键时期。波澜壮阔的治水兴水实践，必将为文学创作提供更为丰厚的素材，搭建更为广阔的舞台。衷心希望作家朋友，更多地关心水利、重视水利、支持水利，创作出更多更好的水利文学精品，使社会各界和广大群众更加了解我国的国情水情，更加关注水利事业的发展，进一步提高全民水患意识、节水意识和水资源保护意识，为水利的改革发展营造良好氛围，让水利更好地造福国家、惠泽民生，共同为中华民族伟大复兴贡献力量！

是为序。

2012年6月5日于北京

黄河水

（代序）

天下最有名的当数黄河水，“黄河之水天上来”，李白都佩服。黄河水如其名，可劲儿地黄，黄到一吨水最夸张时有900公斤沙，据说人躺在水面上都沉不下去，这哪里还是水？整个一个泥石流嘛！

黄河水发源时并不黄，像人类的童年一样清纯、清澈、清亮，后来长大了，流经黄土高原。黄土黄沙黄尘掺合进水里，像私心杂念欲望一干杂物伴随一个人成长成熟一样，黄河的水想不黄都是断断不可能的。黄水黄，黄水涨，黄水使黄河变得凶悍粗壮。黄水携黄沙，一路沉淀，沙水相依，水沙相长，到得河南地面，日积月累的河床渐渐抬高，黄河变成“悬河”，最高处在新乡，黄河高出地面27米，“疑是银河落九天”，悬不悬？

黄河高傲地穿过中原大地，她曾在花园口为抗日战争尽过一次力，以水为兵，阻击嚣张的日寇3个月，可是我们也付出近90万普通百姓的生命。90万生灵伴随咆哮的黄河水，还有他们生长的家园、地里的庄稼，一起化为民族苦难伤痛弥之久远的记忆。

抗战八年，黄河改道八年。

抗日战争胜利，当时的执政党国民党政府又想起黄河水，想再次以水代兵，让黄河回归故道，理由充分，但背景却是内战在即，黄河水回归一可切断中共占领的根据地，二可淹没大片解放区，于是，一个特殊的部门——黄河水利委员会（简称黄委会）建成了，那是在1946年的春天，当时的称呼是“冀鲁豫黄河水利委员会”。从那以后，“人民治黄”的事业开始，38岁的北京大学法学院毕业生、“一二·九”学生运动的参加者王化云成为共和国第一代“河官”。

关于王化云，我曾为他写过一首小诗：“化云化风又化雨，化作根石护大堤。驻守黄河四十载，铁血人生铸传奇。”诗中的“根石”是黄河人的专用术语，是扎根在黄河大堤下的石头，深处在十几米；还有一种石叫“坦石”，铺在堤上的石头。此外黄河堤坝上有一垛垛的石方，黄河水利委员会副主任徐乘告诉我那叫“备石”，是时刻准备战洪峰的石头。

徐乘的近百岁的老父亲徐福龄先生是黄委会的老人，他与王化云共事过多年。王化云是徐乘的父执辈，也是老领导。徐乘说起王化云故事多多，譬如新中国成立后毛泽东主席第一次出北京，去的就是河南开封，视察的就是黄河。也就是那一次视察黄河，浪漫的毛主席提出“骑马走黄河”的设想……在那次的会见时，毛主席拿王化云的名字开玩笑，让他半年化云、半年化雨。也就是那一次视察黄河，毛主席提出“南方水多，北方水少，如有可能，借一点来是可以的”，这就为当今的“南水北调”工程拿出了高瞻远瞩的基础性建议。

黄河水，流淌到今天，已不再是当年的模样，母亲河曾断流，差点变成“干娘”；黄河水成为宝贵资源，被流域所经的各省尽可能利用和消耗，所以管理黄河的黄河水利委员会，提出“三条黄河”的设想，即数字黄河、模型黄河和原型黄河。数字黄河指的是对黄河各闸口水流量的数字化管理；模型黄河指的是黄河水利科学研究院对黄河的模型试验，每次都可以测出准确的数据；原型黄河好理解，指的就是实实在在的黄河。我恍惚觉得黄河正在成为一门“黄河学”，“三条黄河”之外，你还可以设想到历史黄河、文化黄河、军事黄河、民俗黄河……

黄河水奔流到海的地方叫东营——胜利油田所在地，我们从东营溯河而上，东营的黄河水一点都不黄，清且宽阔的河面，旁边有大片的湿地。据说黄河每年可造湿地2万亩，因此东营市是不断扩张土地面积的城市。在湿地上我见到几百只大鸟，正在水泥电线杆上的巢中育雏。这大鸟长嘴白羽，形类仙鹤而非鹤，学名白鹳，飞姿典雅，在欧洲民俗中被认定是专送婴儿的使者，故名气极大。如今这候鸟因黄河湿地的挽留，竟索性变成了留鸟，永久居住下来。由此可见黄河水质及入海口生态的变化。

10年来，由于小浪底水库的修建，黄河再没有断流。小浪底水库的调水调沙是极壮观的景致，水龙奔涌时声若巨雷，分成黑龙、黄龙和白龙，在空中交汇搏击，落地而泻。黑龙是黑沙，黄龙是黄水，白龙则是清流。调水调沙技术使水库大大减缓了淤积的程度，黄河的河床非但不再增高，反倒降低了许多，所以小浪底工程了不起。

徐乘缓缓地告诉我：王化云有句话是“小浪底不上马我死不瞑目”。也巧，就在小浪底工程开工不久的1993年，王化云因病去世。他的骨灰被埋葬在邙山上，永远伴随着黄河的涛声，王化云走完化云化雨的一生。

黄河水养黄河人，走黄河，黄河的传说故事多，一条大河，无休止地流淌，我们知道的毕竟有限……王化云，仅只是黄河万千浪花中的一朵吧。

高洪波

2011年8月

前 言

2011年新年伊始，中央一号文件聚焦水利，为水利改革与发展指明了前进方向，明确提出了新的目标任务，为水利工作带来了新的战略机遇。在深入贯彻落实中央关于水利改革发展重要决策部署之际，水利部和中国作家协会联合组织了“行走黄河看水利”中国作家黄河采风活动。旨在通过作家的采风和创作，讴歌我党领导下中国水利事业发生的巨大变化和重大治水实践，阐释“水是生命之源、生产之要、生态之基”的深刻内涵，宣示水利事业在国民经济和社会发展中的重要战略地位，展现“献身、负责、求实”的水利行业时代风采，昭示黄河维系民族情感、凝聚炎黄血脉的巨大感召力。这次采风活动，正逢其时，主题鲜明，对于鼓舞和凝聚全社会治水兴水力量，奋力推进水利改革发展新跨越，具有十分积极而重要的意义。

水利部、中国作家协会领导高度重视本次黄河采风活动。水利部陈雷部长和中国作家协会高洪波副主席亲自审定采风活动方案，确定采风主题、行走路线及组织机构。进入实施阶段，水利部在北京举行出发式，陈雷部长主持仪式并发表讲话，深刻阐述此次采风活动的重要意义，寄予了深切的希望。高洪波副主席、李国英副部长在出发式讲话中，对此次采风活动提出了明确要求。

此次“行走黄河看水利”中国作家黄河采风团,由高洪波副主席担任团长，包括小说家、散文家、诗人、报告文学作家，共计15名成员。采风活动由水利部精神文明办公室、中国作家协会创联部、中国水利文协和黄委具体组织实施。采风活动自5月5日在北京出发，赴黄河入海口沿河溯流而上，至5月16日在甘肃兰州结束,历时12天，跨越七省市,行程5500公里，沿途实地考察了河口治理、油田生产和生态湿地恢复、山东、河南黄河下游河道形势和标准化堤防建设；参观了小浪底水利枢纽、三门峡水利枢纽和在建的南水北调中线穿黄工程，考察了北干流河段的河道形势及治理以及黄土高原陇东地区水土流失小流域综合治理和坡改梯水土保持示范工程。同时，结合采风主题，还参观了几处革命传统教育基地和历史文化遗迹。

参加“行走黄河看水利”采风活动的采风团成员，多为活跃在当今中国文坛的知名作家，他们文思敏锐，情感丰富，观察细腻，近年来创作了不少思想深邃、富有艺术感染力和鲜明个性的作品。水利是国民经济和社会发展的命脉，黄河是中华民族共同的根，黄河治理开发是大家共同关心的话题。通过此行，作家们进一步增强了对水利事业在治国安邦大局中重要地位的认识，加深了对贯彻落实中央关于改革发展重大决策精神的理解，深化了对黄河基本河情、维系民族情感及治理开发成就的感知，从而激发了新的灵感，开掘了新的题材，汲取了新的创作源泉。采风途中，从团长到团员，以作家特有的责任感、使命感，深入一线，紧张采访，认真思考，热烈交流，表现出了强烈的创作激情。不少作家采风途中即兴创作，有的作家根据深度创作的特点，已完成素材消化与构思，制订出了创作计划。

作为本次采风活动的支持单位，水利部黄河水利委员会给予了全力支持与积极配合。黄河水利委员会主任陈小江在对治黄工作进行全面调研之际，专门部署本次采风活动的工作，并主持与作家采风团的座谈会。黄委党组副书记、副主任徐乘，党组成员、纪检组长李春安陪同采风途中，向作家详细介绍黄河治理开发情况。黄委负责具体实施的同志，服务周到，精心链接整个采风行程。沿途黄委所属单位各司其责，提供了良好的采风条件。

人民日报、新华社、光明日报、文艺报等新闻媒体对此次采风活动及时进行报道，中国水利报、黄河报专门派出记者随团采访，水利部网站、中国作家网、中国水利网、黄河网开设专栏，多侧面展现了采风活动进程和作品。

在各级领导高度重视和有关方面的共同努力下，此次采风活动准备充分、组织有序、内容丰富、实施顺利，成果颇丰，实现了预期目的。是一次宣传贯彻中央关于水利改革发展重要决策部署之旅，是一次水利与文化的交融汇流之旅，也是一次感受母亲河的寻根之旅。

水利部领导对于此次“行走黄河看水利”黄河采风活动，给予了充分肯定和高度评价。陈雷部长在重要批示中指出：这次活动意义重大，影响深远，组织有力，成果丰硕。望认真总结，把今后的活动办好。李国英副部长指出：举办此项活动，有利于提高社会对水利重要性的认同感，有利于扩大水利事业发展对社会的影响力，从而可为水利改革发展营造良好氛围。

采风结束后，经过一段时间酝酿创作，参加采风的作家又陆续或发表、或完成了一些后续力作。为使这些作品集中发挥更好的社会宣传教育作用，并藉以见证本次“行走黄河看水利”采风之行，根据水利部领导的指示，我们将各位作家先后创作的作品以及有关采风新闻报道等进行了收集，现以《水之行》冠名结集出版。

本书由侯全亮担任主编，全书共收集15位作家的72篇作品和23篇新闻报道。按作品体裁，分为诗歌、散文、纪实、专论、感言、报道6个部分。为了直观生动地反映采风过程，文中穿插了现场拍摄的一些照片。需要说明的是，就在黄河采风活动结束不久，中国宁夏首届黄河金岸诗歌节亦落下帷幕，其间涌现出一批以歌颂黄河、赞美黄河为主题的优秀诗篇。经中国作家协会高洪波副主席举荐，本书选编了其中诗人刘诚、凸凹、王建军的3组长诗。陈雷部长、高洪波副主席对于本书的编辑出版，给予了大力支持，欣然为本书写了序言，充分体现了水利部、中国作家家协会领导对水文化建设的高度重视和亲切关怀。

值此《水之行》结集出版之际，谨向参加“行走黄河看水利”中国作家黄河采风活动的作家和所有为本次活动付出辛勤劳动的领导与同志们表示衷心的感谢！

编者

2012年5月

目录

诗歌

散 文

纪 实

新闻报道

诗歌

黄河行吟十三首

高洪波

小引：2011年5月5日，水利部部长陈雷、副部长李国英邀请中国作家赴黄河采访考察，壮行之后即赴济南，途中诗句若干……

走黄河有感

行走黄河看水利，
千古兴亡一河聚。
波涛流尽万民情，
水情民情两相宜。

黄河断流

黄河亦曾断洪流，
事关民族伟业休。
如今调水又控沙，
喜见刀鱼复洄游。

运土成地

万里黄河东入海，
至此方知水生财。
年积湿地二万亩，
寸土寸金水中来。

领袖遗愿

领袖期盼走黄河，
独骑溯源吟壮歌。
而今我辈沿途走，
追思前贤感慨多。

“行走黄河看水利”采风活动结束5个月后的2011年10月27日，高洪波副主席再次来到黄河口，真切地看到了这里生态修复呈现的野生植物千顷芦花、“万亩红毯”和黄河汇入大海蔚蓝色的盛景

观黄河大堤

根石扎根黄河岸，
坦石坦卧黄水滩。
垛垛备石如堡垒，
只待洪峰战几番。

黄河模型馆

福祸预测真国士，
缩龙成寸有高人。
模型黄河今在握，
数字掌控梦成真。

东　营

环顾东营无高树，
唯见井架立油田。
紫槐含俏迎远客，
俯首又见二月兰。

白　鹳

黄河湿地白鹳落，
昔日候鸟今常客。
一羽腾云引雏飞，

仙姿雅态踏春色。

车过兰考

绿满沃野过兰考，
春上枝头杨树梢。
至此缅怀焦裕禄，
公应含笑慰九霄。

高村闸有感

黄水决堤弹雨飞，
涛声宛若战鼓催。
英雄血沃中原草，
赢得彩虹照翠微。

远望楼观海

万里黄河入海口，
天风猎猎远望楼。
海晏河清波不惊，
芦荻积翠待深秋。

入海口即兴

远望楼上观沧海，

海蓝蓝兮河清清。
桥下游鱼沉渊乐，
湿地百鸟正欢鸣。

一代河官王化云

化云化风又化雨，
化做根石守大堤。
呵护黄河四十载，
铁血人生铸传奇。

2011年10月27日高洪波副主席再次来到黄河口，与水利部、黄河水利委员会、山东黄河河务局陪同人员合影。左起：周月鲁、高洪波、徐乘、袁建军、侯全亮

高洪波 笔名向川。1951年12月出生，内蒙古开鲁县人。儿童文学作家，诗人，散文家。现任中国作家协会党组成员、副主席，《诗刊》主编，中国作家协会儿童文学委员会主任。著有儿童诗集《大象法官》、《鹅鹅鹅》、《吃石头的鳄鱼》、《喊泉的秘密》、《我喜欢你，狐狸》、《种葡萄的狐狸》、《少女和泡泡糖》、《飞龙与神鸽》，散文集《波斯猫》、《文坛走笔》、《高洪波军旅散文选》、《司马台的砖》、《人生趣谈》、《为二十一世纪祈祷》、《柳桃花》、《避斋走笔》、《高洪波散文选》，评论集《鹅背驮着的童话——中外儿童文学管窥》、《说给缪斯的情话》等。

黄河望

——献给黄河水利人

高 凯

上 游

草原上面是什么
草原上面是白云
白云上面是什么
白云上面是黄河
黄河上面是什么
黄河上面还是黄河

中 游

黄河人
饱蘸一大笔浓墨重彩
一阵狂草　把一个“河”字
题在大地上
一笔瀑布的飞白
从一个个高处落下
奔腾喧响

黄河人一气呵成
没有败笔 而那轮旭日
恰似一枚鲜红的印章
跃然纸上

下 游

一双大手 在小浪底
轻轻掬起一捧河水
大浪淘沙
谁的十指绿水环绕
让山川如此秀美
只为去大海寻找一个深沉的梦境
谁一泻千里　头也不回
形神相亲　一条母亲大河
身后是无数块儿女一样守望的备石
筑就的高垒

作家高凯在小浪底库区采风

高凯　1963年生于甘肃合水，甘肃文学院常务副院长，甘肃省当代文学研究会副会长，国家一级作家。先后在《飞天》、《绿风》、《星星》、《人民日报》、《解放军报》、《诗刊》、《中国作家》、《人民文学》、《诗歌报》、《作品》等报刊发表诗文。其中60余首（篇）被《诗选刊》、《作家文摘》、《中国诗歌精选》、《中国年度最佳诗歌》、《人民文学50年诗选》、《新中国50年诗选》等选载；诗集《心灵的乡村》2001年获第二届鲁迅文学奖诗歌奖提名；诗作《村小：生字课》2002年获第五届中国作家协会优秀儿童文学奖佳作奖；诗集《英雄诗篇》获第三届甘肃“五个一”工程奖。

格桑花

高　凯

在黄河中游，一位叫王健的水利工作者叮咛我一定写一首关于格桑花的诗……

大哥　你为什么喜欢格桑花
你为什么要只有传说里才有的格桑花
你为什么要只有歌声里才有的格桑花
你为什么要谁也不认识的格桑花
啊　格桑花

大哥　你为什么喜欢格桑花
玫瑰花那么好你为什么就要格桑花
牡丹花那么好你为什么就要格桑花
迎春花那么好你为什么就要格桑花
啊　格桑花

大哥　你为什么喜欢格桑花
花中没有我就到梦里给你找格桑花

地上没有我就到天上给你找格桑花
今世没有我就到来世给你找格桑花
啊　格桑花

大哥　你为什么喜欢格桑花
其实你脚下的茧花里就有格桑花
其实你头顶的雪花里就有格桑花
其实你不眠的窗花里就有格桑花
啊　格桑花

大哥　你为什么喜欢格桑花
我要从黄河的浪花里给你采格桑花
我要从心灵的泪花里给你采格桑花
我要从生命的火花里给你采格桑花
啊　格桑花

大哥　你为什么喜欢格桑花
有一种格桑花远在天边近在眼前——
一生守在母亲河畔的儿女就是格桑花
我写给你的这首诗就是格桑花

行走的黄河（组诗 11 首）

刘功业

沿着黄河

一

黄河，一条巨大的杠杆
青藏高原压向你
巴颜喀拉山压向你
黄土高原压向你……
于是，太阳上升了
我们也走向东方
为这辉煌的上升
建造一座人字形的支点

二

啊，黄河
无数颗太阳、星星和月亮
沉没和升起的河
摇曳急骤的旋律里

河沿上的喇叭花
唱着一支古老的渔歌
颓败的土墙下
锈蚀的铜币和方鼎
破碎的陶片和衰朽的骨骼
阴山、华山上古堡和庙宇的遗迹
风沙中辚辚的战车与血
淤积着，沉没了
积淀成这一页凝重的历史

浑浊的水流上
粗犷的船夫曲
一直清凉凉地唱着
一片黄色的大陆
是曙光织成的旗帜
沿着穷汉们的视线
在上升

三

朝霞和海浪
瞩望着这一片神奇的土地——
低矮的茅屋下
颤动的炊烟在上升
汽船上拉网的小调在上升
丰满的谷仓
和钢结构的楼房在上升

老槐树下的笑谈与酒
也在上升

富裕的现实
和不满足的理想
摇出黄河两岸斑斓的星光
于是，我和你
也升出了地平线
为了使每一个音符
都能和波涛一样
在阳光下鸣响

四

当然，可能还会有风
风沙，仍会在豆棵上打着漩涡
但是——
火红的高粱在成熟
雪白的棉花在成熟
金灿灿的小麦在成熟
沉甸甸的大豆在成熟
晶莹的爱情和缤纷的生活
也在成熟

在这片肥沃的土地上
风，只能加快成熟的节拍
让人同成熟的庄稼一起

收获沉思后累累的硕果

五

我们不急于评价自己
就像不急于评价这条河
河流将把渔歌和船队
带给经过的城市和原野
也带去这条河流
永不会消失的特质和音色

走吧，让我们向前走吧
只要沿着这条河
沉稳的足迹不断拓展
绿洲唱起无声的浩歌
只要沿着这条河
我们就能走向东方
走向大海
走进关于东方人
那不再封闭的传说

1982年7~8月

黄河瘦了还是胖了

黄河瘦了一些
还是胖了一些
D37次在过济南大铁桥的时候
还是慢了下来。我宁愿去想

这不是因为列车
就要到达终点的原因
而是因为我的目光
车里所有作家诗人的目光
那些不是作家和诗人的目光
都在看着黄河
都在抚摸着黄河
我们的母亲河

春天绿色的衣襟下，母亲的乳房
那养育了多少孩子和文明的乳房
那曾经的丰满和美丽
那永远的青春和激情
在丰天厚土的一片浑黄里
如今，有些枯瘦和干瘪

目光，还是有力量的
黄河瘦了一些，还是胖了一些
很明显，这关系到情感
也关系到我们的生活

老张的黄河

在泉城五月的夜色里
老张的黄河，停留在源头
那漫过草滩的清澈
他青春的17年，和那片土地

紧紧连着。连着雪山
连着玉树，连着风干肉和酥油茶
连着地震和雪灾中所有的痛哭

从黄河源到入海口
老张的讲述激动了一路
我从他的脸上
看到高原风走过的痕迹
我从他的语言里，感受黄河
滔滔的丰沛，如一条动脉
从心脏开始，在他身体里弯曲

什么丢了

出门的时候
我的钥匙丢了

走在路上
我的身份证丢了

走到黄河
才发现
是我的感情丢了

黄河母亲

躺在你的怀抱里

我是一个婴儿
永远吮吸着
你香甜的乳汁

站到你的肩膀上
我是一条汉子
从此
顶天立地

少女黄河——写在黄河口

就要扑向海。黄河
那一颗扑通扑通的心
才算平静下来
海，在前面期待着
张开手
鼓起风的翅膀

爱，是一种蓝色的情怀
爱你。想你
就是用心拥抱你
任凭相隔千里万里
从此，让生命
融化在一起

失恋的黄河——写在黄河故道

河床。静默着
和土地挽着臂膀
芦苇。碱蒿
大豆。高粱
难分彼此

曾经沧海难为水
只有一腔狂野的风
依然浩荡
那些同样浩荡的水呢
在梦里青春着

期待着
哪怕又一次奔腾无羁的泛滥
让我
重新在你的生命里
歌唱

黄河一滴水

格拉丹冬雪峰的神女
用疯狂的爱意　把太阳

搓揉成黄河的一滴水

米脂的婆姨　绥德的汉子
把走西口的信天游
唱成了黄河的一滴水

河比天高　心比河高
三门峡　洛口渡
举起了黄河的一滴水

老娘亲的眼睛望着海峡对岸
盼归盼归的声声呼唤
凝结成黄河的一滴水

一壶浓浓的碧螺春
一壶巴西的咖啡豆
馥郁成黄河的一滴水

每年冬天
从山东引黄济津的时候
我都会珍藏起黄河的一滴水

我的故乡在黄河的方向
我的母亲在黄河的方向
我也是黄河的一滴水

只是黄河一滴水

只是黄河的一滴水
却如此的骚动
如此的亢奋
如此的不安
只是黄河的一滴水而已
让诗句和雪山水一起奔腾

我
在那片高原上停留的时候
是2004年的春天和夏天
在海拔5000多米的地方
沼泽湿地拉着你的脚步甚至躯体
依然有大漠荒山
依然有河湖泛滥
高寒，而且缺氧
植被稀少而阳光灿烂

我没有想到我是黄河的一滴水
我只是野牦牛掠过的风中那一粒砂子
我只是黑乌鸦眼里比鼠兔大一些的动物
黄河的一滴水沉重地落下
让我的心脏更沉重地跳起
穿了羽绒棉衣睡觉
像身上压了一个肥胖的姑娘

空了身子走路
像在平原上扛了100公斤水泥
那是个叫三江源的地方
那是个叫通天河的地方
那是个叫巴斯岗根的地方
那是云朵比棉花还要白的地方
那是冰川上落下黄河第一滴水的地方
洁白的冰融化了就黑了
圣洁的雪落下来就黑了
河水依然苦涩
江水依然混浊
喝了就一把把地掉头发
半年不到，就有了列宁一样广阔的前额

专家们解释不通
在这含了很多矿物质的水边
人们反而喜欢喝千里之外运来的矿泉水
在这第一滴水落下的地方
人们想念海想念得发疯
丢失了树也丢失了草的高原上
煮成面汤的饺子和总是烧不开的水
就像寡淡的生活又丢失了爱情

在苍鹰拍打着天空的翅膀下
我在黄河的第一滴水里听到婴儿落地的第一声啼哭
在藏獒和马群卷起的狂风里
我在黄河的第一滴水里听到它对大海那不安分的向往

演唱格萨尔王的艺人齐美唱着歌
养育了孩子的摇篮留不住孩子的脚步
游荡在唐古拉山上的牧人洛桑说
降生了雏鹰的高山挡不住雄鹰的翅膀

黄河的第一滴水生下来就意味了反叛
当黄河的第一滴水从那些草根下经过
当黄河的第一滴水从那些冰床上经过
当黄河的第一滴水从那些山崖上经过
当黄河的第一滴水从生长了绿树和村庄的土地上经过
当黄河的第一滴水从黄土高坡上经过
黄河的第一滴水还是原来的那一滴水吗

不经过千里万里的奔波
黄河的第一滴水找不到大海
不经过爱情死去活来的洗礼
纯真的少女不会变得漂亮可爱

我游动在水的世界里
我没有注意哪是黄河的第一滴水
就像我在美轮美奂的渤海边
怎么也找不到那最初的一滴水

过黄河的时候

过黄河的时候
柳梢儿绿了

过黄河的时候
杨花儿飞了
你说那是春天
有好几年了
一看见黄河的干河滩
春天就来了
一看见春天的大风沙
黄河就干了
回老家的路上
许多的感叹砸得心寒
水做的黄河女人
在干黄的风里摇摇摆摆
就像被风沙刮得晕头转向的春天

过黄河的时候
苇茅儿飞了
过黄河的时候
杨叶儿落了
我知道你会说这是秋天
风沙在宽广的河滩里打旋
黄河飘忽成一条风筝的细线
把回家的心事绕得缠缠绵绵
过一次黄河
你感到身体里的水分就丢失一次
过一次黄河
你感到拧住心脏的手就痉挛一次
家乡就慢慢地遥远

遥远得再也提不起回家的字眼

壶口瀑布

阳光。从天上砸下来
这样一直砸到人间
一条山谷晃了几晃
阳光把你砸得生疼
眩晕。眼冒金星
脱一层皮
再狠狠地掐上一把
把阳光的指头
深深地插到
你的肉里
把阳光的骨头
坚硬地长在
你的心里

黄河。从天上砸下来
这样一直砸到民间
从迷蒙的云端之上砸下来
黄河就成了飘散的云
从众生的仰望之中跌下来
黄河就成了朴实的娘
把日子磨成深谷
把岩石搓成泥沙
从地上切入地下

子孙们跟着娘一起
在阳光里脱胎换骨
声声啸叫着飞起来
骄傲威武地站起来
把每一滴的浑浊与苦涩
都以乳汁的形式
香甜地化成你的血液
把每一滴血气
都唱成信天游
在生命里激荡

阳光，跳起来
从这一道宽广的河床上
黄河，跳起来
从这一道深深的伤痕里
每一滴卑微的水
都光芒四射
有了英雄的性格
以携雷裹电的力量
也把需要经受的磨难
传达给芸芸众生

阳光
需要一个这样的轮回
黄河
需要一个这样的轮回
我，也需要这样一个轮回

在此时
在此刻
在永远

作家刘功业采风于黄河壶口瀑布

刘功业 笔名若夫。山东淄博人。1982年毕业于山东大学中文系。中国作家协会会员，文学创作一级。著有诗集《星星海》、《若夫诗选》，散文随笔集《寻找湖泊》、《天凉好个秋》、《南昆壮歌行》、《绿色崇拜》(合集)，报告文学《梦升起的地方》(合集)，长篇报告文学《激情唐古拉》、《第三极——天津滨海新区发展纪事》。另发表有小说、艺术评论等。

黄河安澜

李　良

日月经天，江河纬地，
多少载涛滚云飞，
在水一方，
逐水而居，
一汪滋养人类文明的乳汁，
在时间的长河中飞溅丰收的喜悦，
也留下噩梦般的悲戚。

于是，对水的情感，
赞颂的诗句相伴诅咒的泪滴；
于是，人类的历史，
相伴与洪水抗争的历史；
于是，伫立大河岸边的我们，
总会想起大禹三过家门而不入的伟岸雄姿，
想起贾让王景远眺洪水的殚精竭虑，
想起靳辅陈潢为民请命的辛苦奔劳……

瞩望中原，这方黄河之水浸润的文明摇篮，
大河奔流在这里淤积成千里沃野，
麦浪翻滚、稻菽飘香的美景中，
也曾有流民图的苦难，也曾有黄泛区的记忆。
翻阅这片土地的历史，
人们常常会发现这样的规律：
凡是水利衰的岁月，
正是中华民族遭受磨难的时候；
凡是水利兴的时代，
正是中华民族发展的鼎盛时期。

而今天，当我们站在盛世和谐的春风里，
站在共和国“十二五”宏伟蓝图前，
站在吹响“一号”文件进军号角的华夏大地，
当我们再一次用心解读在几千个方块字中，
人们组合出的一个寄托世代梦想的词汇——水利，

李良采风考察于人民胜利渠

她不仅印证了历史规律的精辟，
更让我们深深理解了“水利”的含义。

带着几千年对水的渴望，
我们在层峦叠嶂中开凿出“人工天河”的奇迹；
带着几千年与黄河较量的智慧，
我们在广袤的田野上修建起人民渠、幸福渠……
在春潮涌动的流金岁月，
水利人用心血把盛世安澜的美景描绘：
龙羊峡、铜锅峡、三门峡、小浪底巍峨矗立的水库大坝，
让肆虐的洪水变成甜美的甘泉；
万里标准化固若金汤的河道堤防，
让汹涌的波涛乖乖听从指挥……

一条条接踵而至的喜报，相伴黄河两岸经济的腾飞，
一个个意义重大的成果，让“三条黄河”成为现实，
一系列令人瞩目的成就，描绘和谐黄河的华章，
一行行踏实前行的脚步，奏响盛世安澜的旋律——
盛世安澜，这是黄河水利人捧给这个时代最厚重的献礼！

李良 河南郑州人。1984年毕业于武汉军事经济学院。河南省委宣传部首批签约作家。中国水利作协常务理事。1988年开始发表作品。中国作家协会会员。著有长篇小说《欲望之门》、《欲望之舟》，小说集《风景线》等。中篇小说《臭弹事件始末》获1993~1994年《昆仑》文学奖、第四届中国人民解放军文艺奖等。

黄河诗章(11 首)

刘 诚

神的河流。也有忧伤。

神的河流。太多的黄土，在搬运中。

——沿黄采风手记

黄 河

站起，一位披黄袍的巨人
背靠青藏高原问天，吐出漫天云的思绪
躺倒，一条漫步的巨龙
足踏宁夏大地向北方弯曲
青铜质地的形体，勾勒出饥饿的形状

这水里有龙和马

这水里有龙和马，有太多的黄土
这水如此柔曼、平静，可是总有一种力将龙和马的身体生成

水做的骨肉，有玉的质地和火焰的内心
龙和马的母亲，无数的龙和马在生成中
我看见无数的龙和马在生成中揉碎、远去，转眼就不见了
可它们仍在生成、仍在揉碎、仍在涌动

神的河流啊，那些吸引一条河流的事物也吸引我
我看见即使是在最温情、最曼妙的一段
所有那些使你伟大和焦躁的元素，都有

从青铜峡眺望黄河：宁夏之美无以言表

在穿过青铜峡之后，大河急急行进的步履
总是被博大的柔情一再延迟
从青铜峡放眼宁夏大地，辽阔的原野全是一条大河的风景

那么亮、那么亮。那么黄，那么宽阔而又温软
而且右边分叉。它经过了远方一座陌生的城市
而它仍然是深切的。这一刀下去不是峡谷，是田园的风景
这一刀下去，不是死亡，而是一条大河美丽的弯曲
这一刀下去，宁夏平原的包谷熟了，大河两岸的树叶黄了
这一刀下去，宁夏的女儿嫁了，我们看见她的背影
大地上最美的诗句不在纸上，而是由这条大河切割而成
即使远在这里，我仍然听到一条河流在天空下悄然涌流
在切割中延伸
鲜明的粗大的轨迹，就像一条通往天空的高速公路
从青铜峡眺望宁夏：我看见一座大型水利枢纽工程
将一个网状的灌溉渠系从这里摊开，将一座伟大的平原包抄

如此深刻美丽的笔触，只有一条大河才能拥有

谁比谁更硬，更耐心。谁比谁更执著、更有力
谁比谁更爱。更坚韧。更博大。更宽广
那些吸引一条大河的东西
也吸引我。这就是一个诗人与一条大河的生命之书
我愿意是一座平原，以我的宽阔的胸膛接纳你
被你的爱情的手掌细细地研磨，被你的刻刀反复刻划
我愿意你的龙体以多鳞的腹部爬过我起伏的前胸
我不敢以纸上的肤浅的镂刻与一条著名的大河比深刻
但我愿意被它的长刀切开：左边城市，右边田园
而切割仍在继续，如磋如磨，如切如割，向北方大地缓慢延伸
研磨的手掌如此有力如同爱情，如同失控的火灾
切割。神的河流如此温柔。即使是在宁夏平原的最深处
依然清晰如初，微微弯曲。……我倾情沉醉
从青铜峡眺望宁夏平原，我想到下游，在陕西，在我的壶口
暴怒的河流不是切割，而是愤怒的撕咬
愤怒的恐龙一样的猛烈的撕咬，将一条大船抬高

对自流灌溉的某种解释

你的位置较低，而大地的位置更低
要找到幸福的源头，必须从这里向上直到一条大河的入口
自流灌溉就是一条大河在平原上沉醉的意思
自流而且灌溉，是说在很久以前就与一条河建立了信任，并且保持
灌溉作为历史上和平与幸福的标志性符号
在自身的动力之外不需要任何别的动力推动

秦渠、汉延渠、唐徕渠、惠农渠、泰民渠、七星渠、跃进渠……
网状的扩张的灌溉系统就像紧密团结的国家
让人想见像血管一样生发的多毛的根系的美
深入这一片大地的每一个村镇、每一个细胞
自流灌溉，是说这里非常干渴可是并不急躁
被允准在天下之先从容不迫地分享一条河流
自流灌溉就是找到一大片一大片河的碎片，却找不到大河
一条大河已经在平原的深处暂时迷失

黄河金岸：人与河

可以斩断钢铁却斩不断人与河的血脉
我坚决相信，宁夏的历史从一条大河对人的引诱开始
迄今为止，在这一条大河的两岸聚集着
宁夏百分之八十的城市、百分之七十的人口、百分之八十的财富
战争和杀戮无数次将人们驱散，可是都失败了
在贺兰山侧畔，在大片湿地和湖泊之间
宁夏母亲背靠城市和村庄，怀抱棉花与谷物
成为这一片大地上永不降落的经典风景
我建议世人关注人与河的最新一次集结：
在官方的文件里被称黄河金岸
我不是一个人，是一群人，两大民族，六百万众
我创造历史，携带着我的理想和时代

在黄河圣坛

似乎已经古老，但仍然不够古老

似乎已经厚重，但还是显得肤浅和苍白
创造历史并且进入历史的愿望在历史的门外一再受阻
青铜之手托出的殿宇、宝鼎、高大的廊柱
在夕阳的余辉中漂浮。精美的浮雕的纹饰
以飞快的速度爬满器物的表面，如同一次失控的爱情
如果是伟人，一定要走上青铜的照壁在那里占有一个位置
如果是伟人，一定要沿着可供三十个伟人并肩的步道向上
在堆得很高、很高的圣坛向远方久久眺望
该有的一切都有了，但仍然远远不够：你必须耐心等待时间出场
在时间加入以前，肤浅和苍白永远是致命的伤口
在时间加入以前，再没有什么比这里的呼号更渴望
更焦躁，充满了躁动不安的力量

长翅膀的无名神祇

一个王朝的终结如此干净
盛大的皇家车队，再也不可能碾过石雕的步道
风华绝代的美丽仕女香消玉殒零落成尘
以二百年时间精心打造的王朝之星突然殒灭
流星一样划过了中世纪黑暗的天空
然后是寂灭，是永远的抛弃和遗忘
是西凉夏国的传说在民间不绝如缕
它成为童年爷爷讲给我的一个故事
以致今日，我们只能在残存的西夏文字中打捞一个王朝的背影
以致今日，我们只能从双手合十的长翅膀的无名神祇一窥它的绝世
繁华和端庄
以及某种凌空飞动的倾向

贺兰山

一座山峦被祝贺与兰花抬高
一座马一样奔腾、跃动的山脉，有一万匹马跃动的剪影
天黑下来的时候，你的真实想法仍然是谜

挡住了腾格里沙漠的漫漫黄沙
阻止了从西伯利亚南下的滚滚寒流
东北向倾斜的身体，与银川平原大体平行
天黑下来的时候，风是身后飞扬的斗篷
一座被祝贺与兰花逐级抬高的山峦是否比天堂更高
比昨晚的梦境更黑暗、更辽远、更真实

缄默的牧者，我看到天空下那些跃动的马的背脊
每一匹都是神的坐骑
每一匹都有流星的四蹄和健硕的肌肉

宁夏父亲与母亲

我寻找宁夏父亲和母亲
我以黄河之子的名义歌唱
我以黄河之子的名义爱和被爱
我以黄河之子的名义进入历史，创造历史
我看见历史盲目，太阳盲目，只有一只独眼明亮
暮年的王者，请允准我以黄河之子的名义驱赶着三驾的马车

把成堆的干草装上车辆，运到田园的另一边
请允准我以黄河之子的名义在河堤的这一段坐下
重新思考自然、生命、时代、自由和爱情
我有多少内心的话语要写下来，它们被称为日记或者诗歌
我看见一条著名的大河在暮色中缓慢流淌
我看见贺兰山：那是宁夏的伟岸的父亲如此坚毅和沉默
我看见银川平原：那是宁夏的美丽母亲
在月光下展开白银与水的想象

在沙坡头

在沙坡头，骑一匹骆驼上路
我不能断定我的坐骑有怎样的年龄和故事
我不能断定一定进入历史

没有路。从这里向西
腾格里沙漠向远方展开美丽的肌肤
那么细腻、那么细腻
那么平滑，直到天边
像海的波浪一样起伏

我是一个诗歌的后来者
但我不需要写作任何一首诗歌
美丽的诗句已经被唐人写尽了
大漠孤烟，长河落日
我倾情沉醉

等

等了这么久才等到你
等了你这么久，才看到你的大船、码头和斑驳的城墙
以及湿地和黄河母亲的雕塑
你的过兵一样的形体
似有填平下游的愿望
要创造历史只在今日
不要等到花儿都谢了
不要等到河里的水清了
大地的搬运者，我看到你奔忙的身影
等了这么久这么久这么多的朝代
你等到了我

刘诚 1956年生于陕西省洋县酉水，原名刘树之，笔名刘歌，诗人、作家、文艺批评家。中国作家协会会员。大型诗歌民刊《第三极》主编，流派诗选《第三极诗全编》主编。出版诗集《走向人群》、《愤怒》、《词语的暴动》、《命运·九歌》，诗论集《先锋的幻想》、《绝对的力量》，散文集《在命运里旅行》，中短篇小说集《傍晚运水的妇女》、长篇小说《十面埋伏》等文学专著。作品多次获奖并入选《中国诗典》、《中国诗选》、《诗刊社五十年诗选》、《中国新诗金碟回放》诗歌选本，并连续7年入选中国年度最佳诗选。

黄河颂(9首)

凸 凹

黄河颂，或保卫黄河

流动的固体，固体的流动
黄河作为黄河，有着自己的语法和
逻辑。保卫黄河，书生百无一用，但词
增加着黄河的可能性，血性，与柔情
有一个冬天，西夏冰封，黄河流失——
仅仅是词的流失，美的流失……
颂黄河，一笔一画都是牛羊，每唱每腔
都是沙枣和红柳。保卫黄河，风雨
就出风雨的力，诗歌就出诗歌的力
即使不去《诗经》寻找乳头和歌谣
黄河也去了竹简，那流动青铜的土地
群鸟的星宿。今夜——每一个今夜
马匹梦见革命，革命梦见爱情
我的母亲在黄河，我的九十九个女人
九十九个女儿在黄河。作为

堤岸和祭祀，出乎河之左、河之右
河之下——我在任何方向反对玻璃与蚂蚁
反对中产阶级。处高而居，处低而居
上下的暴动多么广大、海拔、和平，多么
锦绣华章。当然，黄河的反应是不可逆的
——黄河可以作为河流，河流
却不可以作为黄河。那是六月
太阳反扣水面。贺兰山下，金沙湾上
我看见黄河的真理九曲回肠，混沌汤汤：
直接、透明，从远方去了远方
——我看见一个又一个自己
成像清晰，巨大无比：直接、透明，从
面前去了远方，从远方去了更远方

村庄帖，或水洞沟

把这峡谷的芦苇一畦一畦吹横
把这土脊的长城一节一节吹立
也吹不出一个小村的大气象，也吹不出
我遥远的惊疑、迟到的慌张
纷繁的词根，在这里集中。三万年时间
在这里集中。全部的集中
在我半天的集中里，一下打开、跑出：
船，桥，洞，牲口换了一茬又一茬
再北，是旧石器；再北，是烽燧；再北
是胡兵，胡兵的后面

是广大的蒙古草原。一切都那么恍惚
那么狠！还没走出水洞沟
身体已长出一丛沙枣、一丛翠鸟
遥望明代，想象汪洋肆虐、呲牙咧嘴
——我一会儿是鞑靼、瓦剌，一会儿是
京城的将军，更多的时候
我是那场落满六月天的漶漫冰雪
把一个北方村庄厚厚抚过

沙坡头，或黄河上的羊皮筏

黄河上的羊群沿着水的坡度跑来
十几只一堆，十几只一堆——羊如此
喜欢扎堆，形成小集团，这跟它们生前
在沙漠那边的草原抱团
取暖，抵御风雪，具有同样的理儿？
人活一口气，羊何尝不是？甚至，气比青草
更能让羊顺畅。你看筏们
羊囫囵脱下的暖皮，人鼓腮吹进的热气
滚圆、硕大、气壮如牛，都肥得透明了——
宁夏沙坡头，通过一只羊，就可以把黄河
一眼看穿；通过一群无蹄羊的奔跑
就可以让黄河静止或者倒流：让太阳生风、变冷。
梦中不停啃草的小船，在黄河这架摇篮里
摇篮，梦的影子投在波涛上：
太阳照不到的地方，瞧
这尾追逐影子的雄鱼，可不正是当年

那只闪着绿光的母狼？亲近水、又排斥水
哪天，羊遇难，即或出现砂子
那么大一粒伤口，我们都会周身漏风、泄气、
抽干，被水排开、置换——谁能最后看一眼
气被淹死前冒出的泡？从草原盛产的粮食
到黄河上的排子，无头羊哲学鬼斧神工。
有那么一会儿，羊皮筏上的我，惊恐万状
如坐针毡：急切渴望下游和上岸
筏工的竹竿一竿一竿划在流水里，就像
羊鞭响起，一鞭一鞭落在头顶上
还像一束水雷，突然爆响、炸开！

去西夏王陵，或遥记1227年的贺兰山

一二二七，草芯中的元朝骑马袭来
一二二七，西夏王化作名叫子烨的一缕青烟
直上九重天。一百九十载的元昊江山
换来贺兰山下，几堆小丘般的大陵。
这么热的天，去宁夏，去
银川，让坟墓中的古国
看我们如何被贺兰山的峡谷阴风
和平地里的空穴来风，惊出一身冷汗！
沙漠在左，草原居右，眼前耸立的岩石
和这些印、令牌、鸱吻，叫中原的皇帝
于宠妃的浴帘驻足
突然折身，西望，轻掩一声长叹：
他可能还于皇宫卧榻旁

看见党项人卧榻旁
巍巍大国的啜泣——哦，兴庆府中的汉家女!
仿佛很远了，一个王朝的消逝，一个
民族的瓦解，一管血脉的分散。而
我的身边，贺兰山上的一穴蚁国
正从更远的朝代走出它年轻的蚁王、蚁母
和浩浩荡荡的蚁民
——人、动物、草统治大西北，贺兰山是王

去腾格里沙漠，或玩沙

一个一个小小的草格，挡住了沙漠的去路
从银川去中卫的路上，沙海卷起不动的波涛
向道路两边分开。首先把我们带入
腾格里沙漠南缘的，是一组真实的驼队——
倚重骆驼，坐着都比站着高，都比
沙漠高。乘坐这只沙漠之舟，怎么会渴呢:
卡在一前一后倒影的乳峰间
吃奶的劲，既是压轴的，又是持续的
而我荡在半空的脚板，绝对想到了那只
飞过火焰山的肉鸟。那天，当骆驼下岗
金属上岗，一种沙漠瞬间消失，一种沙漠
迅速成为玩场。马达模仿野兽吼叫
装甲、吉普、卡丁、摩托，各种车辆飞天入地
人，变得比沙漠疯狂——我们的疯狂
真的可以令那比天高、比地球大的沙漠疯狂
目瞪口呆，或者正好相反？离开现代设施

滑沙百米，一种声音以六十度的倾角
突然冒出：它是沙漠怦怦的心跳，还是
那些打钟的回啸，以及古城、绿洲和亡灵的夜叫？
而包兰线上，比大漠孤烟直的火车，正在
小草格的长河和圆圆落日里，王维那样飘然走过

塞上记，或一百零八塔

在青铜峡，汽车一个拐弯
我一头闯进，西夏的数字时代
相信一百零八种忧烦的，是
一百零八种祈愿；支撑一百零八种祈愿的
是一百零八种忧烦——
在青铜峡，塔是忧烦的，也是欢乐的
定性让位于帝王与工匠
定量从一只掌纹开始，成为数码与功课
在青铜峡，佛是数字的，喇嘛是数字的
转圈，步梯，大河的升降尺度，也是
数字的。而数字，上尖下宽——多么
有形。秩序在山河间生成时间
时间在山河间生成秩序。思想法则和
美学换算，被一只黑天鹅
朗诵在先。在青铜峡
语文老师遇上的数学难题，麻鸭来解
数学老师遇上的语文难题，黄河来解
三角形的雁阵倒挂大地
成为龙骨和基本

穿黄袍的河，或车过黄河

黄河两岸的人，更习惯驾车、骑车、摆渡
步行过河。我是一个距黄河很远的人
飞机或火车给我的坐卧快捷，远远大于黄河
在黄袍中裸奔的速度。一纵而过的宽阔
药尿一样的黄，锁住了五千年的
渊薮。黄河让熟悉的
更熟悉，陌生的更陌生。来得快的面影
去得更快的背影！亲人，在母亲悠慢的沙指中
得以掩埋。而飞机上那扇渭南的黄河
火车上那节洛阳的黄河，直到
八千里路云和月几升几落也没读完——刨不开的
老巢和竹简文字，与黄河等深?
甚至在离黄河遥而又遥的高原
在没有黄与河的异邦，我们也能于黄肤色下边
摸到一条古老而浓稠的河在身体内循环不已
闪着太阳的光

一条河，所有河，或致黄河

下得那么上去，一条穿黄袍的河。
一条河来白天上，一条河君临天下——
一条河令所有河失色、浅薄、俯首称臣。
一条河带来岸，带来岸上外省、岸上瓷器

岸上黄金、岸上人民。芦苇尖上的羊皮筏
是一条大鲤的倒影，另一条大鲤的前世。
而河底奔跑的火车，直接拖出大湖
飞鸟、怪石，直接与大海蓝成云彩。最难的
是对一条河的放弃与挽留，是对一条河的
痛哭与痛哭——从青海到山东
一条河的心脏煮着土地与种族：煮着
三千里枸杞的血、三万里皮肤的血。
祭祀在水中飞翔，梆出国家的声音
水在祭祀中飞翔，梆出声音的国家。
牛羊的力量是牛羊，沙漠的力量是沙漠——
所有的力量是一条河的力量。
孤烟直、落日圆、塞上江南诗酒见：
一条河统治另一条河，一条河统治所有河。
一条河生出另一条河，一条河
生出所有河——所有河是一条河。临渊照影
没有什么不能梦见，但做一万年梦
也不能把自己梦成一条河：所有河
——也不能把自己梦成一条河的肋骨……

行黄记，或从宁夏到青海

少许的黄河在天上，它们蓝而清
大量的黄河在大地，它们从头到脚
蓬首垢面，都是泥土的芬芳和
颜色。辛卯年，宁夏到青海，我
从六月走到八月，从苍凉厚土

走到清水蓝天。在浑浊的青铜峡
我无从想象黄河的清澈，在清澈的龙羊峡
我无从想象黄河的浑浊——正如
母腹的上下游不能相互照见与想象。
但它们是勾连的，一体的，它们的骨髓
有同一种血在搬运云彩与青草，在
搬运中国的人民、牛羊与节气
中国的青春、苍黄与命数：搬运碎语
与大词。无数的黄河在同一条河道上奔跑
所有的时间，所有的江山，所有的所有
都在这条河道两岸奔跑——
万物奔跑，一会儿东，一会儿西
一会儿天上，一会儿地下。
河流的海拔跳动心脏，翻卷广大的波涛
正好与天空和大地持平

凸凹 1962年生于四川都江堰，原名魏平，诗人、作家。中国作家协会会员。著有《手艺坊》等个人诗集九部及《花蕊中的古驿》、《天下客家》（合著）、《纹道》、《民族花灿》等随笔集，电视连续剧《滚滚血脉》编剧。作品《大师出没的地方》获成都20年（1980~2000）诗歌奖。

黄河金岸(组诗)

王建军

一滴黄河水走在滨河大道上

——那肯定是一滴年轻的黄河水，那肯定
是一滴有着远大理想的黄河水，那肯定
是一滴千里万里也要找到自己梦想的黄河水……

一滴黄河水走在滨河大道上，它走得
从容，自信，纯粹，美丽，像一座春天
走在辽阔的大地上

一滴黄河水走在滨河大道上，两岸的
山峦，稻田，草原，城镇，仿佛
是对一滴黄河水详细的说明

一滴黄河水走在滨河大道上，走着，走着
它就走成了一个人，一辆车，一株草
一朵花，一棵树，一粒水稻，一个时代的潮流……

如果不仔细看，你看不出一个人，一辆车，一株草
一朵花，一棵树，一粒水稻，一个时代的潮流……
是一滴黄河水，另外的样子

此刻，他们汇成了
另一条黄河：激情澎湃，朝气蓬勃，涌动着
宁夏大地六百三十万人的心跳……

——抵达，抵达，抵达
没有一条河可以像他们那样抵达
抵达 那叫做幸福与梦想的大海

一只羊皮筏的黄河

穿了救生衣，心还是不能完全放下来
一条历尽沧桑的大河
实在是让我太过敬畏

几根木棍，十几只鼓鼓的羊皮囊，一个
沉默不语的划船汉子，我要让自己
跟一条大河，来一个亲密接触

身下的黄河，如此深厚，寒凉，无穷……
顺其自然，从一个地方到另一个地方
仿佛一个人漂过了自己的一生

岸上的景物恋恋不舍地向后退去

一只羊皮筏的黄河，安静，舒缓，波澜不惊，仿佛
一支古老的小夜曲划过大地

那日一夜无梦，我搂着一条黄皮肤的河
酣然入睡，而星光四溅，一条大河流进我的身体
就再也不会流走

在枸杞园看枸杞

我一眼就看到了那一大片红，在滨河大道旁
它们红得像一片朝霞，又仿佛是
镶嵌在黄河金岸上的一枚巨大的红宝石

在卫宁平原，这些小小的果实随处可见
它们红得不动声色，却又
惊心动魄——

我知道，一条源远流长的河
一直在一棵枸杞树中
流淌，开花，结果……

风吹来，一粒枸杞像一颗心一样跳动了一下
天空和大地也禁不住微微颤动起来——
哦，太阳，太阳是最大最高最红的一粒枸杞

没有人看见，走的时候，我偷偷地吃了一粒
从此，我的身体里就亮着一盏

永不熄灭的红灯笼……

是的，几千年了，它们就那么红着，红成了
一个国家的底色——
它们的小名叫宁夏红，大名叫，中国红

西夏城

正是黄昏，落日辉煌得不像是落日，舞台上
有人把一朵古老的浪花，反复酝酿

古城墙像一截凝固的黄河，但仔细听
依然可以听到久远的涛声——

一个西夏人正打马奔来，他身后
跟着无边的暮色

而晚风吹得多么苍凉，我和夕阳同时把目光
停在了门口那几个西夏文字上——

时光漫漫，我们都是在时光里
走散的人

如果没有这一条浩浩荡荡的河，这落日
肯定不会这么辉煌

如果没有这一座西夏城，这落日的辉煌

肯定不会这么深刻

从水洞沟到藏兵洞

一

我来晚了，晚了整整三万年，那些
打制石器的人，早已停止了打制，但他们
留下的火和生活，我们
一直延用着……

在水洞沟，我一再放慢脚步，我怕惊动那些
沉睡多年的灵魂，它们有权力
不被人和时光打扰，更何况，在那些矗立的黄土中
一定还珍藏着许多不为人知的秘密

当我和贾兰坡、裴文中、德日进、桑志华的雕像
合影时，我看到他们的眼中
闪烁着人类
共有的目光

二

是谁把一截黄河搬到了岸上，并让它凝固成
一段无头无尾的历史，除了风
没有人知道那些曾经活生生的人
去了哪里

登上凸凸凹凹的明长城，我一时不知所措

唉，走了那么远的路，我还是不能理解
一颗黄土般的心——
或许，只有那条历尽沧桑的河心里明白

三

芦苇像是操戈持剑的兵士，突然间
在我们的面前冒出，似乎没有尽头，似乎
一直在列队前行——

一只鸟，悠扬婉转地叫着，仿佛
是一个兵士不经意间
吹出的口哨

一眼泉水默默地站在路边，渴望着什么
小心地掬起一捧水——
那种凉和甜，是一种古老的凉和甜

四

这几乎是一个奇迹，一汪湖泊
静静地沉浸在时光的梦中

来，不拒绝
去，不挽留

仿佛一个参透了人生的隐者
念出风、蓝天和那些时光的残垣断壁……

五

坐着马车，我们晃悠在这大峡谷中
两旁的峭壁高耸，趁我们低头或四顾的时候
偷偷地变化着姿势

那都是些时光的老朋友了，在它们眼里
我们这些游人实在是些微不足道的尘埃
不值得它们大惊小怪

据说这里拍过什么电影——
因了这真实的虚幻，那早已消失的故事
也起死回生

而太阳，一直明晃晃的
悬在我们头项，仿佛
一直在热切地叮嘱着我们什么……

六

除了藏兵，它当然还藏着许多秘密
世间的事物就是这样，总有
意想不到的结果

我怀着好奇和忐忑走进藏兵洞，想象着
许多年前，也有人像我一样在这里穿梭
他们举着的火把，时明时暗

是什么样的敌人需要用这样的方式来抵抗

是什么样的命运让一些人把自己
深深地隐蔽成另一种洞穴

仿佛一个古代的兵士，走出藏兵洞时，阳光
一下子扑过来，像厚厚的铠甲
披在我的身上

只是
除了自己，我在这个世上
已没有了敌人

七

走路，乘船，坐马车
从水洞沟到藏兵洞，三万年的时光，我们
用一上午的时间，就已走完

我来过，又好像没有来过
我收获了许多，又好像没有收获
幸，或者不幸，都在其中

中华黄河坛

那些走累了的黄河水，可以上来歇一歇脚
那些走累了的心，可以上来安顿安顿心情
那些走累了的梦，可以上来整理整理思绪

受人滴水之恩，当以涌泉相报

思恩，礼恩，感恩……一条河用始终如一的行动
告诉我们，人活在世上是为了什么

踯躅在中华黄河坛，我像一个落叶归根的游子
黄河鼎，黄河钟，黄河鼓……那是黄河
一遍遍，对我们意味深长的叮嘱

请允许我在这里安静地坐一会儿，请允许我
像一条河一样在宁夏的大地上
躺一躺——

清风浩荡，天空蔚蓝
奔波了万千年的黄河母亲啊，终于
有了自己的家

写在回乡文化园金色礼仪大殿

天似穹庐，在这里，天
就是穹庐一样的美和惊叹，目光所到之处
那些细小的花纹多么像一个人多年的梦想

坐下来吧，把这走了千里万里的身体和心
轻轻放下，把这个红尘滚滚的世界轻轻放下……
一个声音响起，贯穿我们的一生

那声音，是灵魂做成的
纯粹，高贵，庄严，神秘，仿佛

从亿万年前传来——

至少在此刻，这世间是有神的
那是一个人的肉体，在尘世间
坚持不懈地修炼

那是一个人一点点把自己
献给天地，以及天地间的
芸芸众生——

“真主确是同敬畏者和行善者在一起的”
一生的奔波，劳累，苦难，委屈，在此
得以凝神屏气，融会贯通，有了妥善的交待

一条伟大的河流过宁夏

从辽远的巴颜喀拉，一条伟大的河
流过宁夏——
中卫，中宁，吴忠，灵武，青铜峡
永宁，银川，贺兰，平罗，石嘴山……

仿佛一个母亲，轻轻念叨着她的孩子，黄河
一遍遍念叨出这些心疼的名字，把这世上
绝版的爱
一点点掏出——
所以，那河岸是黄金做成的
那些沟啊，渠啊，仿佛是母亲伸出的手指，至今

安抚着天空和大地，安抚着
我们的身体和心灵

甚至一棵草和一朵花也不会轻易漏掉
所有的生命都是她的孩子：沃野千里，湖泊如碧……
一条伟大的河流过宁夏，就成了
一个伟大民族的母亲

王建军 笔名敕勒川，1967年出生，内蒙古呼和浩特人。作品散见《诗刊》、《人民文学》、《扬子江诗刊》、《星星诗刊》、《诗歌月刊》、《北京文学》、《草原》、《散文》、《光明日报》、《上海诗人》、《诗选刊》、《诗潮》、《雪莲》等，作品入选《中国诗歌精选》、《中国散文诗精选》、《中国微型小说精选》、《中国年度诗歌》、《中国诗歌年选》、《文学精品诗歌卷》、《中国最佳诗歌》等，出版有诗集《风提着一朵花走了》、《纸上的大风》。曾获《人民文学》、《诗刊》、中国诗歌学会、《光明日报》、《诗歌月刊》等诗歌大赛奖。

散文

国脉长河

吕 雷

黄河！黄河！

我风尘仆仆，从千万里之遥，一头扑进你的怀抱。黄河岸边的雄风，鼓动起我的衣襟，我突发奇想，想效仿泰戈尔的诗句，大喊三声：顶礼！顶礼！顶礼！跪倒在黄河的出海口大堤上。可我没有，我不敢，怯懦的我不知这样是否反而会亵渎这条有灵性的中国母亲河，只好双眼发潮，茫然四顾，任凭满腔的激情撞击心房，任凭思绪纷飞，穿越千古。

从孩提时起，“白日依山尽，黄河入海流”，“大漠孤烟直，长河落日圆”，“黄河远上白云间”、“黄河之水天上来”这些伟大的诗句已经镌刻进我记忆的年轮。和世界上所有著名的江河一样，黄河是一条流淌着歌的河流。多少年多少代，华夏子孙感天动地的歌吟从黄河源头一直唱到入海口，从孔夫子在黄河故道泥泞中艰难跋涉发出的咏叹到老子骑着青牛出函谷关云游黄土高原的吟哦，从《诗经》、李白、杜甫一直到光未然、冼星海的黄河大合唱，到贺敬之的三门峡梳妆台，从青海的花儿到陕北高亢的信天游……这些悲歌浩歌连缀成恢弘的史诗，融入沉甸甸、黄灿灿的滚滚波涛，伴随着无数征战杀伐、中原逐鹿、王朝更迭，在中国大地上刻凿出一幕幕旷世奇观，层层叠加浓缩成一个伟大民族的文明史。

站立在黄河入海的大堤上，仿佛走进一个神奇的历史之门，你放飞遐思，张开想象的翅膀，骇然发现，眼前这条九曲连环的黄色巨龙从远古奔腾而来。它在160万年前的地壳“桑巴嘉年华”中应运而生，从青藏高原的巴颜喀拉山巢穴中跃动而出，虎视眈眈地吞噬着崛起的群山间散落的珍珠似的大大小小湖盆水泊。它饥渴地夺路而出，拐了个大弯扑向蒙古高原，然后一路喧嚣掉头南下，声威赫赫地沿着地壳抖动出的700多公里长的晋陕大峡谷，摇头摆尾地撞向三门峡巨大山体。它一时头破血流，暂时被阻挡住了，于是停下来积蓄惊天力量，形成了一个巨大的三门古湖。千年万年弹指一挥，时机终于到来，它狂暴地呼啸着，深深地犁开深厚的岩体，惊心动魄地把大山劈成人门、鬼门、神门，独独留下了擎天一柱的中流砥柱和王母娘娘的梳妆台。它心满意足洋洋自得，裹挟着黄土高原的天量泥沙，惊天动地地扑入华北平原的巨大凹陷，经过漫长地质年代的沉积，淤平了华北凹陷，可这条黄色巨龙依然

本文作者吕雷（左2）等作家参观小浪底工程展室

暴虐狂妄，它扑向遥远的海洋咬住不放，桀骜不驯地想把眼前那片蓝色衔到嘴里吞进肚里。它的头撕咬住大海晃来晃去，从胶州湾晃到渤海湾，上半身翻过来甩过去地打滚，把华北平原的沃土越积越厚，终于催生了东亚这个最肥沃最伟大的平原，也创造出了光辉灿烂的中华文明。

黄河，黄色的巨龙！它塑造繁衍了黄皮肤黄面孔的亿万儿女，塑造出雄浑博大、质朴沉实的民族品格，塑造出中国人的物质家园和精神家园，也在这种开天辟地的塑造中把它自己打造成承载国运和国基的重要血脉。它以惊人的生命力和创造力，哺育着两岸广袤的土地，而且不断扩展着。它是世界上最能“造地”的大河，它辛勤地从遥远的黄土高原搬运泥沙，年复一年地造出华北平原。如今，它仍面向海洋“制造”国土，每年不声不响地以25平方公里的面积向前延伸，相当于一个澳门。这种奇迹令国土仄窄的日本友人也吓了一跳，据说他们曾开玩笑地杞人忧天：万一将来黄河填平了“一衣带水”，我们怎么办？

黄河创造人类的家园，也带来无尽的苦难和忧患。自古以来，黄河决过多少次口改过多少条道？今日已难考证，就在近百年内，1900年至1938年这短短39年中，它的下游共决口135次，平均每年3.46次。它总是静如处子动如脱兔，一阵安澜一阵狂暴。它喜怒无常，动辄令人们家园尽毁，人或为鱼鳖。尽管它每每给人们带来灾祸，但人们依然得把它祀奉为母亲河而敬畏有加，古今民谣中鲜见有抱怨黄河辱骂黄河的，连脍炙人口的成语，不乏对大江有大不敬的贬意，如江洋大盗、江湖骗子等，却少有对大河不敬的成语流传。敬畏黄河，敬畏这条福祸相当让人爱恨交织的母亲河，成了华夏子孙深入骨髓的记忆遗存。

在黄河吼声如雷的壶口，在黄浪滔天的三门峡，你如果定睛注视着它那翻滚着黄色泥浆的旋涡，你能看见一个人的身影，哦，那是远古的祖先——禹，沉雄的涛声仿佛是他深沉的号子，他背负着父亲鲧以土掩水失败被杀的屈辱，发愤治水，改鲧的“围堵障”为“疏顺导滞”，终于平息水患，受到万民拥戴，人们在他名字前加上个“大”字，奉他成为夏朝开国君主。历朝历代，以农耕立国的有为君主，莫不以治黄治水为国之要务，视黄河决口改道为国家灾难。每到汛期，八百里加急的汛报可飞马直至殿前，治河有功的臣工，晋京可享受鸣炮三声，接受封赏。清代雍正帝未登大位前，以四阿哥身份奋力治黄堵口，赢得了政绩和康熙的青睐，当了皇帝后，仍不忘留守黄河边嘉应观的老皇叔，把他封为镇守黄河的“影子皇帝”，将嘉应观加建为皇宫形制，在黄河两岸传为佳话。这个嘉应观，后来就成为治黄的要塞，新中国第一任水利部部长傅作义曾在这里驻扎，亲自靠前指挥上火线，治理黄河水患。

嘉应观里，一幅陈年照片常常吸引人们好奇的目光，那是共和国的开国领袖毛泽东在凝视黄河。细心的人们会发现，毛泽东默默地坐在黄河边一块石头上，脚下却有一大堆烟头。他一定在那里沉思默想了好长时间。他在想什么？现在已无人知晓了，人们只知道，开国大典后，毛泽东除了首次出访苏联，第一次出京城就直奔黄河，视察黄河大堤和险工，视察新中国成立后修建的第一个引黄水利工程——人民胜利渠的渠首。

仔细地看看黄河，大概是他平生一大心愿，人们记得他后来再次来到黄河边说过的一句意味深长的话：人说不到黄河心不死，我是到了黄河也不死心。人们也记得，在长征胜利结束后，他第一次率军东渡黄河东征时，曾被黄河的气势震慑，对部下说过这样一番话：你们可以藐视一切，但是不能藐视黄河。藐视黄河，就是藐视我们这个民族……

脚下一堆烟头，一个人枯坐凝思神往，这个画面似乎可以用两个字来做注解：敬畏！

后来他来到水面比开封城高出三四米的黄河柳园口，不由得发出一声惊叹：这就是悬河啊！惊叹后他又生发出一个忧虑：这黄河涨上天去怎么办？

他说：李白说黄河之水天上来，我真想骑着毛驴到天上去，从黄河的源头一直走到黄河的入海口，我要看看黄河究竟是怎么一回事。事后，他又多次表示要骑马沿黄河走一趟，直到晚年会见尼克松时，还念念不忘此事。

笃信“人定胜天”，在战争中气吞万里如虎、横扫千军如卷席的毛泽东，一生对中国对世界、对革命对政治大气磅礴的毛泽东，对水利更是全世界大国领袖中的行家里手。他从瑞金担任中华苏维埃政府主席时就强调：水利是农业的命脉。而此刻面对着世界上性情最古怪最变幻莫测的黄河，却罕有地敬畏和谦恭。对淮河，他挥笔题词：一定要把淮河修好！对海河，他又大笔一挥：一定要根治海河！对眼前的黄河，他却不再发出“根治”之类号令，只是对黄河水利委员会的领导王化云等人一再叮咛：“一定要把黄河的事情办好！”

难怪开国领袖面对黄河凝思不语，这是一条国脉所系的长河。

就在亿万年前，古黄河冲杀出古湖盆灌满华北凹陷的三门峡，年轻的共和国遇到了大难题。

新中国成立之初的人们铆足了劲，要在三门峡搞一个威震世界的大工程：把黄河拦住，挡住泻向下游的天量泥沙，让黄河水变清。

三门峡工程集全国之力，开始由苏联专家帮助指导，后来由中国人自己干，1960年9月14日，工程竣工，举国欢腾，欢庆“黄龙”被锁。

没想到被束缚的黄河发了脾气，第二年就向人们报复，回转身来淹向八百里秦川，一下子吞没了25万亩良田，硬把潼关水位抬高了4到5米，淤积渭河，威逼西安，更可气的是，三门峡水库一年内淤积泥沙15亿立方米，侵占了330米高程以下库容的四分之一还多，黄河能灌满华北凹陷，把它淤积成华北平原，区区一个三门峡水库还不是小菜一碟？如此下去，偌大水库不出几年就会变成一个巨大泥盆，成一个威力无比的定时炸弹！

陕西省人民代表联名提案，向中央告急！向全国告急！

黄河给在取得非凡成就后显得心高气傲的人们一个教训，再次让他们懂得敬畏。

三门峡是个大课堂，人们学乖了，学精了，学会了敬畏，学会了如何理顺这条国脉长河的脾性，凡事得按科学来，按规律来。于是，人们开始小心翼翼修改三门峡工程的设计，艰难地煮熟这锅“夹生饭”。黄

吕雷在甘肃天水考察水土保持梯田，与同行的采风团员、女作家贺平合影

河的守护者们总结出调水调沙的规律，终于救活了这座差一点“出师未捷身先死”的大型水库。三门峡成了新中国的水利人才库，从这里走出了一代代的水利专家；三门峡也是后来长藤结瓜般遍布黄河沿线大大小小的水利枢纽和工程的“老师”。有了三门峡的教训和整治经验，龙羊峡、李家峡、刘家峡、盐锅峡、青铜峡……一个个黄河水利工程建起来了，黄土高原上的水土保持工程大规模展开了。

于是有了小浪底水利枢纽。

小浪底人称水利界的小联合国，工程建设用的是世界银行的贷款，实行的是国际招标，这是国脉长河再次向全世界敞开胸怀，招四海来风，纳八方才俊。欧美亚几十家顶级公司闻风而动，前来一试身手，为的是解救黄河水患之危。有了三门峡的经验，中外各方神圣终于在中国人的决策指挥下，攻破了各种世界性难题，让这个集多项世界第一的水利枢纽蓄水、发电、调水、调沙一举成功！黄河守护者们大手一挥，宏伟大坝喷薄而出飞腾出清水、黄水、黑水三条巨龙，预兆着国脉长河激活了新的生命力和创造力。

随着全球气候改变，年年洪患的黄河变成年年断流，最长的断流出现在1997年，竟断流226天！母亲河严重贫血，全国163个院士联名上书，呼吁拯救母亲河！

黄河守护者们启动黄河中上游的多座大型水利枢纽，开始联合接力调水，为母亲河输血，挽救华北平原的良田和油田。南水北调也成为国家战略，举国出力，东、中、西三条调水长龙将从水源较为丰沛的长江流域穿山越岭，直奔黄河而来，为母亲河持续奔流增加动力。母亲河焕发青春，科学发展令她更亮丽迷人，生机勃发。

身沐黄河风，耳灌黄河吼，脚走黄河岸，我溯源而上，寻幽访胜，美不胜收！

行走黄河，收获两个大字：敬畏！敬畏黄河，就是敬畏自然，敬畏规律，敬畏历史，敬畏辛劳。敬畏是一种慎独，是一种智慧的反刍，一种经验的磨砺，一种心灵的洗礼。

顶礼，国脉长河！

顶礼，三门峡！

顶礼，小浪底！

顶礼，黄河的守护者们！

吕雷 笔名李海新、小思，1947年3月出生于重庆，中国作家协会主席团成员。广东省作家协会副主席、国家一级作家、享受国务院特殊津贴专家。著有小说集《云霞》、《浪尖上的信笺》、《望海椰之恋》、《阴晴圆缺》，散文报告文学集《白云魂》，小说《血染的早晨》，电视剧剧本《眩目的海区》，小说剧本集《海响》，电影文学剧本《加州来客》（合作）等。曾获中宣部五个一工程优秀作品奖、全国优秀短篇小说奖、首届全国电视文艺优秀剧本奖、《人民文学》“读者最喜爱的作品奖”、庄重文学奖、中国改革开放优秀报告文学奖等奖项。

走向黄河

陈世旭

一

黄河是一条河。

走向黄河，是一种战栗的敬畏。

世界上再没有一条河如此壮阔。以5400多公里的长度，4830米的落差，集40多条主要支流和千余条溪川，千回百折，横贯一国之西东。流经九省区，跨越23个经度，集水面积75万多平方公里。流域内人口过亿，耕地3亿亩。以平均年径580亿立方米的流量承担全国15%的耕地、12%的人口和数十座大中城市供水。

世界上再没有一条河如此重浊。“号为一石而六斗泥”，每年流域每平方公里有4000吨土壤被侵蚀，一年坏灭耕地550万亩，却又每年给河口输送泥沙10亿吨，净造国土几十公里。年均泥沙筑成宽1米、高1米的墙体，长度是地球与月球距离的1倍，是赤道的27倍。

世界上再没有一条河如此桀骜不驯。河道任意摆动，宽窄差异几十里；河床或层层掀起，深揭数丈，或无限淤高，悬于城市半空；洪水决口泛滥，纵横凡几十万平方公里，使百万黎庶化为鱼虫，只在昼夜之间。

黄河之于中国，是终年的哭泣流成的河。

佛陀端坐祈祷。珠穆朗玛白发飒飒飘拂，泪水和表情泥沙俱下。白天和黑夜咆哮而去，青春的光阴遥远消逝。被风沙填满皱纹的汉子无言如石，被灶火熏黑额头的婆姨喃喃自语。赶着牲口背着粮草，拖儿带女扶老携幼，鞭子驱赶沉重的马车，杏花打湿空虚的村落。迎风铺开斑斓平原，无数灾难无数忍耐无数期冀无数挫败，无数莫名的暴躁无数难以诉说的痛苦与忧烦，惊悸与困惑，在命运柳暗花明的大道生息漫游。掀开阴云密布的眉睫，仰望一次次卷土重来的怒吼。北斗斟满了雷声，绿草和黄金在梦里汹涌。

大漠孤烟，长河落日，西岳峥嵘何壮哉，黄河如丝天际来，西来决昆仑，咆吼触龙门，落天走东海，九曲万里沙。派出昆仑五色流，一支黄浊贯中川。欲渡黄河冰塞川，将登太行雪满山。穷秋旷野行人绝，马首东来知是谁?

浩浩荡荡轰轰烈烈的河，风风火火欢欢喜喜的河，吹吹打打哭哭啼啼的河，摇摇晃晃跌跌撞撞的河，携来沉沉浮浮的代代子民。编钟响彻天宇，每一个音符都惊心动魄。季节的景色在浊浪中轮回。多少王朝倾覆，多少宫殿掩埋，多少王公贵族落魄，多少能臣骁将饮恨，多少迁客骚人哀号，多少佳人美姬消殒。

河东河西河南河北，头顶火盆跪拜神圣的源头。当石头碎为粉末，当骨头朽成泥土，当高粱淌成鲜血，当眼泪凝成麦穗，手执铜壶烫暖一河热泪，黄河，你还是受尽了磨难的子民最想唱的歌!

二

黄河是一条河。

走向黄河，是一种惊世的悲壮。

豪饮北风，伫立在高岸。倾听大漠荒原，倾听古战场铁马金戈的长啸，倾听五千年祸福相生从不静息的声威。苍凉夕阳抚摩傲岸峡谷，抚摩黄河子民青铜质地的肤色。

黄河百折不回，黄河不废万古流。

空中的寒星，是谁的眼睛？水面浮动神秘的灯影，地平线撤退到时间与意识的外围，万种声音在裸原的深处悄无声息。黄河钩沉，流星划过。点亮第一张面孔，燃起第一个梦幻。河水击响节拍，一种不可违背的预约。温柔与雄浑弯曲成一个民族不屈的灵魂。

谁主持了秋天的全部收获？谁把千秋的史话传诸无穷的后世？黄皮肤的古老民族，站在迸溅喧嚣的激流上，站在粗砺蛮野的船歌里，站在烈烈烽火锻造的旋律中。能割舍一切，不能割舍黄河的品格。那是生命的赞歌，生命的光辉。

陈世旭在小浪底采风现场挥毫留墨“海晏河清”

三门峡！禹王马蹄长青苔，中流砥柱依旧在。

禹门口！鲤鱼跳过成龙。劈开万仞山，黄河如同破竹，气吞山河，浊浪排空，问鼎中原。

大禹治水、导河入海，是中华文明的滥觞。时至今日，黄河流域修建的水库，总库容已相当于黄河的年径流总量，黄河水资源的利用率已达60%；黄河下游1300公里的大堤再三加高加固；黄河流域水土流失面积的五分之二得到治理。黄河上游，发电装机容量超过1000万千瓦，平均年发电量近600亿千瓦时。黄河下游防洪标准由60年一遇提高到千年一遇，基本解除凌汛威胁，下游河床20年不至淤积抬高。一个小浪底水库，即可控制黄河输沙量100%。

壶口！黄河直立。舞者从云端跳落大地，跳落硕大的牛皮鼓。舞者不是凡夫，舞者腹有诗书。解了青衫，赤身露体，声色不动，只闪着猛烈的光芒。黄土地划出长长的弧线，坚岩劈出狰狞的裂痕。步步踩着鼓点，陡然急切，忽又沉雄；或寒泉注淌，或雨打梧桐，越舞越酣然。

苍黄的牛皮鼓起了白烟，黄河唤起威风，鼓声直击心头。鱼龙跳峡，兵甲交锋，狂涛扑岸，霹雳腾空。旅人肃然发痴，屏了呼吸，凝了眼神。穿叶蝶倏尔消失，紫槐花纷纷洒落，灿烂白日绕过千年古树，峭石上投下苍鹰的黑影。沉默弥漫大地。

心灵的甬道，奔腾激越的行板。一代代黄河人，把血脉喷涌成黄河的血脉，把骨肉凝结成黄河的骨肉。不由分说的狂飙，翻卷出无尽的悲歌。就只为多年以后，儿女们能够如此美丽地在大地行走：纺织棉花，种植水稻，收割麦子，拉网打鱼，早晨读唐诗，黄昏背宋词，宣纸上泼墨，瓷器上绘画，在江南的雨巷徘徊，在塞北的草原纵马，用醇酒招待客人，用香茶浸泡温情，和美好的男子和女子相爱。有一天老死，就埋在河岸随便哪一座山峦。

一片片向海上漫泛的土地，那么年轻，来不及生成礁石。一种平静是如此明净，醉归的舟子凝神谛听天籁。隐隐约约黎明的钟声，悠远地传来，轻轻拂落淡淡的疏星。而越海而来的朝霞，如潮涌。

东营三角洲最湿润最年轻的风，抚摩坚硬的手掌抚摩风干的梦想，抚摩深夜的凝思抚摩朝日的喷薄。一代代黄皮肤的男孩在田野嬉闹，一代代黄皮肤的女孩成为母亲，一代代黄皮肤的男人和女人承接黄河的宿命走向大海。黄土地留下的热血与汗水，岁月无法冲刷，也无法更改。

三

黄河是一条河。

走向黄河，是一种庄重的礼拜。

“中国川源以百数，莫著于四渎，而黄河为宗。”

青海玛曲上游约古宗列曲，数十“黄河源”石碑矗立。但黄河源头其实不必确认。广袤疆域蜿蜒的巨龙，乃是华夏独一无二的图腾。

黄河引导了华夏文明的走向。黄河决定了华夏民族的性格。

当北京猿人出现在周口店时，这条从世界屋脊出发的河，已经走过千里万里，奔流到海不复回。女娲泥绳，先民石器，炎帝百草，黄帝内经，秦汉长城，唐宋诗文……滚滚的波涛圣迹起伏，先哲的薪火源远流长。

西侯度猿人，在150万年前开启文明的一线曙光；半坡母系祖先，在温暖多雨的繁茂植被中度过文明的金色童年；燧人氏钻木，神农氏燃火，拉开文明的演进序幕。龙马负图跃出黄河，神龟呈书浮于洛水，伏羲得演八卦，大禹而能治水，火药、指南针、造纸、印刷术……黄河古文明登峰造极。

把西部高原到东部丘陵的无数河流连接起来的伟大生命黄河，黄了天黄了地黄了子民肌肤的伟大圣河黄河，一路吟唱一路滋润一路养育的伟大母亲黄河！

千百年无数人竭尽才情地奉献给它以诗文、舞乐、绘画、雕塑、建筑：奉献给它的惊心动魄的急流和宽广安详的波涛，它的凶猛无忌的冲击和漫泛，它的世界最雄伟的弯道和峡谷，它的两岸峻拔而多姿多彩的群山，堆积成山的黄土无边无际的高原，以及同这一切相联系着的爱情和仇怨、生育与死亡、耕耘与荒芜、荣华与枯凋、收获与灾害、和平与战伐、兴盛与衰败、理想与绝望、福祉与苦难、创造与毁灭的颂歌和叹息。所有那些肯定将永世不朽的艺术无论多么辉煌，同它比较起来，也只能是一片苍白。

黄河是一个民族的象征。黄河是一个民族的史诗。黄河就是一个民族自身。世界上没有哪一条河，它的生存、成长、繁衍、变迁，它的命运、性格、特征、精神品质，能像黄河一样同一个民族的生存、成长、繁衍、变迁，一个民族的命运、性格、特征、精神品质连接得如此紧密，互为一体。无论是密西西比河之于北美，无论是亚马孙河之于南美，无论是多瑙河之于西欧，无论是尼罗河之于北非。

不懂一条河，就是不懂一个民族！就是不懂自己！这条河是黄河。

亵渎一条河，就是亵渎一个民族！就是亵渎自己！这条河是黄河。

祝福一条河，就是祝福一个民族！就是祝福自己！这条河是黄河。

2011-05-31黄河行归

陈世旭　1948年1月生于江西省南昌市。中国作家协会主席团委员，江西省作家协会主席，江西省文联主席。出版长篇小说《梦洲》、《裸体问题》、《将军镇》、《世纪神话》、《边唱边晃》、《一半是黑色一半是白色》等，以及《风花雪月》、《都市牧歌》、《中国当代作家选集丛书 陈世旭卷》等散文随笔集、中短篇小说集多部。小说《小镇上的将军》、《惊涛》、《马车》、《镇长之死》分获1979年、1984年全国优秀短篇小说奖，1987~1988年全国优秀小说奖，首届鲁迅文学奖。

你不知道的另一条黄河

杨 克

还有几天，就是小浪底水库一年一度泄洪的日子。当泄洪洞和排沙洞次第打开，那巨浪排空、淘尽黄沙的气势，可谓惊天地泣鬼神。以每秒1500立方米水量下泄的洪流，将冲刷下游淤积的河床，伴随滔滔大水奔腾入海的黄沙，直抵山东垦利县入海口。这十来年“悬河”河床下降了1米多，黄河三角洲东营那片共和国新增的湿地由每年 2 万亩减少到1万多亩，千百年来在宇宙中腾挪的这条黄龙自有其不可知的奥秘，但无须讳言近年人为的调水调沙功不可没。

这条绵延在历史图腾上的河流，承载了中华民族不灭的魂魄。黄河是中国人的生命之河，即使在直观上，它的黄肤色也跟我们的血缘是如此亲近。在中国的古文中，“河”一字仅指黄河。只有黄河才配称得上是“大水”、“活水”。千山万水、百国亿民，又有哪一条流水能与黄河相提并论？作为中华文明的精神脐带，它承载了一个民族深邃绵长的情感。黄河是中华民族的母亲，也是世代子孙眼中的国脉。如果说有谁不知道黄河，那简直无法想象。

然而许多人不知道还有一条数字黄河，行走黄河之前我对此也孤陋寡闻。在河南省郑州市金水路11号黄河水利委员会那栋大楼内，水资源管理与调度局水量调度处有一间相当大的调度室，整面墙上就是一条从源头到河尾的数字黄河，在一台台电脑的控制下，它监督、统筹、协调整个黄河流域的生活、生产和生态用水，哪一个地方正从黄河引走多少吨水，每分钟都会一清二楚显示相关数据。这里的电脑不给信号，万里黄河任何一个闸门都无法开启。过去一个副县长就能下令当地开闸放水，或者农民送只烧鸡管水员就私自供水的情形，再也不可能发生。

自古黄河从未断流，第一次出现断流是1972年，之后的20多年间有19年出现由下而上的河床干枯，20世纪70年代断流9天，80年代断流11天，最严重的是1997年，利津水文站竟然226天无水经过。这不仅给沿岸的经济、生态造成灾难性的影响，而且当外国报纸刊载黄河龇牙咧嘴露底的大幅照片时，似乎象征中国的国运不昌。可见黄河从来就不仅是一条原型河流，它绝对还是政治黄河和文化黄河。1998年1月，中国科学院和中国工程院163位院士联名呼吁："行动起来，拯救黄河。"当时各类传媒的报道铺天盖地，某些科学家言之凿凿，预言21世纪黄河将变成季节河。

采风途中杨克在壶口瀑布

可进入21世纪以来，黄河再也没有断流过。据说这跟太阳黑子11年周期有点关系，这几年雨水又丰沛了。就像“悬河”下降，不能完全归功于黄土高原水土保持治理成效一样，黄水若干年携带河沙多，若干年略少，自古皆然。就像岭南种荔枝，收获大年后，会遇到小年，并非是人力不勤。然而随着国家现代化建设的进程，这十年水缺口更大，比起20世纪，下游到水量减少了40亿立方米，黄河能重现奔流到海不复回，全赖黄河水利委员会科学调节。而这一切先在黄河水利科学研究院试验厅的“模型黄河”进行模拟分析。打个比方，之前上游有几处同时用桶打水，造成下游滴水未至，如今受限制只能用盆装杯盛，下游当然有水。

有的人不理解，觉得这是黄河水利委员会要手段欺瞒国人，制造河水盈盈假象。其实这对黄河生态十分有利。而今入海口芳草萋萋，百鸟翔集，栖息着1520种野生动物，河道刀鱼洄游，滩涂每根电线杆上都有白鹳的大巢，再现“白日依山尽，黄河入海流”的动人景象，黄河水量科学调度、下游河道常年不断流功不可没。

杨克　广东省作家协会副主席，著名诗人、编审，国家一级作家。出版《陌生的十字路口》、《有关与无关》等8部诗集，《石头上的史诗》等3本散文集。近年主编《〈他们〉十年诗选》、《中国新诗年鉴》系列、《九十年代实力诗人诗选》、《犀牛诗丛》等。

立夏日赴东营

刘功业

6日立夏。早上从济南出发是8点钟。出济南沿着济青高速一路东行。车子轻快地行驶着。从鲁中到鲁东，穿越着广阔的平原。

告别春天，迎来盛夏。天气马上就热了起来。路上的风景，树木葱茏，绿意更浓。田野里，麦苗儿也更加黑粗壮。打开车窗，有风吹进来，带着清香。不用细品，这香味儿窜鼻子。路边，有槐站着，槐花雪白，挂满一树。马上就想起了老家童年香甜的槐花饼。今天就路过我的老家贾淄川，但不停。路外，是温馨的院落和村镇，有泡桐树，叶子还是娇嫩的芽尖，红艳的花，却也是挂满一树，比槐花更大。槐花和泡桐花，成为进入夏天的标志，让农舍和乡镇泡在花香里，让我们的一路行走，也浸润在花香里。

我和作家出版社纪实文学室主任贺平女士坐在一排。她讲着去年编辑出版《中国治水史》的经历。她接到250万字的稿子，看了几遍，写出了按照流域体系来划分栏目、归类文章的编辑意见。海河流域，淮河流域，珠江流域等，庞杂无序的文章一下子就清晰了，这就是编辑的能力体现吧？高洪波书记几次提到这部巨著。这也是去年中国作家协会调集名家、编辑出版的重头书，反响很大。

贺平女士的祖籍是山东掖县，现在的莱州市。母亲高寿，在北京家里要说两种话，掖县话和普通话。而外祖母和奶奶，就只说家乡话。她小时候经常回老家。说起童年的经历和老家的吃食，都有一种怀念和亲切。这次黄河行，就显得更有乡土的熟稔和热望。四川达州老家的周李立，也热爱着山东的煎饼。那种香甜，至今怀念。这次创联部的高伟，是整个行动的组织者。他和小周，承担了行动的许多繁杂事务。

大家的话题，更多的都是围绕着黄河。

在邹平服务区休息一会。就从青州出口拐向北行。一路上，看到寿光蔬菜基地和各种大规模的塑料大棚。这是供应北京的农业绿色生态基地。白色的大棚，蔚为壮观。天空无云，能感到一种热力，从泥土里升腾。

从青州到东营，要跨越淄河、小清河、孝妇河，这都是伴随了我的童年和成长的河流。从沂蒙山的泉源流淌而下，有些支流，曾经是奔腾的季节河和空空的石滩地，而到了将要入海的时候，似乎已经舒缓而沉稳了许多，水波潋滟中，有了深度和宽度。捋着这些已经平静下来的河流，像看着手掌上那些隐现于皮肤下的血脉。

在东营服务区商店，我看到了用玉米皮做的针线簸箩、杌凳、簸箕等，很亲切。但有些编制的花样，早已进化了许多，时尚了许多。看我那种兴奋，山东黄河河务局的周月鲁局长介绍着。高洪波书记欣赏着工艺精细的淄博陶瓷制品。陶瓷，这个让中国响遍世界历史的词语，永远和我们的生活息息相关，就像我们现在行走的这条黄河。

安顿住下后，下午接着就去看黄河。下午的参观内容，一个是利津县的黄河大桥和桥下的黄河大堤。雄伟的双塔斜拉桥，是这里繁忙的交通要道。而被茂密的树林所围护着的绿色黄河，已经建成一处处生态旅游胜地、宣传水文化的场所。这处黄河外滩，显然是吸引人的地方。堤上树林里，坐着几个老人，面朝黄河，闲散地聊着，扯着闲篇。我们听着河口管理局有关人员的介绍，看着那些港汊纷乱、而又目的归一的河流，那些讲述，变得更加生动起来。

黄河水利委员会的徐乘副主任，父亲就是治黄老专家。他也在这条河流上一直奋斗着。他感慨地说，都说黄河是母亲河，可在他们眼里，更像是干娘，因为，守着黄河缺水，是最大的心病。他用最简洁的话语点出了黄河的关键。其实就是八个字：水大，水小，水浑，水浊。八个字，这就是他们工作的全部重心。

水大，指黄河容易泛滥，发生洪灾。黄河防洪，永远放在第一位。

水小，是随着现在生活的发展和提高，涉水用水量迅猛增加，黄河的水量越来越不够用了。甚至，有时候连维持基本的生理流量都困难。科学的调水，引黄济津，保证京津大城市的用水，这些年工作量也加大了，难度更加大了。沿途的蒸发和损耗，一直难以解决。

水浑，是黄河携带泥沙量巨大，是世界上的第一大浑河。调水冲沙，也成了科学客体，他们获得国家科技进步奖的项目，就包含了他们黄河水利人的心血。

作家陈世旭（左）、刘功业（右）采风于小浪底水库，在船上交流摄影技巧

水浊，是指黄河流域近些年来随着工业项目增多，经济发展，水域污染日益严重，也需要通过科学手段和加大环保力度，宣传力度，提高全民族的保水护水意识。

接着，又去看了垦利县的义和庄险工，也就是一号坝。从那些险工险段，感叹着中国历代治水人的技艺和方略。又看了正在建设中的东营市里的黄河模拟工程。想起5日从北京出发的时候，李国英副部长讲的三条黄河。一条是现实的黄河，一条是模拟的黄河，一条是数字的黄河。模拟的黄河，就在东营，正在紧张建设之中，今年已经完成主体土建工程，明年进行室内的施工和设备安装。是东营市支援了1000亩地，胜利油田捐助5000万元建设的。这是一座东营市的球状标志性建筑，有点像天津的水滴。半球是海蓝色，半球是灰色。另有一条条状水道。采用德国技术，通过模拟黄河入海口的地理和物理情况，进行综合分析。这是世界上第一座用人工模拟方法，再现河流入海的水工状况，进行技术设计和科研的最大建筑和专用研究机构。

黄河故道，土地肥沃。黄河干流，入海急切。泡桐花和槐花，烂漫的开放着。河堤上新栽的银杏树，也成了一道道风景。不远的将来，我们就可以在这银杏林里看黄河，讲文化，听故事了。

黄河口的湿地之鸟

刘功业

在位于黄河三角洲的东营住下的第一夜，我睡得非常香甜。

但是，那只早已潜入梦中的湿地之鸟，还是把我从香甜的酣睡中早早唤醒了。那只鸟，总是飞在我的旅途上，像我终生不弃的爱情。是鸟护佑着我，还是我追随着鸟?

这块因为黄河而新生的土地，让那滚滚的泥沙在承载了万世骂名后也成就了万世英名。这块如今嘉禾丰茂的土地，离不开黄河水的造化之功。这片因为胜利而闻名的油田，同样离不开黄河水的造化之功。

路上，经过六户镇，据说早先这里不过几户人家。当年有土匪响马出没的漫滩河汊，现在到处是如林繁密的井架、如风摆头的采油机。似乎把河与海的汹涌奔腾，都含蓄在了这泥土的厚重里。只把如盖的绿荫和慷慨的阳光，奉献给这座街道宽阔、文化气息浓厚的石油新城，把新生与发展的面貌，展示在世人的面前。

黄河，其实像一个顽皮的孩子，在东奔向海的路上，尽情地撒着欢，跑动着。也时不时地打个滚儿。河流的冲积扇，推演出一个向海而行的新时代。携泥带沙的黄河水，千古不懈，硬是填海成陆，留下土地，留下野草、芦苇和红荆的种子，把曾经的海，推向更远。也把共和国的辉煌，从陆地，跨越到海上。

那只湿地之鸟，就飞翔在一个这样的早晨。也飞翔在徐乘和高洪波以及行走黄河看水利采风团的作家诗人们的眼睛里。

5月7日这天一大早，身材高大的高洪波和作家们站在楼前，和急着要赶到北京参加水利部防汛抗旱工作会的黄河水利委员会副主任徐乘告别。几天后，他还要追上队伍，继续陪同作家们从黄河口一路上行，采访采风。徐乘兴奋着，高洪波兴奋着，作家们兴奋着，谈着诗，谈着黄河，谈着这片黄河口的土地。

黄河，却不总是兴奋的。上游来水减少，沿途用水增加，工业污染严重。黄河，有着难以承受之重，带着力不从心的忧愁。

我把从济南带过来的对瘦黄河的忧思，一直带到了这里。利津黄河大桥下，黄河几成一脉细流。而这，是为了实现黄河水利人的那个不让黄河断流的庄严承诺。通过科学调度，才保持了至少50个流量。不是到了这黄河边，这入海口，不知道这个承诺会有多么沉重。

黄河，多像一个恨不能把全部的生命、全部的乳汁都奉献给儿女的母亲，宁愿榨干了身体，累瘦了自己，也要让这只迎着太阳飞翔、一直飞向大海的鸟，扇动着强健的翅膀，带着啼血的鸣叫，把我的视线，引领向比海更远的方向。

黄河水利人提出了“保持黄河健康生命”的科学理念，坚持10年水量调度和8年调水调沙，通过人工和漫溢补水，使因为断流而萎缩了十多年的黄河三角洲终于重新焕发了生机。又以湖淀星布、万鸟齐飞、鱼翔浅底的美妙风光，让这片黄河入海口湿地，发挥出地球之肾的功能。

从东营市区到黄河入海口的湿地公园，路途并不近。要沿着渤海边的滩涂地，一直向着东南方向走2个多小时。一路上，右边是漫水泥滩，似乎无尽无休；左边是连片的鱼塘、虾池，也似乎是无尽无休。滩涂，是渤海湾的特色产物，有不知深浅的黑色稀泥，富含营养，是蛤蜊、青蛤和虾虎鱼的胜地；有浅浅的海水，延伸向更深的海，更远的海。

左边是海水，右边也是海水。一条潮间带，只是让海水从汹涌变得舒缓。把骄狂的大浪分解成一些细碎的星月。港汊里，渔船已经歇了。这里的打渔人，都是早起，把船开到海面上，打满一船鱼虾就回来，不大的码头上，太阳还没有出来的时候，许多的买客早就等在那里。反正都是抢手货，价格随行就市，过程简捷。时间不长，就数票子回家了。

不时就有鸟，在左边或者右边出现。从荒草间煽动起翅膀，飞翔在我的视野里。由于有些距离，我看不清她的模样，不能辨别她的种属。那有些灰、有些白的翅羽，跃上长天，依然让我亢奋，不由得涌出敬意。是海鸥？是野鸭？是鹭鸶？并不能看得真切。是这里的留鸟？是远方的过客？也并不能说得清楚。

本文作者刘功业（右）与采风团高凯、贺平、叶舟、杨克、高伟、李良、王志祥在山东济南老徐庄堤防险工合影

黄河口湿地，是一个巨大的植物王国。近处，是些随风摇曳的狗尾巴花。远处，是黄绿色的蒲草。还有罗布麻、野大豆等珍贵植物在这片湿地上生长。伸展向远方的一条两条的土路，被高高的草遮蔽得若隐若现。湿地和近海生态系统的修复，并不是一个简单的过程。也不是所有的湿地都有明亮的水面。许多地方，水是潜伏在绿草和各种野生植物下面的无名英雄。植物丰茂的地方，水自然是充足的。万千种鸟儿的乐园，当然首先是水草丰美之地。刚刚长起来的芦苇，一片一片地铺展开去，虽还不高大，却已经绿浪婆娑。如果是秋天会更壮观，在水草地上，随处可以看到的是野鸭、白鹳、灰鹳、鹭鸶等。更有那丹顶鹤、大天鹅，不时飞起，落下。每个人的相机都在咔咔响着，不敢错过每一个美丽的瞬间。

黄河口的湿地之美，需要水的浇灌。而黄河水的旖旎，也同样需要这绿意和生机的爱意滋养与真诚回馈。生态的修复，其实是一个自然万物相互依存的链条。有来自黄河的水，早已被大片的草树染绿了，捧出一湖广袤和澄碧来。有弯弯曲曲的木桥，伸进湖的深处。有大大小小的岛子，驻足着南腔北调的游人。有依偎在伞下的恋人，也有相携于旅途的老者。那不知名的鸟儿，总是飞在不远不近，落在不远不近。与人相望着，与人相亲着，又保持着绝对的自由和高傲。

黄河口管理站的那位美丽快乐的小徐姑娘，裙装下一双高挑的长腿。她眨动着一双大眼睛，以同样骄傲的声音说，在这湿地上，最高傲的鸟儿，要属美丽的白鹳了。她那从不正眼看人的大大的眼睛，长长的红嘴巴，高挑的身体，高高瘦瘦的长腿，洁白而带有黑色花边的羽毛，哪一点，不是许多爱美的姑娘们所梦寐以求的审美标准呢？所以，白鹳就有了高傲、高贵、高雅的“三高”之誉。这让大家不由得开心而笑起来。这当然不是人类最惧怕的三高了。

探寻黄河口的湿地之美，需要深入，更需要高瞻。直到登上6层楼高的远望楼，才可以尽览这天地之间河海相拥的壮美和辽阔。这是一座钢铁桁架和玻璃幕墙的现代建筑。涂着黄、红、蓝三种颜色。黄色代表黄河。红色代表三角洲上一种特有的红色植物，也就是碱蒿子。因为总是连片生长，铺展出这黄河口的秋天那浪漫无边的红色。被这里的人们叫做红地毯。蓝色，则是大海的颜色。

一面旗帜，呼啦啦飘着。离海越近，风就越大。黄河却依然固我的沉稳。那漫漶无边的浑黄，以一种巨大的力量，推涌着。以一个巨大的扇面，与远处蓝色的大海终于相接相融。

原以为，千里奔流，终于入海的黄河远行至此，该是一副急切的、奔腾滔滔的模样，没想到却是表现得这样沉静。如一位终于见到日思夜想的恋人，按捺着心海的波澜，却红了脸膛，羞涩起来的女子。原以为，奔腾咆哮的黄河，在这里该是展露出一如既往的深谷大川，却没想到是这样的舒缓散淡，漫步恣肆，一片悠然。

横架在黄河口的一座军用浮桥，连接起两岸的道路。曾经因为黄河而隔绝的孤岛，也是因为黄河的缘故，经过50年的开发，已经海陆一体，发展成为海滨一座繁忙的石油生产基地。河口管理局的同志一路介绍着黄河口的历史变迁，讲述着黄河的那些入海故事和古今流路，自然也不会忽略几次人工改道、冲沙造陆，使胜利油田的海上开采变成陆地开采，节约了大量生产成本，为经济发展作出了巨大贡献。到了这里，才懂得流路是一个什么样的概念。撒泼打滚，任意游走的黄河，让这片滩涂留下了数不清的沟叉。如甜水沟、神仙沟、支脉沟、响流沟、清水沟、土匪沟等。现在的入海流路是清水沟。是从30多年前的一条宽不过百米、长不过十多公里的雨水沟演变而来的。专家惊叹，在黄河入海有资料记载的历史中，一条自然流路能稳定行水30年，这已经是一个奇迹。这自然里，当然不能忽略人工干预的功劳。

就站在清水沟边，我拉着黄河水利委员会的梁海燕和黄河口的小徐姑娘一起，以辽阔的湿地、雄浑的入海口为背景，留下了一张合影。两个以青春热爱着黄河、以生命笃守着黄河的女子，张开着鸟一样的翅膀，作出飞翔的姿态。

那只湿地之鸟，就这样飞翔着，追随着，让我们这些行走黄河的作家诗人，更生发出一些诗里梦里的感觉。

哦！天水

刘功业

啊，哦，哎！唉……我无法决定，对于天水，该用一个什么样的感叹词。

以前，写过《天水之水》了。可是再一次行走到天水，还是对这两个字，最为敏感。

啊！车子穿越八百里秦川，捋着黄河在黄土高原上的重要支流渭河播洒出的浓浓绿意，溯源而上，继续西行。绿林后，滔滔的大河把远处的山脚和土崖，切割出突兀起伏的轮廓来。这条被山林涂抹得色调凝重的河流，让这片苍黄的高原有了奔腾蜿蜒的绿色生机。人类的生命，就是一条河流。从远古蜿蜒而来，生命的河流与自然的河流一起奔腾繁衍，才有了这勃勃的延续不断的生机。

似乎是一曲宏大乐章的变奏。如丝带般甩来甩去的渭河水越来越细。两岸高耸、绿林伞盖的大山越挤越窄。老柴窝、马宗山，公路，铁路，连续四座隧道并列着穿过大山。麦积山、秦岭关、百花山、牧马滩、燕子关、小陇山，一座座长隧手拉手，越靠越近，次第相连。来不及看一看两山间的景致，就一闪而过，又钻进另一座大山里。

心中猛然一阵洪钟大吕。桃花源外，槐花香处，眼前终于豁然开朗。西出八百里秦川，陕甘交界上的第一座城市——天水扑面而来。

最让甘肃人骄傲的，是天水。“金张掖，银武威，金银不换是天水！”每一个甘肃人，都知道世世代代传扬的这句话。每一个天水人，大人小孩也都会说这句话。无论恋在家乡，还是走南闯北，这种自豪感从未淡漠和消泯。

两边的大山，成了渐次推开的无边画屏。山势少了陡峻，多了舒缓。少了绿林，多了苍凉。天水的绿，是更多黄土颜色的绿。虽然没有关中平原和渭河川上的那种气势与繁华，与秦川里秦岭、太白山和黄土崖上比较彻底的退耕还林不同，天水的山峦，更多了挂在山上、飘在云端、延伸到天边的梯田。像笔锋苍劲、色彩斑斓的油画，又像冷峻、清扬的乡村音乐。田地里，播种了幼苗。覆盖的薄膜，成波浪纹，或者网格状，起伏舒缓，在阳光下，闪烁着一圈一圈的白光。

麦积山，是天水的奇迹。它是红色的，也是绿色的。矗立在西出秦关、进入天水的入门处。这是一座寄托了丰衣足食的生存理想的意象之山。这是一座摹刻于丹崖山上的宗教圣殿。人类所有的宗教，作为一种安放灵魂的信仰，其实都不是虚空。喊了多少年，斗了多少代，人与自然，仍然是相谐共生、相互依存的关系。无法对立，难以抗争。

天水之城，一个是天字，一个是水字。这两个字，对于这一方的黎民百姓来说，关乎生死。天在上，对于如今仍然靠天吃饭的农民来说，天仍然充满敬畏，高不可攀，更多的是依赖和仰望。水在下，皇天后土，伏流于地。这黄土高坡海拔平均在千米之上。最高处超过2000米，地下取水近乎奢侈的梦想。渭河和嘉陵江，有榜沙河、葫芦河、藉河、白家河、花庙河、红崖河等众多支流流过天水，南北分江而治，清浊分流，风光分野。但是，靠天吃饭，企望风调雨顺，才有丰收的稼禾，农人的终极理想自古未变。农家的院落里、地场上，丰满的麦秸垛，让人类从大地湾走到了现在的文明。

两天的时间里，我们的车子就绕着天水的山林农田，一路盘旋着。温馨的小山村，陡峻的黄土路，飘香的槐花林，茁壮的葡萄园。天水的山水形制，东西不同，南北也不同。东南部，山林葱茏；西北部，黄土弥天，就像伏羲庙里那张黑白对应、阴阳相合的太极图。天水人充分享受着上天的恩赐，也用一腔豪迈、满怀热情，在这大山上书写着“治山治沟治贫穷，保水保土保资源”的诗篇。5月的天水，季候比起黄河中下游地区，晚了至少一个节气，所以，从5月初的东营到现在的天水，我们几乎就是追着槐花的一路花香在日夜奔跑，也追逐着黄河母亲的千古期盼在奔跑。

走过那些村镇，随处可见“修梯田，调结构，兴产业，促增收”的标语。麦积区社棠镇的北部，是海拔1500多米的干旱山区。这里坡陡沟深，水土流失严重。这里的五个自然村，主要是雨天农业，农作物收成不高。当地通过兴修水利，坡改梯田整治，建设淤地坝、谷坊和集雨水窖，采用节水灌溉新技术，大幅度提高了灌溉面积，并改变耕作方式，改种品种优良的桃子、苹果和葡萄，建设起万亩葡萄种植园和绿色生态山林，既保持了水土，美化了家乡，又增加了收益。甘

在甘肃天水坡改梯田示范工程采风，作家刘功业（右）与水利部精神文明办公室副主任袁建军（中）、黄河上中游管理局副局长王银山（左）在一起

泉镇的谢家沟，通过小流域土地治理、产业开发、排水沟渠与田间道路和生产道路配套，实现了梯田化、机械化的高效种植，达到了高产稳产。产业开发，惠及民生，大大提高了农民的积极性。10年间，农民的人均年收入从800多元提高到了3400多元。他们这里种植的葡萄，是选用巨峰葡萄中的红地球、美人指、京秀等高产抗病品种而嫁接改造的。在政府帮助下，已经进行了主产地统一注册，“下曲葡萄”成了远近畅销的中华名果。用这里的葡萄，酿制出了远销海外的葡萄名酒。一座山头上，就有一座或者几座比葡萄架和苹果树高不了多少的土坯小房子，那是他们放置农具、看山、休息和护园的地方。正在地里忙活着的那对小夫妇告诉我，每亩葡萄园，可以收入5000元呢。

一方水土，必有一方特色的吃食。一碗家乡饭，可以温暖一生。据说，人的口味，是童年时候就奠定了的。浪迹天涯的旅途，为什么让人兴味无穷？能品尝每个地方的特色吃食，是其中最大的诱惑。在天水，我们就在南山上的高家湾生态园吃到了一顿别有风味、又记忆深刻的农家饭。这是对客人最好的招待了。几种山野菜、芥油乌龙头、农家萝卜皮，还有吃不够的要了一碗又一碗的红油酿皮子。天水的手拉面，更让吃惯了兰州牛肉面的叶舟和高凯也心生嫉妒。

黄土大山上，绿林深处，一汪人工的天池水，在这高原上显出了珍贵来。天水人说，水贵如油，远远不足以说明水在黄土高原上对于生命的重要意义。油，算什么？离了它，人能活。离了水，人就活不了。生活在这里的人如此，生长在黄土高原上的庄稼也如此。

天水之水，天一生水。天水的五谷丰登，有赖于天雨下注。这在伏羲氏那儿就点明了这个理。可老天就是吝啬。对于年降雨量500多毫米、远远高于甘肃其他地区几倍的天水，这几乎就是天地造化的恩惠了。

可是，天水也是很长时间不下雨了。渭河滩的上游，有碧透的清水河，也有小黄河一样的葫芦河。一清一浊，却也都枯瘦了许多。山道上，经常可以看到一家一户的农民，艰难地拉水上山，浇低处那些正待拔节孕穗、渴望丰硕的麦子，也浇高处那些新栽的果树、葡萄。不待芒种日把麦子收割完了，不敢说就是丰收在望。

流过天水市区的藉河，还是干了。只剩下满沟乱石，一河荒草。这让行走黄河看水利的作家、诗人们在两天里看过的大山梯田上人工浇灌出的一派葱茏之后，在继续着向西向西的行走后，有了些沉重和不踏实的感觉。更多光秃陡峻的黄土大山，和干枯在风中的小树苗，不断闯进镜头。让随处可见的封山育林的告示牌，显出在恶劣自然面前的无奈。也有爬上半山，在进行着统一的坡改梯工程的推土机，把本不稳固的高坡扬成山土。我甚至有些天真地去想，面对西部这极其脆弱的生态，如果不把田种到山上，种到天边会怎样？如果让这些大山都像陕西那样彻底退耕还林、涵养水土会怎样？但是，在金银不换的天水，田地寸土寸金。养育这些要吃饭的人，和养育这个要绿色的自然，两相比较，依然是一样艰难的选项。

两年不到，天水市区又有几座高楼矗立起来。岭上汉柏，一街唐槐，延续在天水的现代繁华里。

强烈的阳光，炫目在天水城西的卦台山上。农家的房舍和雪白的槐花，一起铺展到车尘飞扬的最高处。三阳川下，甘谷城外，蝶舞蜂飞。那些营帐一样的蔬菜大棚和田地里正在打籽的油菜花，沿着河川排列着。而远山，越来越冷漠，苍凉。在这里，绿叶和花朵的情谊，最鲜明地表现出与河的亲疏关系。

离开了河流，离开了水的浇灌，就没有绿洲。自然也无力把花朵的芬芳延伸到黄土高原更西的地方。

兰州：月色滔滔

刘功业

一路向西。天水到兰州的380公里，行走黄河看水利采风团的作家、诗人们心情忧喜交织，跌宕起伏。被大家称为快乐王子，一路上总是讲笑话不断的方英文，终于把头埋在胸前，沉默下来。

我有些奇怪，问他，怎么消沉了啊？

他说，你看看，这外面都是些啥景色么，这样的土地怎么长庄稼么？他的家乡在陕南，在秦岭，属于雨量充沛的汉江流域。在西安当了半辈子记者和作家，关中平原的富庶，一直是八百里秦川遍吼秦腔的陕西人的骄傲。

这时候，车子早已过了葫芦河边水源植被相对都比较丰富的以蔬菜、辣椒闻名的甘谷，以苹果、花椒闻名的秦安，进入了以穷困闻名于世的定西。

两山之间，地势开阔，却少见绿色。村镇和县城，都躲在很远的地方。很长时间，看不到好一点的房子。新修的高速公路，是唯一的现代意味的东西，在满目苍凉里眩惑着。两边斜度很大的土山坡很高，一眼望不到顶。光秃秃的黄土梁，水土流失严重，几乎寸草不生。有些劲道的风，在山坡上和公路上，卷起一股一股的沙尘。也有环山栽种的小树苗，明显是政府的景观工程，投入很大，效果很差。因为干旱少雨，大多枯死了。这里的年降雨量，只有100毫米上下，不到天水的五分之一。雨水冲刷的沟里，也有淤地坝或者谷坊，这是西北人千百年来与恶劣自然顽强抗争的土法水利工程。就是在山沟里，堆起土坝，雨水来的时候，可以蓄水拦沙。久之，从山上冲下来的泥沙淤积起来，就变成了新的土地。谷坊，是更小的淤地坝，多建在雨水沟的尾部。在天水，这样的淤地坝、谷坊发挥的作用很明显。但是，在常年干旱少雨的定西，这样的设施，就很有些画饼充饥的味道。

记得在山东老家山区，也有这样的雨水坝，只是多用石块砌筑。而且，相对水土流失没有这里严重。

沉闷的旅途上，阳光同样灿烂明亮地照在大地上，同样是炎黄子孙，为什么就该生活在这样的土地上？这样的山地，很难想象能生长什么。即使退耕还林，飞机播种下的树种，能够在这严苛的风沙里生长起来吗？

因为先前来过，我给大家讲着为什么这里的民居都是一面坡的顺水房。四面房子的雨水，都要流向自家的院子，流进自己的水窖。有民谚说，肥水不留外人田。其实，在这里，只要是水，都是极其宝贵的资源，是家庭富有的真实，而不是象征。就不能让它有一点一滴的浪费。

大家的目光，逡巡着。穷山上，总有建造精美、技艺超群的小庙。有的就紧贴在高高的土崖上，不亚于悬空寺。

偶尔看到哪里的黄土沟里，积着一汪子小小的水，车里先就欢呼起来。似乎也和这里的山民一样，捡了个宝贝，觉得有了活路。甚至会说，该不该赶快告诉他们啊，这里有水！想想，又觉不必。任何一点水源，都不会被这里的人们忽略的。

过了十八里铺，就是兰州市郊了。宁远镇，才又有了些绿色。到了这里，想起以前在这里我听一位兰州司机讲的那个故事。说是西北人讲，前有马步芳，后有胡耀邦，这是他们最敬重的两个人。为什么呢？一个是国民党军阀，一个是共产党的前任总书记，风马牛不相及啊？可他说，这两个人有一个共同的优点，就是在大西北大力倡导种树。马步芳有话，谁要砍一棵树，就砍谁一颗头。所以，兰州才有那么多树。现在，这么多年过去，出了市区，树木，仍然稀少；黄土，仍然漫天；风沙，仍然猛烈。

穿过猪嘴岭隧道，过了柳沟河大桥，藏在黄色山谷里的高楼耸立的兰州，终于在望。正是该夕阳红艳的时候，两道彩虹一般的雁滩黄河大桥，也飞到了眼前。黄河！黄河！我们的母亲河！兰州，一座被黄河的乳汁喂养大的城市。滔滔的黄河就流过兰州，从城区浩荡而过。和一城百姓，一起流过岁月。

20世纪80年代，我来过兰州，就曾住在城南的皋兰山下，兰州人也叫南山，海拔有2100多米。山后有五泉，山间有古树，是兰州名胜。据说，皋兰之名，得自匈奴。兰州之名，又得自皋兰。兰州的山，多是黄土山，陡得难以立足；松得见风起沙，见雨流泥。草难长，树难栽。那些宝贵的绿色，融汇着千百年来人们的不懈努力。现在，皋兰山上有提升泵站，遍布引水管道，大量采用现代节水滴灌技术，才让这座黄土大山有了更多的郁郁葱葱。但是，在这大山上种树，仍然是一个需要极其有恒心，非常有毅力的生态工程。

此刻，居高临下，兰州城就在面前的洼地里。北山迷蒙，南山苍茫。一条滔滔的黄河，似乎把本该连在一起的高原硬生生切成了深深的两半。风，是从山谷里忽然起来的。不知怎么回事，顺着黄河，一座城市，似乎被施了幻术，忽然就弥漫在沉沉黑夜里，漫漫黄尘中。雁滩黄河大桥，不见了。那些高高低低的楼，不见了。一座繁华兰州城，不见了！大家惊呼起来：沙尘暴！

北京、天津的沙尘暴早就见怪不怪了。在这西北之地，却似乎忘了，是最容易发生沙尘暴的地方。沙尘暴袭击下的兰州，就沉默在我们远远的瞩望里。除了用相机捕捉着这难得一见的肆虐之手。人们似乎忘了说话。也实在不知道该说什么好。

就因为这场沙尘暴，我们没有从最近的兰州东进入市区，而是绕行着，一直到了兰州北。城外，却没有风，只有雨，也是零星的。那些同样苍凉的大山，列阵在周围，对兰州形成了包围之势。似乎是那些风沙的指挥官，就远远地躲在城外，只是向着城市，挥舞着猎猎的战旗，吹着威武的号角。也或者是把一支支整装待发的后备队，藏在这里。完全是一种居高临下的旁观者的姿态。它们的目的，似乎只有一个，就是前赴后继地用黄土黄沙，把这座敢于和自然争斗的美丽的城市淹没、填平！

还是得感谢黄河。无论有多少泥沙，都被她裹挟而下。雨过了，天晴了，夕照依然。兰州，终于还是展露出了姿容。

等我们从北麓山方向进入兰州城，到达黄河边，已经灯火如星、一河灿烂。用长长的灯笼阵组成的巨龙，让滔滔的黄河，更加滔滔。

就在黄河边，采风团的成员们总结着行走黄河看水利的收获和感受，也讲述着初步的创作构思。黄河，汹涌着。黑河流域管理局的张超局长一行，请我们在黄河边吃最正宗的兰州牛肉拉面。

水利部黄河水利委员会的陈小江主任，已经在兰州迎接大家。他诗性的语言，激荡着对黄河的热爱，感染着对黄河有了更深刻认识和理解的作家、诗人们。

甘肃省作家协会常务副主席魏珂和刘秋菊秘书长也过来看望。

兰州，其实不止一碗香飘世界的牛肉面。这座城市，不仅有气势恢弘的现代意味，更有悠远深厚的历史积淀。作为甘肃的省会，很多兰州人，都会很幽默地给你讲这样的段子：兰州没啥水，就一条黄河；没啥路，就一条丝绸之路；没啥书，就一本《读者》；没啥吃的，就一碗牛肉面；没啥古迹，就一处莫高窿；没啥科技，就一处酒泉东风航天城；没啥看的，就《丝路花雨》加《大梦敦煌》；没啥资源，就有点金昌白银；没啥大官，就出了个总书记和总理！这段子，在行走黄河的路上，叶舟和高凯不止讲过一遍，简直到了耳熟能详的地步。你能听出来吗？他们这是谦虚还是骄傲？

兰州有一位全国著名的城市规划大师，叫任震英。他有很多身份：

地下党、学者、诗人、右派、研究窑洞和生土建筑的专家，也当过兰州市的副市长。就是他和苏联专家，为兰州做了第一个城市规划。一位到过兰州的江南网友推荐给我任先生写的一首描写兰州的诗："黄河到此足奇观，冰雪春融下九天。两岸楼台连险栈，一城风月汇芳川。古滩宿雁飞沧海，闹市笼云袅紫烟。故土重光花似锦，漫将诗画绣来年。"她说，原来也是以为兰州只是漫天黄沙，北风卷地的。读了任先生的诗，对兰州有了新的美好印象。

相约走到街上，才发现已经夜色浓重，灯火灿烂。才发现这沙尘暴后，天上没有繁星，只有一轮难得的明月，挂在兰州饭店大楼的角上。在西安鼓楼的那晚，月亮还是缺了一角的。到了兰州，才看到月亮是这样的圆满。

忽然就有一种不约而同的默契，忘记了一路奔波的劳累。走吧，到黄河边喝啤酒去！到兰州，一定要看看黄河。叶舟竭力发挥着地主的优势鼓动着。我发挥着诗人的优势想象着。特别是这夜色里的黄河，特别是这月色里的黄河！在西北，在兰州，在这黄河第一桥的地方，她一定是不一样的！

遂连打两辆车过去。一会儿，又追来一辆。穿越月色里的城市，直奔月色中的黄河。滨河路上，花影高树，路灯昏暗。被高岸拦护着的河水，很明显地在河槽里鼓胀着，汹涌着，在岩岸上拍击出哗哗的响声。对岸的白塔山，湮没在灯光的后面，一片漆黑。中山大铁桥，已经有105年的历史，是5464公里长的黄河上的第一座大铁桥。此刻，桥上的彩灯，勾勒着依稀的轮廓。我上次坐羊皮筏子的码头，已经被淹没在水里。河边，柳树茂密。清风里，柳梢儿浮动着。月是明的。河是暗的。岸上的灯，城里的灯，都有些迷蒙。只有这些望着黄河的人的一双双眼睛，是明亮的。只有洒在河上的一把把月光，是明亮的。

其实，这时候的黄河边，夜色深深。除了一对两对热恋中的情人，显然是冷清的。河边的烤羊肉串的小贩，也都收了摊子。河边靠泊的那些茶船，也大都亮着船灯，却歇了生意。终于找到一家，收拾的手脚慢些。遂被我们说服了，留了下来。在船上重新摆开桌凳，要了啤酒。胖墩墩的小伙计勤快，跑了很远，到街上买来烤肉串、烤腰花、烤板筋。兰州有自己的啤酒，就叫兰州黄河。大家把座位一律朝向黄河。船面不高，河水伸手可触。明月不远，水上粼粼波光。真个是应了苏轼那句“明月几时有？把酒问青天。不知天上宫阙，今夕是何年?”

看着眼前的黄河，侯全亮有经验地说，今天兰州的黄河，达到了至少一千个流量。相对于一路奔腾和哺育后，黄河下游的枯瘦，这里的黄河，相对比较丰满。所以，甘肃兰州大铁桥头的黄河母亲塑像，造型是怀抱婴儿的丰腴少妇。而到了山东利津大桥下，黄河，就变成了被吸尽乳汁的干娘!

黄河汹涌，月色滔滔。就像站在皋兰山以外看兰州，能看到兰州不同的样子。在这夜色月光里看黄河，也会品味出黄河不同的味道。此时此地此景，似乎只有唱这西北当地的民歌才有味道。叶舟早就按捺不住，唱起了音域宽广的花儿。高伟唱起了陕北的信天游，眯着眼睛，一副陶醉其中的样子。哲夫唱起了山西的信天游，也是唱得酣畅淋漓。无论黄河的左岸、右岸，歌声里唱出的，都是这片土地上的子民们那种大胆率真的情怀。贺平文弱，出口却是真正意大利的美声。韩春旭高嗓，引吭一首叫好的红歌。刚得到消息，有长篇《后花园》列入茅盾文学奖初选的方英文，在黄河边自然激动不已，把所有的俏皮化作了凝重。来自水利部和黄河水利委员会的袁建军、侯全亮、李肖强、梁海燕等几位，聊黄河事，说黄河人，自然都是第一手资料。我面对滔滔的黄河，滔滔的月光，却只是沉默着，思想着，任思如泉涌，却难发一言。

心潮澎湃中，唱啊，说啊。不知不觉间，酒酣耳热，月上柳梢。早已是5月17日凌晨时分。不是船家再三催促，大家真不知还要在这被月光注满的黄河船上，待到多晚呢!

心中的河流

刘功业

每个人都有一条心中的河流，如同母亲，温暖着生命；如同父亲，增添着力量。这条河流，是融入身体的血液，激荡人生；这条河流，是宏大的史诗，让所有的岁月，都喷薄着诗意和阳光。

我从黄河口出发的那个早上，细雨天泽。大海，澎湃在东方，遥望着雪域高原上这一股血脉的来处。奔流千里的黄河，就这样让生命歌唱着，让爱燃烧着，扑进了大海浪涛翻卷的怀抱。

这是风。这是云。这是雨。这是雷。化雪为水、涌地成泉的黄河，把万千涓涓细流汇入大海，又把自己雷霆万钧的生命重新化作无数的渺小和细碎，从地上的理想起步，张开了在天空中飞翔的翅膀。

此刻，这条穿越了童年的河流，正温暖地叠印在我的旅途上。终于灿烂起来的阳光，挥舞着手中的长剑，给我指引着前进的方向。我从黄河口，走向黄河源。一路上，黄水滔滔，歌乐喧响。大地上所有的回环，都是这个古老民族龙的图腾，在我个体的生命里再现着神性的光芒。河之龙腾，山之虎跃，正是一个民族之所以生生不息的动力所在。我们的祖先这样走着，我们的前辈这样走着，我们和我们的子孙又继续着这样的行走。奔腾入海的河流，创造着人类的文明，也昭示着自然的力量，追寻着生命终极的意义。从古至今，我们就这样追求着梦境与理想。每当我们无法抵御魔鬼的诱惑，灵魂迷失，就会有一次这样具有非凡意义的寻根之旅。让这条圣河的水流，涤荡心胸，洗去污浊，怡养情怀。

一条自然的黄河，跌宕在天地间。一条模拟的黄河，流动在沙洲上。一条数字的黄河，装进了计算机。还有这条心中的黄河，永不止息。这就是天地人和，科学跨越。天地的空间，浩渺。数字的空间，无限。你能想象一颗心灵所包含的宇宙吗？你能想象一条河流在心灵世界中的流淌吗？想象的力量，创造着未来。

我曾经在黄河边长久地伫立，感受着黄河的点点滴滴。我曾经在水利部黄河水利委员会的数字中心，看着那一颗颗闪烁的灯，倾吐着黄河丰富的话语。我曾经在壶口瀑布前，任由那飞舞的雨雾，把自己的心情打湿。我曾经在兰州，坐着羊皮筏子，看满城月色，听一河滔滔。一首一首地默诵，那些从古至今与这条河流有关的名人诗句。

每一条河流，都是有生命的。自然流淌的河流，水小则续断，水大则漫漶。洪水漫溢决口，才生出大片的湿地、湖泊。有了这绿肺的张合，吐纳才能有序。河流或可夺地而走，改道畅流，最终还是不改入海的初衷。故道与新河，都是自然的选择，归根结底，多不依人类的主观意志。

黄河，是一个睿智的仁者。他宽容着我们的无知，也指引着我们的灵魂。从千年不遇的大旱，到百年不遇的洪涝，河流会沉默，也会暴怒。但自然的灾害，无法阻挡人类兴利避害的努力。而一腔豪情地阻挡或者延迟河流的脚步，其乐无穷中也附带了很高的生态代价。人类发展的许多难题，如文明与发展的矛盾，如生态与生存的纠葛，让河流的疏堵之术、治国之策，颇费踌躇。经天纬地，成败之举，各有论断。这不能不引起我们的深思。

河流养育着我们的生命，子孙万代逐水而居，依河而生。爱这条河流吧，像爱我们的父亲母亲，像爱我们自己。爱心无限，才能精神无敌。

怎样维持河流的健康生命，不但是治河理念，也是当然使命。不仅投资，更要投智。出方略，谋大事。科学治水，科学管水，科学用水。既要兴大利，除大害，又要在惠及民生上多做文章。让心中的河流承载起民族的福祉，这才是水利建设的本来之义。

天水之水

刘功业

从兰州去天水的路上，一直离不开水的话题。

关注生存，关注生态，也是天津作家诗人们这趟西北之行的主题。过了雁荡黄河大桥，才感到真的出了兰州。那一条撕扯不清的黄水，多少年来，如一条粗大的鞭子，在把黄瘦中泛着菜色的兰州城狠狠地抽打出一条深痕之后，才又继续前行。

沿途的滔滔里，在车上梦里依稀能听到黄河母亲哄着摇篮里的孩儿昏昏欲睡的歌谣。孩子的脸上，还挂着泪滴。那是淘气后，或者偷吃了一块面饼子之后刚挨了母亲一擀面杖或者父亲一鞋底儿的狠打之后。孩子不打长不大。狠狠地打，浓浓的爱。这是中国式的养育，是这乡野上延续了千百年的教育传统。并且，随着人文传承把这种传统一直播撒进黄土高原、晋陕谷地、豫鲁平原，让这条煌煌之水，爱爱恨恨，时不时地就抽疼了你，年复一年地就滋养着你。

西北望敦煌，东南走天水。一踏上大西北，干旱、荒凉、河流、绿洲，都是最热的话题点击。走过河西走廊金张掖、银武威的富庶粮仓之地，现在东出兰州，却是一派黄土高坡的荒凉。甘肃简称陇，陇者，指陇山，是六盘山的别名。陇右之地的甘肃是古代丝绸之路的重要关卡和咽喉要道，随处的文化遗存，都可见当年客旅千里、铺金洒银、驼铃声声的繁盛。

飘着几朵云，落了几滴雨。车子很快与掉头北上的黄河分道扬镳。行驶在陇东的土地上，树是金贵的，越长越矮小。越来越稀少的植被，点缀在陡陡的坡坎上，绿得心颤，很担心会在那掠地的风沙里滚落下来，掉进那些深深浅浅的土沟里，消失在无情的尘烟中。赵家楞杆、白虎山、土家湾、新庄岭，一座座让高速公路横空穿越的隧道，真的土得掉渣。只有镶嵌在洞门口、洞壁里的石头和水泥的砌块，用刚硬的脊梁托举起松软，追赶着时代的步伐。

定西，是旅途上第一个大地方。过去是县，现在是市，只有荒凉与贫瘠的传说依旧延续。出定西城往正东一条岔道，是去会宁。在长征路线中，那是很重要的一个点。而天水之路，依然东南。巉柳高速上，只有一个十八里铺，可以买水、放水。那是我所见过的最简陋的高速公路服务区了。大山转角，土岗上面，一座两座的庙宇，越发显得小而精致，金碧辉煌，寄托着不甘穷困的人们精神世界的无限向往。

路，崎岖里泛着黄尘。阳光，热辣辣地晃着。连导游小姐讲的故事，也多是关于水的。她说，住在这里的人家，是以家里积存雨水的水窖多少来论贫富的。出嫁的女子，求的是要奔一个家里水窖多的好人家，一辈子吃水不愁，才能活人。再精壮的汉子，家里没有水窖，就像没有钱柜，没有粮仓，也不能养命。

以前看过张艺谋的电影《老井》，也看过西北作家们与水有关、与生存有关的作品，充满艰难苍凉的地域特色。但是在这里，井是摆设，打多深，也打不出水来。水井不过就是水窖，唯一的功能是集存雨水。水井，关键在打到泉眼上，是为了让水更多地涌进来。而水窖考虑更多的，则是千方百计不让水渗出去。过去用胶泥，现在用水泥。一直抹到滴水不漏，才是功夫到家。修水窖，这是家族里最重要的工程。陇塬上，院坝里，所有水的出路，都向着那一口口的水窖而流。不仅仅是肥水不流外人田，只要是水，就不能让它洒到院子外头，一点一滴的浪费，都是被痛恨和严格禁止的。所以，这里的房子，从古至今，都是一面水的，土坯打墙，麦草或者青瓦苫顶，不管朝向何方，一律只许水向院子里流，向水窖里泻。一旦雷声隆隆，雨水赐福，家里人就忙活起来，拿笤帚的，提铁锹的，挑水桶的，各司其职。堵门坎，挖水道，让稀罕的雨水绝不流出院子，让所有的水，都流进自己的水窖里，积存起一年里的养命水。早上起来，一舀子的水，只盛到小半，先长辈，后晚辈。先漱口，再洗脸，然后，淘米，洗衣。最后洗脚，饮牲口，浇地。哪个环节都不能颠倒。这些故事，现在觉得多少已经有了些夸张和演绎的味道，但是，从民居，从饮食，从风俗，这水的文化，浸淫数千年，在这片黄土塬上无疑仍然根深地厚。

想起天津作家杨显惠写的《定西孤儿院纪事》，记录的是20世纪60年代的一个大悲剧。就是这样的一个地方，丝丝线线，金子一般的水，却是渭河之源。鸟鼠同穴山上，硬是从那鸟鼠的洞里涌出山泉，从厚厚的黄土塬上，劈开一条生路，然后横贯东西，越秦岭，穿关中，直奔黄河。水至穷处，并非绝境。人至穷处，绝路逢生。穷则思变。大自然，其实就是大哲理。

连写出长篇小说《机器》的肖克凡，也禁不住望着窗外的风景，不时吟出诗句："走进山中黑暗的隧洞/看着前面渐行渐近的光明/仿佛一块被黑暗蚕食的月饼。"

过通渭，走秦安。兼有富庶和荒凉。正在修建的高速路，断断续续。天水之路，也就盘桓起伏，甚至时有惊惧。似乎是过了郭嘉乡，才见到了路边的河水，不大，却如同终于重逢的情人一样亲切。有水，就有富庶，这就是真理。路边的苹果、水蜜桃，还有那大红袍的花椒，似乎不用怎么叫卖揽客，就惹人驻足，吸引着目光和品尝的欲望。待吃到嘴里，果然是一叠声的叫好。

沿途的那些小河，都能与天水的风土民情文化，与伏羲女娲的神话传说勾连上。导游小姐的小喇叭，一直不如秦岭就要回到家乡的兴奋和讲说天水的高门大嗓。她的天水口音，也似乎是离得家乡越近，那乡土味越浓。

大地湾古文化遗址、河图洛书伏羲庙、麦积山石窟群、人间天上玉泉观、西汉飞将军李广墓等，以及天水那些掌故，那些吃食，那份对故乡天水的情爱，都在话语里毫无遮掩。让我们未到天水，已经灌满了天水之声，触摸了天水之魂，熟悉了天水之貌，把一座神话般的天水之城膜拜了无数次了。秦岭别开生面的许多小说和文字，也多以这片土地为母本，那些嫁接着客居城市的林林总总，反而成了枝蔓。

左手里，渭河边的三阳川，就在盘山道下触手可及的位置。从卦台山上，可以看到川里渭水之滨那些金黄油绿、五彩缤纷的田野和村庄。村道弯弯，绿树行行，山清水秀，果然一幅太极八卦的摆布。传说中，这里就是伏羲氏望着三阳川演绎八卦卦义、占卜七星天象的地方。三阳川，属于渭南镇。所谓三阳，指的就是早上、中午、傍晚三个时辰的阳光照射在这片土地上的不同风景。三阳开泰，美不胜收。有水滋养的山川，真的是不同凡响。一条陇海铁路，在三阳川里穿山过峡。一道渭水青翠荡漾，蜿蜒如蛇，澎湃中不失娟秀。曾经几次乘车西行青藏，从火车上看三阳川，那是平视。川里金黄的油菜花挂满山坡。而现在车行卦台山上，则是俯观。两相结合，才觉出行走在这成龙之地、养秦之所，感受着山川河流的造化之力，如在一座由这巨大山川围护的3D影院大屏幕上看着立体的世界，美是质朴，美是震撼。这晓雾夕烟的农家生活，不仅让历史更多了深厚，也让未来更多了可能。

登上海拔千米的卦台山，也就望见了天水城。天水，天降之水。这是不是望文生义？这最后30里的冲刺，追赶着夕阳一路扑将下来，直扑进天水城的暮色和灯火中。那一刻，我恍惚中，如果是光，就漫天而洒。如果是水，就从天而降。那一刻，无论是光，无论是水，都觉得是可以终于沐浴的快乐，在神往的天水里再生再造的辉煌。

终于有了一问天水的机会。天水市文联副主席兼书法家协会主席程凯先生，就是对天水文化、伏羲文化都有很深研究的专家。他对我们说起天水，激情四溢，话语滔滔，似乎就和秦岭一样，一副被家乡的水土滋养到骨血里的情浓心醉的模样。他率领着一干人等，都是这天水城里顶尖的诗人作家和文化工作者，互道姓名，说起著述，也都是在全国产生了很大影响力的。融合在一起，恰是文化的交流。让我们还未端起酒杯，先不由得醉在这人杰地灵的天水的天光月色里了。晚上登陆互联网上的甘肃论坛，关于天水历代名人是长长的一串名字。

天水之说，首先来自“天河注水”的传说。秦末汉初，天水还叫上圭，本来是“山水秀丽，林木密茂”的繁华、富饶之地，却因为连年干旱，民不聊生，流离失所，让这里少了人烟。忽有一夜，红光闪耀，大地震动，天上河水倾泻而下，竟积水成湖，人称“天水湖”。这湖水神异，“春不涸，夏不溢，四季莹然”。于是人们猜测说，这湖是与天河相通的，所以又叫“天水井”。汉武帝听说此事，马上颁昭，将上圭设为“天水郡”。我联想起一路上看到听到的那些祈雨盼水的传说，我相信这个传说有它产生的生活基础。山围四合、云生气象的地理环境，让这里独享了别处难得的风调雨顺、五谷丰登。因有渭河与藉河西进东出的自然调控，再大的雨，似乎也不怕沥涝。地名与人名一样，天水之说，实际上是理想与现实结合的大吉祥。

天水，是座神灵之城。天水，古称成纪，是人文始祖伏羲和女娲的诞生之地，又称羲皇故里。因龙的神话起源于此，天水又称龙城。走遍世界的炎黄子孙被称为龙的传人，盖源于此。人类对万所不能、惩恶扬善的龙的图腾崇拜，是从7800年前的新石器时代开始的，而龙的神话，就是最早从这片土地上逐渐生动和丰满起来的。

天水，又是秦皇始祖的发祥开业之地，干旱少雨，却又是富庶粮仓，盛产毛谷，也就是小米。所以，又称秦州。古秦字，就是由此演化而来。作为西去长安丝绸之路上的重镇天水，唐代被称为“千秋聚散地”。唐玄奘西去取经，曾“过秦州，停一宿”。当年的繁盛，可以想见。唐代大诗人杜甫，曾弃官携家，赴秦州住了三个月以避安史之乱。他住东柯谷，登麦积山，拜南郭寺，写下了上百首五言杂诗。其中，以《秦州杂诗二十首》最为著名。

天水除了和别地一样的民间传统，还有独特的节日。每年农历正月十六，传说是人文始祖伏羲的诞生日。农历五月十三，是龙的生日。所以，每年这里都举行盛大的祭奠仪式。从1995年开始举办的天水伏羲文化节，更是扩而大之，吸引了世界各地的炎黄子孙纷纷前来拜祭。让天水之名，越发响亮。

在天水，还有让我惊异之事，我在这里听到了和山东老家淄博一样的口音，也见到了和博山水饺一样的吃食，证明了山东的先民当是古代从秦地迁徙而去。

许多天水人，现在更愿意把天水之名归于易经里的“天一生水，地六成之”之说。这句话表示水星与日月会聚；“地二生火，天七成之”表示火星与日月会聚；“天三生木，地八成之”表示木星与日月会聚；“地四生金，天九成之”表示金星与日月会聚；“天五生土，地十成之”表示土星与日月会聚。

天水西关，有香火鼎盛的伏羲庙。我在庙里看到了保存的“河图”、“洛书”的残碑。河图和洛书，源自远古时代对天象的观测。这是伏羲氏的诸种功德之一，在三代时期就是帝王的宝贵之物。构造简明的河图和洛书，却是中国古代的文化基石之一。清代经学家廖平，曾将诗经、易经和内经三者反复印证，证实了内经的理论本于易经，而易经之数理又取则于河洛。在河图中，以十数合五方、五行、阴阳、天地之象。图式以白圈为阳，为天，为奇数；以黑点为阴，为地，为偶数；并以天地合五方，以阴阳合五行，所以构成了独特的图式结构，也成为古人据以建立起划分四季时令和占卜天象、预测吉凶的理论基础。这就是易理象术与卦义的形成。这远祖人类借助山形水势、破解世相王道和人生谜团的形意大法，影响中华民族数千年，并且日益成为流布世界的具有永恒生命力的哲学。一部易书，千种解说，世代乐此不疲。学问高下深浅，全凭各自的认同。培养了多少假大师真教授，讲堂之上话语滔滔，追随者众；也养活了多少算命先生，世俗百姓免不了问问吉凶祸福。惊涛拍岸，会有苍松和巨岩相伴。流水潺潺，当有青草绿柳摇曳。大山深谷有江流，如人间侠士，居远避世，高风亮节。平原浩荡满洞庭，如稻田藕塘，依水而足，积水而用，也有千古遗风。就像天天流过我们眼前这田野土地乡村城市的河流，就像天天在浸淫岁月的文化里传承的诗歌，看似同一，却早已千回百转，此非彼，彼非此，永远后浪推前浪，鼎故而出新。

天水有藉河，其实这个藉字，在当地还要去掉草字头的。有草的藉河，无草的藉河，当然不同。行走在越来越浓的夜色里，倘佯在朦胧的天水湖畔，饮啤酒，吃面皮，谈诗歌，论友情。那用橡胶坝拦蓄着的一湖碧水，这被一树一树的灯光点燃的爱情与激情、诗歌与梦想，当然不希望被现实的生活所疏远，与心灵的世界相游离。断了源头，与断了流动，同样可怕，同样不能被容忍。而同样，无论民间的诗歌，还是庙堂的诗歌，其实都面临着艰难的抉择，需要创新和努力。

天水，是人杰地灵的风水宝地。中国传统文化中最有生命力的风水学，其实就是关于自然界山形水势与人的生存关系的学问。风水学，是风景之学，也是人文之学，是人的主观情感和客观认识相结合的产

作家刘功业（右1）、贺平（左2）与黄委会天水水土保持监督局的同志在一起

物。好的风水，就是好的风景与人的关系最和谐的表达。那是人类对自然的一种膜拜，也是自然对人类的一种感激。风水不仅是自然的造化，更是人的造化。我是常常失眠的，在天水，却是一夜梦香。

天水，还有著名的道观——玉泉观。天靖山上，苍云翠柏，可观天水全貌。立于泉边，碧水澄心，可一览众山。天水名人之一的任法融道长，现在是中国道教协会会长，著有《老子道德经释义》、《周易参同契释义》、《阴符经素书讲义》等，游历四海，广布教义。他曾应邀去新加坡参加三清道教会举办的“99道教宣弘大会庆典”。在有香港、台湾地区及海外的道教高人参加的大会上作过《道德经初探》和《道教的生命观》的演讲。他的法式善事活动，也与水有关。2002年的时候，他为解决家乡天水市北道区凤凰乡山区10个村的饮水困难，各方奔走，倡导善事，共集捐资150万元，在当地政府的支持下，修建了“凤凰乡人饮工程”。工程历时一年，2003年4月工程竣工，让祖祖辈辈爬山挑水吃的家乡人用上了自来水。这在当地传为佳话。

麦积山，就是麦秸垛的意思。那座满布佛龛佛像的红色的丹崖山，不仅是象形生义，更有延续千年的寄托。丰收的麦子，年复一年，成熟在青山绿水的视野里。仓廪充实，才让生民的俗常，有了扎实的根基；让我们的国家，有了科学发展、不断跨越的动力。

天水，位于兰州到西安两个省会城市的中间点上。一条通往长安的大道，从黄土高坡上斜斜地切过，从天水，走麦积山，然后过宝鸡，就到了盛唐古都的西安。那一路走来的行旅，那一路走去的烽烟，是近切的风景，也是远观的心境。

在沿途的山峦上，不时可见矗立峰顶的烽火台依然保留着比较完好的形态。在沿途的河道上，正在实施藉河重点支流治理二期项目，这被纳入了黄河水土保持生态工程的大盘子中。

在沿途的乡村里，有治水减氟的宣传标语。这天然的水，与可以畅饮的水，还是有一些距离。这很像我们刻意追求的文字，向往的诗歌，不仅需要保留民间的朴素质感，还要提纯语言的美感和内涵，更要注重发挥优秀诗歌在提升民族人文精神中的巨大作用。这样的诗歌，才会饮如甘醴，有酒之醇香，也才是美好的诗歌。

藉河，注入了渭河。渭河，流入了黄河。千河汇聚，万里奔腾。从天水走过，行色苍茫中，一路澎湃的，该是怎样的激情？

千里走黄河

贺 平

在甘肃告别了黄河，我回到北京。过了一春一夏，黄河依然如影随形。书房条案上放着从黄河带来的资料，屋角有一块壶口的石头，路上迎面走来的行人，他们都是黄河的颜色，黄河无所不在。白天，黄河在茶杯里，晚上，黄河就在梦里，黄河以各种形式存在着，我的汗水、我的眼泪和血液，都成了另一条黄河。

5月，我参加中国作家协会“行走黄河采风团”，高洪波团长率团从北京出发，水利部陈雷部长亲自送行。我们每天沿着黄河走，半个月走了5500公里。假如让我半个月读完普鲁斯特的《追忆似水年华》，我肯定读不好。何况黄河这本大书，足够我们读上一生，十几天太短了。

我走过莱茵河、卢纳尔河、伏尔加河、莫雷达令河，还有那些叫不上名字的河流。那些美丽的河流都感动过我，但我从来没说我走过了大江大河。

现在我可以说这句话了，就因为我走过了黄河。

我在黄河边上写下了一些片段，大家都写了。洪波团长几乎每天给我们读他在黄河边上写的旧体诗，方英文每天必毛笔记事，刘功业则日发博客，高凯一路朗诵他的诗作，随团记者或采访或报道日以继夜。我们记下的每一个感受都弥足珍贵，那是千百年来黄河苦难深重的历史给我们的馈赠。

在今天，当金钱和GDP成为神明，黄河告诉我们，人世间最珍贵的原来是人的真情与良知；当地球因为人类的贪婪而遍体鳞伤，黄河告诉我们，人在大自然面前是多么渺小和脆弱；当竞争的压力让身体退化不堪重负，黄河告诉我们，能健康地活着真好；当心灵因为追逐身外之物而伤痕累累，黄河又告诉我们，哪里是返璞归真回家的路……点点滴滴，丝丝缕缕，我们都用每一次呼吸和心跳来收藏。

一

我们像走跳棋一样走黄河：一会火车、一会汽车、一会徒步，昼夜兼程，风雨无阻。从黄河入海口，向源头方向沿河上行，每天按照黄河水利委员会的计划安排行走，黄河水利委员会的同志们陪着我们走了15天。最快的速度，最经济的时间。我在笔记中写道：这是追随母亲的一次散步，就像小时候拉着母亲的手走路，我经常要走走跑跑才能跟上。现在我们追随着黄河散步，也许是千年等一回的散步，不论多累，我都要跟上。

我们到济南的那天，已是5号晚上，城里灯火阑珊。山东一位朋友少蔚来看我，他是北京一家报纸驻鲁记者。少蔚还是京剧票友，拜师名门，童子功不让专业。他听说我第二天要去看入海口，就说，你知道吕剧是在哪里诞生的？我说：山东啊。

就在入海口！他告诉我：解放前，黄河入海口那一带连年决口，差不多两三年一回，那里的百姓都逃往他乡。人们等河水退了再回来，面对着被河水浸泡的家园，所有家当都被黄河冲进了大海，衣食无着的人们只好走乡串户乞讨。他们靠着能说善唱，以唱小曲说书换取食物。慢慢地这种说唱艺术固定成一种专门的表演形式，这就是幼年的吕剧。吕剧是在这些流浪艺人的乞讨求生中发展起来的，就在垦利。

垦利？我说，我们明天要去东营。

垦利就在东营。少蔚说，不过，有吕剧那时候可能还没有垦利，反正就是早年的入海口。他问我，你喜欢吕剧吗？我说有一点儿，因为我很喜欢秦腔，吕剧不知什么地方有点秦腔的感觉。

专业！少蔚向我竖起拇指：真没想到你还懂地方戏。他很兴奋地说，吕剧中就是有一种晋剧和秦腔的味道。因为当年那些创造吕剧的河口人，大都是早年沿着黄河讨生来的晋、陕人的后代，所以晋、陕人的基因加上山东人的性情，就成了现在的吕剧。你听它的唱腔，迸而不发，发而不裂，犹如隔岸观山，林涛阵阵啊……

我送他走的时候问他：你说当年没有垦利，那入海口在哪里？他一笑：黄河太神奇了！你知道吗？原来是没有垦利的，整个东营都是黄河造出来的城市，河口湿地、黄河三角洲都是黄河造出来的土地。

黄河还能造地？

那当然。黄河把地造到哪里，吕剧就唱到哪里。

少蔚走了，他走的时候，嘴里哼着几句戏文。

我在黄河水利委员会的资料上看到：黄河在经过黄土高原时，携大量泥沙从东营入海，黄河在中上游行走，借了深壑涧沟地势落差冲到入海口，可是这里地势落差越来越小，加上海水的推托，这些泥沙就沉淀在入海口。黄河每年能带来16亿吨泥沙，在入海口处造出的几十平方公里陆地，把海岸线推出去好几百米。东营是最年轻的土地，150年前东营还在海里。黄河从东营入海，年年为东营增加新淤地。黄河三角洲有6000平方公里，都是黄河造出来的。据说古代的黄河三角洲在河南，当时的入海口，现在离海可远了；当时的湿地，现在满是庄稼。要按少蔚的说法，应该是遍地吕剧，也许还有豫剧。

这就是山东人与黄河的恩恩怨怨，一方水土，一方音乐 。

二

5月初的山东，已经孕育了一冬一春的大地，正在慢慢释放它的万紫千红。早晨，我们向东营入海口出发，车上装满了我们的行李和水，还有激情和想象。想象黄河消失在海里的瞬间，那种“黄河之水天上来”的气势，象征着中华民族汇入世界与永恒的时刻，一定很壮观；想到小时候参加黄河大合唱，那次演出我没有借到白球鞋，哭了一晚上，那些眼泪足够养活一条小鱼；想象黄河曾经从我童年流过，那河边的老树也许能叫出我的小名……

东营到了。大家端着相机从车上下来，一瞬间全都不说话了，我也有点发懵。哪有滚滚波涛？哪有入海景象？眼前是一片黄沙滩伸进天边，有一条窄窄的水，水面大概有百十多米宽。隔着一块沙滩，又是一条水流，沙滩，水，沙滩……沙滩把黄河切成了几块。它们就像裁缝案子上被裁成小片的丝绸，无声无息，没有树影没有飞鸟没有一丝丝的波澜。这就是黄河？

这就是黄河。黄河水利委员会副主任徐乘往前方一指说：再往前一点就是黄河入海口了。

我真不敢相信眼前的景象。徐副主任告诉我们，一条河流维持生命的水流量为每秒50立方米，叫“生命基流”，此时此地的黄河是60个流量。他指着那条窄窄的水流说。

流量就是每秒钟河水流过某个断面的立方数量。60个流量的黄河，根本看不见波浪，水面纹丝不动，就像一条死水。你不敢相信这样的水面每秒钟有60立方米的水流过。然而，这点水太珍贵了，就是这点水，证明黄河还活着。

那天，徐副主任成了我们团的讲解员。

1972年的一天，黄河水像一滴眼泪，停在了利津（垦利）水文站的测流仪上：黄河断流了！这是一个惊人的消息。这一年，农民种地来回过黄河不再走浮桥；干涸的河床不仅可以走人还能骑摩托车；一位从武汉赶来的地理女教师看到黄河干涸的河床流下了眼泪；演员们骑着马在河道上驰骋，身后金沙飞扬。导演说本来要在沙漠里拍的片子，现在可以改在河道拍，效果一样……

1997年，黄河断流时间最长，长达226天。这一年，黄河水几乎没能入海。黄河从开封到入海口断流长达700多公里。人们恐慌了，说黄河从此将成为内陆河，季节河。一家外电预言：黄河断流，预示着中华文明走向衰落。

黄河断流的根本原因是水资源严重匮乏、用水浪费严重，特别是生态破坏严重。在黄河断流的20多年里，河口这里有种柽柳树基本没有了，很多鸟也不来了，鱼的种类、数量也少了将近一半，三角洲湿地被海水淹了快2 /5。要是生态继续严重恶化，这块土地就要重回大海。

20世纪90年代末我采访央视“东方时空”总策划杨东平，他问我：你知道黄河又断流了吗？我说我在三味书屋听人说过一句新民谣：黄河之水天上来，流到开封不复回。

杨东平是一个环保组织的负责人，是北京某大学的教授，曾写过《城市季风》等一些环保方面的书。他马上说，还有一首“新保卫黄河”呢！然后他竟背诵出来：

风在吼，河在叫，
黄河断流了，黄河断流了。
河西山岗万丈焦，
河东河北森林砍了，
万山丛中水土流失真不妙，
母亲之河欲哭无泪枯竭了。

挥起了铁锹铁镐，
赶快种树种草。
保卫黄河！
保卫华北！
保卫全中国！

他说，生态安全与国防安全一样，也是这个民族的生命线，这条生命线的尾端就在你我他每个人手中。

那天我走的时候，他握住我的手说：新世纪就要来临，我希望中国新世纪的曙光是绿色的。

我说，我也希望。

这一天，采风团员们没有看见汹涌澎湃的黄河入海，可是我没有遗憾。因为我看见了黄河，否则我一辈子也不能想象，遍体沧桑的黄河母亲，奔波到此已经变成了“干娘”。

我看见了一个令人心痛的数字：黄河下游的年均耗水量比50年代增长了近5倍；黄河上大大小小的引水口有5000个，这5000个引水口就是5000张嘴，假如它们同时张开嘴，就会把黄河吸干！假如我们无视黄河断流、无视黄河生态，黄河走完时令河的最后一段里程，就会从地球上消失，这意味着中国几十万平方公里的土地再也得不到她的滋润——这是个可怕的推断。

但是黄河不断流已经保持十多年了。1999年，国家开始对黄河实行全河水量统一调度，黄河流域的9个省区由黄河水利委员会统一调配水量。这些调配就是由黄河干流上的一个个水利枢纽来完成的。

能看见60个流量的黄河，我很满足也很幸运。60个流量的黄河，每一滴水来到此处都经历了千辛万苦，弥足珍贵。它不仅滋润着最后的土地，更重要的是它救活了这条黄龙——这个中华民族的图腾。

我期待着，有一天河口的鸟——那些黄河最古老的音符——都会回来，它们在河岸边的丛林中排列出永不重复的旋律。也许我们这代人等不到这一天了，可是这个梦一定要做下去。

要开车了，我又回头看一眼进入大海之前的母亲河，她的脚步是那么沉重，因为这是最后的诀别，她已经把所有的爱都留给了祖国大地。

三

从出发的那天开始，我就想寻访一位黄河人物，否则怎么写这条被写了千百年的河流呢？关于黄河，先人把话都说完了。在路上，我听说郑州有一位百岁黄河老人徐福龄，水利专家，高级工程师。这个信息让我非常振奋，因为这是经历了新旧两个社会的中国治河事业的见证人，我如果能采访他，就不虚此行。我对全程陪同我们的黄河水利委员会的水利专家也是作家侯全亮说，我想采访这位老人。全亮一口答应，他告诉我，这位百岁老人徐福龄就是徐副主任的父亲。

是吗？我很惊讶。当天晚上，我和哲夫便跟着洪波团长一起去看望徐老。哲夫在几年前曾经采访过徐老。遗憾的是，我这次采访来不及作案头准备。

徐老一身青色布衣，身材瘦高，腰背挺直。他走到房屋中间招呼大家，步履轻盈。握着他瘦削的手，真想不到这双手依然会接受保卫黄河的任务，每到汛期，老人家依然担任着黄河防汛总指挥部的特别顾问。

徐老有一张童子面，从他脸上看不出几经沧桑。老人家从1935年参加治黄工作，一直工作到1992年，那年他80岁。他见证了1935年董庄决口、1938年花园口决堤、抗战时期防范堤防修整、1947年黄河归故等重大历史事件。他深明大义，率领治河队伍投身人民治理黄河阵营。新中国成立后，徐老不但亲历每年的防汛抢险，而且参与了新中国治黄规划、明清黄河故道勘察等治河研究、开创黄河史志编辑工作。他还参与《黄河水利史述要》、《大百科全书·水利卷》等书籍的撰写与编辑。徐老80岁出版《河防笔谈》，90岁出版《续河防笔谈》，97岁出版了口述回忆录《长河人生》。徐老一生坎坷，1957年他被错划为右派，“文化大革命”中受到冲击，被批斗、游街、扫厕所、下放劳动，甚至，他想过自杀。风风雨雨，都未能泯灭他对黄河研究的执着，都没有掠走他那孩子般的纯真。听说我们是中国作家协会来黄河采风的，他很兴奋，笑起来像个孩子。只有饱经沧桑的人，才会这么纯真。

百岁黄河老人徐福龄（右）和两位同事侯全亮（左）、孙山城（中）在研究书法

坐在这位百岁老人身边，我贴近地问他：徐伯伯，您说治理黄河是共产党好还是国民党好啊？

当然是共产党好了。他很认真地望着我说，国民党那时候治河，都是各省各自为政，没有全局观念。1935年7月陕县出现大洪峰，山东那边决口了，可是河南这边没出大险，河南河务局就举行“安澜宴”，他不管山东那边老百姓是死是活，真叫人心里不是滋味。共产党治河，不仅管下游，还管中上游，全盘考虑，这才能治好黄河啊。

我告诉他明天我们要去看花园口。徐老告诉我，1947年他参加了花园口堵口。他说，当年来的民工有5万人，堵口的过程也很惨烈。为了合龙，堵复局可是不惜血本，那就等于往河里扔钱啊！可是花钱再多，也抵不了国民党扒花园口的罪孽。

房间里好多人说话，老人家居然还能听清我的声音。临走时我拉着老人家的手说，徐伯伯，您这一生太成功了。徐老说，可不敢，在黄河干一辈子的人很多。其实，我的意思是说：徐伯伯活着，就是成功，因为他与黄河相伴75年，把一生都献给了黄河，他就是一本解读黄河的书。

徐老送给我们他去年出版的口述回忆录，他说，那是时任黄河水利委员会主任的李国英前年春节看望他的时候布置给他的任务，让他认真回忆平生，著书立说。

从徐老家出来，已是夜色深浓，郑州城里万家灯火。徐副主任指着周围的街道说，这些都是黄河委职工及其家属的房子。我问他：黄河委怎么有那么多房子？他说，光是郑州，黄河委就有5万人。

真没想到黄河委这么大，维护一条黄河需要这么多人。

第二天，天空阴沉着，我们赶到花园口，已经是细雨蒙蒙。时隔60多年，当年堵口合龙的旧址上，已经建起漂亮的广场，纪事纪念碑，纪事浮雕，一应情景，都那么遥远。国民党时代所建立的六面碑，蒋介石的“济国安澜”不停地给人们复习着堵口合龙的往事。然而，它们依然难以复制堵口时的惨烈景象，更何况堵口本身也远远没有扒口那么广为人知，那么令人心痛。

1938年6月，国民政府为了阻止日寇，决定以水代兵，在花园口决堤放水，黄河从此改道南流，历时9年之久，波及豫、皖、苏3省44县(市)，共计29万平方公里，酿成1200万人受灾、390万人流离失所、89万人死亡的空前灾难，形成震惊世界的中国“黄泛区”。

细雨中，我想起徐福龄老人所述花园口亲历：他眼看着两名工人在堵口时落进汹涌的波涛，顷刻间就不见了踪影。岸上的人们根本来不及救助，也来不及悲痛，总指挥下令必须立即把15米长的柳石大枕推下去，否则洪水一眨眼就会决口大堤。他在工地上看到这一幕，心一阵阵地颤抖。他说，那是真正的英雄。

据记载，花园口堵口时现场殉职的员工与民工，有名有姓的就有45人。

四

采风团一进入河南境内，就由黄河委河南段负责行程，大家与山东的同志们告别，依依不舍。抵达郑州的第二天早晨，我突然发现照相机不见了，真糟糕！那上面有我在山东拍的全部资料。会不会丢在山东的汽车上了？晚上，侯全亮告诉我，相机果然在山东的车上，没有丢，只是车已经回到山东。这怎么办？我下面怎么工作呢？后来，黄河委办公室的同志帮我找了一台 Nikon相机。全亮说，你先用这个，你那个相机回头由山东黄河河务局的同志直接送到北京给你。

我心里踏实了，也很温暖。相机是旅人的第三只眼睛和记忆助理，没有相机是万万不行的。

我们车上有位黄河委随行的年轻处长，叫梁海燕。她家在郑州，但是我们到了郑州她却没有时间回家，她的小女儿每天打电话来。那天又来电话说：妈妈你怎么不回家，你和谁在一起？

妈妈和采风团的叔叔阿姨在一起啊。海燕声音变得细柔起来：采风团里有位伯伯你还知道呢。

是谁啊?

妈妈问你，你课本里的那首诗“我想”是谁写的啊?

就是那个“我想把耳朵装在鱼儿身上，听鱼儿窃窃私语，听大海怎么说话……”啊?

对啊，对啊。

还有我想，我想……

对啊，那是谁写的啊?

那是高洪波小朋友写的。

不是高洪波小朋友，那是高洪波伯伯，他也是采风团的作家，你说妈妈能扔下这些作家吗?

原来是个伯伯?我要见高洪波伯伯……

团友们听了这件事，开怀大笑，好几天没有这么笑了。大家对海燕说，晚上让孩子来看看“高洪波小朋友”吧。

那天从徐老家回来后很晚了，我不知道小女儿是否如愿见到“高洪波小朋友”。

第二天早晨，侯全亮匆匆跑来递给我一个包说，这是你的包吧?

是啊，是啊。我不好意思地接过包，我说，又给你添麻烦了。

没关系，全亮很厚道，他说，你忘在徐老家了。

五

黄河冲进大海之前，小浪底是它最后积蓄力量的地方，黄河从此便奔腾而去，一泻千里。小浪底工程，真算得上中国改革开放成就的一个生动缩影。它是我看见的最现代化的水库，坝上那些时尚的雕塑让你以为是在某个资深的国际都市。旅人妆点了绿绿的草坪，岸上风和日丽。

然而，人们是否知道在这宁静的湖面之下，消失了多少美丽的村庄?

1995年，我到河南新安开会，当地有个千唐志斋博物馆，是国家一级文物保护单位。馆长赵跟喜是我的朋友。他多年寻访乡村，为博物馆寻找文物。那年正在修建小浪底，跟喜听说小浪底建水库挖到了许多古墓，出土了许多汉唐时期的墓志铭，他就一趟趟往那里跑，把它们搬回了博物馆，丰富了原来以唐代墓志铭为主的馆藏墓志。一天早上，跟喜说要带我们去看看农家的老物件。他说你们现在不去以后就看不见了，小浪底一蓄水，那里就淹没在库底了。

我们开了一辆车赶到渑池南村，转到中午，有一家老乡是跟喜的朋友，他留我们吃饺子。就在这个普普通通的农家，我们惊异地发现，盛饺子的盘子和吃饭的碗，竟然还是晚清的青花瓷。跟喜说这没啥新鲜的，村子里很多人家都用这个，因为这里交通闭塞，和外面是两个世界。

果然。我们说吃饺子要醋，农家说没有醋，他们的醋，是自己拿苹果做的。这是个自给自足的小村庄，他们不需要外面的世界。饭后，跟喜对主人说想看他家里还有哪些老物件没用的。老乡说没有啥呵，全是破烂。跟喜说，找找吧，过些日子你们一迁走就全毁掉了。主人说，二层阁楼你们去看看吧，我从小到大就没上去过 。跟喜顿时来了精神，搬来个梯子，我们跟着他就上去了。上面是厚厚的黄土，我们一翻，真翻出个完整的陶壶。当时这个陶壶满身油污和厚厚的土垢，里面还有半壶泥，拿在手里沉甸甸的。跟喜说：你看这个造型还不错，拿回去作个纪念吧!

我把这个壶带回了北京，连同那半壶黄河的泥土。回来一查资料，那竟是五代时期宋的酱釉三系壶。虽然是民窑，但意义非凡，它现在就是那个渑池南村的纪念碑。如果那天我们没有上阁楼，这把三系壶就永无天日了。

作家贺平在小浪底水利枢纽采风于拦河大坝上留影

小浪底水利枢纽建成了。我在北京听到这个消息，心轻轻一沉，我马上想到渑池南村永远沉入湖底了。

小浪底水利枢纽管理局的张善臣书记对我们说，小浪底解决了下游的防洪、减淤、防凌、春灌等问题，对维持河流健康生命、保障群众生产生活用水、改善沿河水生态环境具有不可替代的作用。每年春冬蓄水，6月泄洪排沙。他说，泄洪已经成为这里的一景，泥沙在巨浪的冲击下，一泻千里，冲向入海口。

想象6月的那时，一定非常壮观。我们乘上一条小型游艇，开向湖心深处。我望着辽阔的水面，我们的船不知会在哪里走过那个消失的村庄，走过那个朴实的河南乡村人家的院落，我们脚下的水面曾经是他们的天空。那些农家现在何方？他们会因迁徙而家徒四壁吗？那个阁楼、那种宁静的日子再也没有了，它与农家的眼泪和历史都淹没在这水面之下，这方百姓为黄河安澜献出了自己祖祖辈辈创建的家园、还有河岸上的黎明与炊烟。

要是有一座移民纪念碑就好了，应该让旅人知道，让他们把那些消失了的村庄带到全世界，那些村庄就复活了，在人们的传说中永远地活着。回想小浪底，是个给人充饱激情的地方，如果在激情中加入缅怀的情感，这种激情会更饱满，更深沉。

在我们下榻的酒店里有人拉小提琴，我们团的高伟借琴弹了一曲《我爱你中国》，艺惊四座。方英文、陈世旭也应邀留下了墨宝。第二天，洪波团长要回北京开会，徐主任也要马上赶回郑州，他们都在小浪底返回了。临走时，他俩与我们一一告别，嘱咐大家注意安全。想不到的是，两个人对我说的竟是同一句话：小贺，不要再丢东西了。

六

三门峡，如雷贯耳。即使没有这次活动，它也在我一生的旅行计划之中。到三门峡的那天，我的心情可以用心潮澎湃来形容。那不是因为在诗中读到它的童年经验，更不是因为砥柱中流和人、鬼、神三门的传说，而是因为满怀对科学家黄万里的敬意。我渴望走上大坝，感受那种尊重科学、追求真理的精神。

走上三门峡大坝，那天晴空万里，黄河在这里形成了一个美丽的湖泊。但是看过小浪底再看三门峡，感觉上有落差。从城市面貌、大坝建设到人的精神气质都不同。打个比方，小浪底像一个时尚青年，英俊而充满活力，他给你带来新鲜的视野；而三门峡更像一个饱经沧桑的父亲，他朴实亲切，敦厚豁达，不愧为中国大江大河第一坝。虽然它铸成了许多令人心痛的历史悲剧，可站在大坝上的时候，我依然感觉它还是一个简朴却能遮风避雨的家。

应该是2004年，我收到过一部书稿《黄万里传》，我是在这部书稿的审读中知道了黄万里与三门峡工程。1957年，中国请苏联专家设计好了三门峡水库，苏联专家组长科洛略夫认定三门峡是一个难得的好坝址。但是黄河是条多泥沙的河流，而苏联专家没有泥沙河流治理的经验。在讨论方案时，提不同意见的有温善章等数人，完全反对的只有清华教授黄万里一人。正当盛年的黄万里，是著名民主人士黄炎培的儿子，是留美归来的水利科学家，他从西方学到了科学技术与科学理性精神。他认为，三门峡修建拦河高坝，泥沙在水库上游淤积，会使黄河上游的水位逐年增高，把黄河在河南的灾难转移到上游的陕西。

此时，民间又盛传一句古语："圣人出，黄河清。"这句话是不是影响了毛泽东呢？而黄万里对这种说法颇为不屑，认为缺乏起码的科学精神。而根据"河水必然夹带一定泥沙"的科学原理，"黄河清"只是一个浪漫而不切实际的幻想。他力陈建坝拦河之害，并说："一定要修，将来要闯祸的，历史将证明我的观点……如果一定要修，请勿将河底的施工排水洞堵死，以免他年觉悟到需要刷沙时重新在这里开洞。"

三门峡最终上马。不但坚持按苏联设计堵死了排水洞，而且把黄万里打成了右派，那是1957年。而时间很快就交出了证词：三门峡修建方式是失败的。三门峡水库1960年开始运转，第二年泥沙就淤积了渭河流域，潼关以上淹毁良田80万亩，一个小城被迫撤离，渭河平原29 万人一批批踏上背井离乡之路，迁往宁夏高地。陕北等缺水地区移民，其中惨剧无数，后遗症至今未能消解。此后被迫移民总计达70万人以上。从无水患的渭河两岸，也不得不筑起防洪大堤，往昔富饶的关中平原年年减产，泥沙淤积向上游延伸，威胁到西安。关中平原地下水位上升，"八百里秦川"大片土地出现盐碱化和沼泽化。于是只好降低水库水位，拆除15万千瓦发电机组，改装5万千瓦小机组，重新打通排水洞，以泄泥沙。这一折腾，前后"缴学费"不下百亿。

黄万里在有生之年，看到自己对三门峡的意见不幸言中，痛心疾首。2001年8月，黄万里与世长辞，就像他的名字，黄万里一生都与黄河连在一起。水利水电界老领导、原中顾委委员、中组部副部长李锐说："中国过去有几十年不尊重科学，不尊重知识，黄万里的遭遇是最典型的。黄万里的命运是一个人的悲剧，也是中国的悲剧。他是中国水利界一位非常伟大的马寅初式、陈寅恪式的悲剧人物。"

这就是黄万里的故事。

也就是2004年两会期间，作为临会记者，我听到有陕西委员在小组讨论时提出炸掉三门峡，几位陕西省人大代表和政协委员提出"2003年洪灾，主要责任在三门峡水库"，因为三门峡库区的泥沙淤积，渭河已经高出地面三米，它像一个大水盆高悬在渭河两岸人们的头顶，这里的百姓怎么生活？既然三门峡水库已逐渐淤满，又有小浪底这个后盾，为什么还要保留三门峡？

陕西人急了。

那天，我们刚到三门峡，就在下榻的明珠宾馆开了个小会。当我

采风途中，本文作者贺平与高伟在黄河三门峡

一说陕西委员要炸三门峡的提议，会上一下子就开了锅。三门峡的几位工程师争先恐后地说：没有三门峡怎么行？光靠小浪底“一库定天下”绝对不行。小浪底只有与三门峡、陆浑、故县水库实行“四库联调”，才能确保下游安全。经过几次改建，三门峡水库的泥沙淤积问题大为减轻，它还在发电。如果没有三门峡，依照目前的黄河水沙条件，小浪底5到8年就得淤满。

河南人也急了。

我问一位工程师：您怎么看三门峡的历史价值？

没有三门峡就没有小浪底。他说：三门峡为国内外多泥沙河流的治理提供了经验教训。没有三门峡的失败，就没有黄河小浪底、也没有长江葛洲坝的成功。可以说，世界泥沙研究看中国，中国泥沙研究看黄河，黄河水库工程泥沙研究要看三门峡。

我想，三门峡还留给我们一个最重要的东西，那就是它的精神价值。那座屹立于蓝天之下的大坝，就是一座没有文字的纪念碑，纪念那些不该忘却的记忆和忧思。真理是独立于任何个人和集团利益之外的，有良的知识分子绝不因权势和偏见而放弃追求真理。实事求是、不畏权威、忧国忧民的精神，必将与黄河万古流长。

一路上，每逢纪念馆我都问到黄万里，但是解说员们都有点木然。后来，徐乘副主任对我说：在治理泥沙问题上，黄万里是对的。

我对这种观点怀有敬意，它没有地方保护的偏见。正如台湾学者南方朔先生说，“无论大到国家民族小到地方或个人，历史上的种种都必然与我有关，因而在指责过去的许多黑暗时，我们一定要问那时我在哪里、那时我做了什么。因为我们很难面对自己，而集体的救赎要从诚实地面对自己开始。”

三门峡有一种手工小饼特别好吃，那种面香味会让你的心灵一次次重返童年。在黄河流域，白面馒头、各种饼子都做得好吃，无论山东山西河南甘肃，离开这里，面的味道就变了。为什么？是因为离开了黄河水吗？我每次去西安，走的时候就要买上20个白面饼。那天在三门峡午餐，大家每人最少都吃了两个小饼，我吃了3个，叶舟吃了8个。我说，叶舟真是黄河的儿子。叶舟说，他出生的那条老街叫一只船。

原来，叶舟不是笔名。

七

从入海口向上游走，就像倒着阅读一本书。我们先看见了大结局，从最后一页读起。或者说，你看见一个老人，看她怎样一点点长成孩子。一路上，我脑海中一次次回响着肖斯塔科维奇的旋律：时光倒流70年。我们先看见了年迈的母亲，从黄河的晚年出发，走向黄河的中年、青年，然后去看她的少女时代。

这是一个倒叙。

在陕西与甘肃的公路上，我们看到了大片年轻的树林。这与我几年前开车来天水时完全不同，我真不敢相信，什么人种树种得这么快？车上有谁说，这些都是飞播造林。

不过这样的道路只有一段。我们越来越接近黄河的源头，一个问题也越来越让我费解：黄土高原满眼是支离破碎的沟壑、干涸的黄土，许多地方没有树，甚至没有草，中华民族的先人为什么选择这样恶劣的自然环境生存？并且创造出那么多灿烂的文明？

又是一个傍晚，我们抵达天水。一放下行李我立刻躺在床上，那天特别疲劳。正在这时手机响了，是父亲。他问我：走到哪里了？

天水。

那里可以看看马家窑文化。

我说，我也希望看马家窑。我问父亲，爸，您说仰韶文化、龙山文化那么多古文化遗迹怎么都产生在这么贫瘠的土地上？黄河流域生存环境很艰难，“蓝田人”、“河套人”他们当年怎么能生存啊？

父亲在电话里笑了：河南为什么简称“豫”啊？我说那能说明什么？爸说：说明先人造字的时代，河南可能是大象出没的地方，说明那里有过大面积森林。

河南会有大象？我也笑了，您这可有点像童话啊。

父亲说的可真不是童话。现在我在资料中看到了，在6000年前，陕甘宁山西那一带的确分布着大片原始森林，森林覆盖率高达69%。原来我们的祖先，是在这样一片繁茂绿野间采集狩猎，华夏文明是在这样的地方度过了金色童年。从半坡文明到炎黄部落，从一统天下的秦代到汉唐盛世，都在此勃兴，都在黄河的臂弯里繁衍生息。

我明白了那句古语:得天下者必先得中原！那时候的中原曾经是一个温暖多雨的伊甸园。

第二天，我们来到天水的一个乡，顺着颠簸的土路上山，由于车子不停地在沙土中打滑，我们只好弃车爬山。站在山顶，远近山峦尽收眼底，层层黄土，层层梯田。庄稼的绿色只是一种点缀，山上的土地都裸露着，沟壑还是一目了然。有人说，黄土高原上，长度在一公里以上的沟壑有30多万条，雨季来临，山洪顺着一道道沟壑把黄土刷进了黄河。

我们爬上这座山，主要来看淤地坝。什么是淤地坝？用当地百姓的话说就是“沟里筑道墙，拦泥又收粮”。这是生活在黄土高原上的人们，为了防止水土流失，世世代代与风沙抗争的经验。淤地坝的主要作用是减少水土流失，减少进入黄河的泥沙。它还可以淤地造田、防洪减灾，促进退耕还林还草。

缺水也是西北的大问题。据说在陇东陇西一带，给女儿找对象，一定要看婆婆家长窖有多少。在那里，水就是财富。而淤地坝还有一个作用，就是合理利用水资源，有利于生态建设、粮食增产。

据说，黄土高原的人们，400年前就发明了淤地坝。400多年的土

贺平在甘肃天水采风参观梯田

地建设，这里依然是黄色多于绿色。

大家拍照的时候，我顺着一条小路走向村里。一些垃圾、塑料袋丢弃在路边稀疏的野草上，或挂在蓬蒿的枯枝上，在风中发出悉悉索索的响声。路上一位放牛的老人，他脸上布满了黄土高原般的沟壑，鞋上沾满了黄土，他简直就是罗中立油画中的那个父亲。他望着我，他的眼中堆满了黄土，那眼神仿佛来自鸿蒙时代，有一种蒙昧，又有一种坚守的力量。这就是祖祖辈辈在黄土地上修筑淤地坝的人。

能在这样贫瘠的土地上生活，就是一种伟大。他们没有逃离，没有放弃，他们世世代代守着黄土地，守着黄河，他们是真正的黄河儿女。

2000年，我曾经就西部大开发问题采访中国科学院院士殷鸿福，还有几位经济学家和水利专家。殷鸿福院士认为，植物的水土保持作用，森林为最，草原次之，农作物则几乎为零。殷院士说：《兄妹开荒》我们唱了多少年了？退耕还林退耕还草已经迫在眉睫。

我问他，假如“兄妹”不开荒了，也还林还草了，公众受益了，可是“兄妹”的饭碗怎么办呢？

国家补偿。他说。黄土高原植被遭遇大破坏，就是因为中国历代古都基本都在黄河流域，采伐区域随着一代代建都向周边扩散。秦代屯垦戍边，把鄂尔多斯高原的大片草场变成了农耕区；西汉在河套引黄灌溉，破坏了宁夏、内蒙古的贺兰山森林和陕北森林；唐代建古都西安，除了在邻近山中采伐外，又远到岐山、陇山和今日岚县、内蒙古额尔多斯高原一带开采；宋代建都开封，那时洛阳附近黄河南北的山岭早被砍伐一空，便远去吕梁山采伐，渭河上游、陕西秦岭、宁夏贺兰山、甘肃洮河、陇南山地等森林先后遭到暴劫。到了明中叶，北京的高官显贵，边关将士，当地居民，群起砍伐；满清入关，大量流民自发涌向西北。黄土高原又一次成为破坏的重灾区。祁连山、六盘山明代以前还有巨木参天，现在完全成了光山秃岭。

一个可怕的数字：黄土高原在6000年前森林覆盖率69%，如今降至6%！

一个可悲的事实：砍尽山林营造的无数恢弘殿宇，而今安在？

我们的汽车在山路上颠簸，车后一路黄尘。我望着窗外，四野茫茫，只有黄土，只有山，远山，更远的山。可以想象，这样的山路在雨天就变成了酱缸，非常危险。可以想象这里农民的生活多么艰难。在这条路上，我没有看见学校，也没有看见孩子。我不能想象，在这看不见大山边缘的地方，孩子们在哪里读书？如果是雨天，他们就在这样泥泞的路上要走多远才能上学？他们的未来又靠什么走出这样的深山？

如果这里贫穷的孩子上不了学，那会比失去植被更可怕。孩子才是这里的希望，才是黄河的明天。

而更值得我们深思的是，尽管千百年的掠夺使这里失去了丰厚的植被，可是路边的垃圾、塑料袋并不是古人造的，古人也没有夺走我们的太阳，更没有夺走通往山外的道路啊！

淤地坝已经建了400年，建设文明的现代生活还要多少年呢？

八

天水城里有一个伏羲庙，它是我们之所以成为炎黄子孙的一个证明——这个理由足够激发疲惫的我们一早赶来这里。

一眼望去，伏羲庙庭院深深，瑞霭重重。明代的建筑群、唐代的参天古槐、苍老的雕刻、彩画，一下子就让你的心沉静下来。

在中国庙宇、石窟中，让我过目不忘的雕塑和壁画的确有几个。晋祠的侍女、麦积山的小沙弥、敦煌的反弹琵琶和57窟的美人观音等，那些形象之生动，绝不亚于卢浮宫的蒙娜丽莎。但是作为供奉的偶像，我还是第一次看见这么生动亲切的伏羲：身披树叶，袒露着胸肩，赤裸双脚，完全是远古的人类。一张面孔智慧善良，目光高远，气宇轩昂，又给人以“既相托，敢委性命”的信赖感。那时，你觉得他不是传说，他就是我们一个真实而又可亲近的祖先。

采风团员们谁都没有说什么，但是大家潜意识中都在寻找。寻找伏羲？寻找远古的神秘？其实，是在寻找自己。韩春旭买了关于伏羲庙的资料，她还兴致勃勃地送了我一本。人们围拢在伏羲始创、教民克恩的河洛八卦图前揣摩，望着四周墙壁上的六十四卦图慨叹，那是华夏民族最后的智慧，它就在每个中国人的血液里，与生俱来，不离不弃。

面对华夏民族最古老最伟大的神话传说，我身不由己，只有跪下。

在伏羲庙，采风团员们流连忘返，照相机噼噼啪啪不断地响，大家很有找到了“我从哪里来”的感觉。每个人都很兴奋，那些足以与古希腊神话相媲美的传说，为我们注入的激情和能量，足够我们在胸中建设一个精神祖国。

我不想放过任何一棵树一间房，看到旁边有一个偏殿，便走了进去，那里祭祀的是神农，他与伏羲并称为“三皇五帝”。我忽然想起上古传说，神农氏教民稼穑。而神农就是炎帝，也就是火神，实际上他所传授的稼穑理论，就是焚林垦殖。难道，那就是华夏先人破坏植被的开端吗？

黄土地最早沐浴了文明之光，但是黄土地也最早备受文明之火的摧残。

看来，发展与生态的矛盾，从古至今概莫如此。炎帝怎么也想不到，由于植被破坏严重，五千年后的黄河，下游悬河，上游风沙，源头现在正被荒山大围斩，风沙处处。如今，这个具有数千年历史的生态系统面临崩溃，如果人类再乱砍滥伐，黄河的源头很可能会被淹没在风沙之中。巴颜喀拉山的黄河源头，将成为人类文明破坏的另一个遗址。

炎帝怎么会想到呢？黄河变成了地球上最难治理的泥沙河，黄河平均每年向中下游输沙量为16亿吨，若是堆成高1米、宽1米的土堤，可绕地球赤道27圈。而因为泥沙长期的淤积抬高，黄河下游河道形成举世闻名的“地上悬河”。

炎帝绝对想不到，如今的黄河底床，比河南开封市地面高13米，比新乡市高20米，郑州段河床早已高过了郑州“二七”纪念塔。这一段河床的海拔高度是95米到86米，而北京天安门广场为海拔43米，通州、大兴才12米，而天津只有3米。郑州黄河至开封段的黄河北坡，600公里一马平川至京津，“一旦堤防决口，就是灭顶之灾”。黄河洪水将以几十米高的浪头一泻千里，历史上夺淮入海、乱淮入江的惨局就会再现……

如果炎帝想到了，他又能怎么办？不开荒了？不发展了？对这个让现代领导人都头疼的发展与生态环境保护问题，他会有更好的办法吗？

还真说不定，因为那时候已经有了六十四卦图。

华夏民族砍伐历史已经太久了！翻开我们的第一部诗歌典籍《诗经》，你就听见了先民们砍伐的歌声：“侃侃伐檀兮，置之河之干兮，河水清且涟漪。不嫁不穑，胡取禾三百缠兮……”

伐木叮叮，鸟鸣嘤嘤。那不仅仅是华夏民族最早的诗歌，那也是华夏历史上最早的砍伐记忆。

九

这一天，我们向兰州出发。高凯和叶舟都是兰州人，他们似乎有点兴奋。早晨，叶舟就向大家宣布，今晚甘肃省作家协会请大家到兰州黄河的船上进晚餐。

在公路尽头的山脚下，远远地露出了城市。是谁说了一句，那是兰州吧？话音未落，突然刮起了沙尘暴，只见远远的天边，一团乌黑的沙尘滚滚而来，铺天盖地就像蘑菇云弥满开来，几分钟之内就覆盖了兰州。那时我觉得兰州是那么弱小、不堪一击，一座城市仿佛眨眼间就蒸发了。我感到一种恐怖，沙尘暴迅速地向我们的汽车袭来，我们的汽车正在减速。风雨沙尘打在车窗玻璃上，发出细碎的声音，那时能见度大概只有二三十米。

叶舟热切的目光被这场沙尘暴淹没了，河上晚餐只能取消。傍晚，我们抵达兰州饭店。叶舟和高凯，都没有回家，依然和大家共进晚餐。升任团长的广东作家吕雷，就在餐桌上给大家开了一个总结会，他宣布黄河采风结束了。一瞬间，房间里鸦雀无声。

就在这时，方英文收到一条短信：他的长篇小说《后花园》，由上海推荐入围本届矛盾文学奖。这又是一个进酒的理由，大家再一次端起酒杯。虽然明天就要分手，大家却无去意。看到大家意犹未尽的样子，叶舟说，跟我走，我们去黄河，上船喝酒、吃烤肉、唱歌去。

我们跟着叶舟来到街上，沙尘暴已经停了。夜晚的兰州看不出刚刚遭遇了风暴。城里灯光缤纷，人影婆娑，仿佛刚过去的沙尘暴只是一场梦。沿着兰州的河边走，我们终于看见了清澈斑斓、宽阔深远的黄河。水面上灯光迤逦，浮动着一座五彩的城市，黄河为兰州之夜带来了奢华。此刻的黄河，仿佛征战归来的花木兰，突然换上了女儿装。

不是黄河变了样儿，黄河本来就是这个样子。

靠着船栏杆，就听见水在行走的声音，温婉宁静的黄河正悄悄地穿过城市。侯全亮看了一下手机对我们说，现在的黄河是1000个流量。

此时，我们每个人都知道流量是什么意思，大家的脸上都是一副老黄河的模样。我还知道，从兰州出发，过不了多久，黄河就会背上沉重的泥沙，开始她沉重的生命历程。她就像一个苦命的女人，从此就背上了沉重的十字架，一生无法摆脱，直到把自己化为大海。

那天晚上，大家在船上喝酒，吃肉，唱歌，叶舟的一曲花儿，穿

月色滔滔下的兰州，分别之夜，采风团员相约来到黄河岸边，满腹感慨，开怀畅饮，一起放歌。左起：贺平、方英文、刘功业、袁建军、叶舟

透了夜空，引来大家一起放声黄河。

那时，我把酒洒向河里，就此与我们追随了15天的母亲河告别。

在这个5月之前，我从来没有走到黄河边上，俯下身子捧黄河水在手心里。对我来说，黄河在地图上和史书里，在我曾经乘火车路过的某座桥下。不是不想看黄河，总是觉得黄河很近，看的机会很多，黄河总是给那些远方的旅行者让路，虽然我心里丝毫未减对黄河的敬畏。这就像我写过许多人物，却从来没有写过母亲，但是这世界上有谁能超过我和母亲的至亲至爱、生死相依？

那一夜，我久久不能入眠。想起我们从北京出发，似乎是很久以前的事情。我们走过的一个个险工、一段段整齐如画的防护林、沿岸重要的水利枢纽和历史名城，那些不同时代先人的足迹，都在眼前晃过；回想南水北调工程，回想模型黄河——一个按比例微缩的黄河躺在巨大的建筑里面，那个模拟黄河的流速流量、模拟黄河历史变迁的黄河模型，真的令人震撼……那一切一切，让我们看到了人类治河的力量。

然而，这个力量与黄河相比，也许仍然是微不足道的。人类真的能够说清楚黄河吗？黄河轻轻一摆尾巴，那就是灾难。我们对黄河的了解，究竟是沧海，还是一粟呢？关于黄河，我们真的"缚住苍龙"了吗？黄河属于我们了吗？不知道。但是我们一定属于黄河，在黄河千万年流淌的历史中，我们只是一个微不足道的瞬间。

第二天早晨，采风团员们一一告别，黄河水利委员会主任陈小江又专程赶来为大家送行。这是一次值得珍藏的旅行，我一生都将以此次"行走黄河"为骄傲。

临走时，我在兰州饭店的便签上写了一段留言，权作此文结尾——

有人说，黄河要是从内蒙古直着流到天津入海就好了，那就给引黄工程省不少钱。可是，黄河偏不直着走，她就要九曲十八转，蜿蜒蜒蜒走出一个大大的“几”字，跨过了九个省份才入海。黄河的每一次转身，都救活了一方水土，她要哺育更多的生灵万物，以全部的爱喂养着中华民族的灵魂。这个“几”字，就足以让我们掉下眼泪。

尽管我们不会忘记多少次黄水泛滥，多少次黄河改道，滚滚洪流，淹没无数，那些过往的繁荣与奢华，尽被掩埋在泥沙之下……可我们依然叫黄河母亲——为了那回转千百次的身影，为了那一往情深的大爱。

写不尽，道不清，唱不完的黄河，怎一个“几”字了得！

贺平 字兰月，笔名萌娘，黑龙江哈尔滨人。文学硕士。民进中央传媒委员会委员，中国作家协会会员，中国报告文学协会会员，中国散文协会会员。现任作家出版社编审，纪实文学编辑室主任。著有散文集《秋天的钟》，长篇报告文学集《源自北卡罗琳娜州的河流》等。曾获《人民文学》创刊40周年散文一等奖，散文《有方桌的空间》获中国作家协会创联部全国散文征文一等奖、第二届国家优秀图书提名奖等奖项。

三门峡不能炸

方英文

此次“中国作家黄河采风”活动，我没有背电脑，手机也不能上网，所以无法和朋友网上交流。唯一是8号，在山东东营的宾馆里，发现备有电脑，随即草草发了几张图片。不幸的是第二天，照相机被茶水打湿，再也打不开了。想想人家奥巴马、普京，出门压根不带相机呢。照不成相了也好，就专心参观学习吧。好在大家都有相机，总有朋友时生同情，替咱拍照。热情为我照相的有三位：作家出版社女编辑贺平（笔名萌娘）、天津诗人刘功业、《黄河报》记者吕亚鹏。只是照片尚在他们相机里，随后传我了再献丑出来。

这里是三门峡市的明珠宾馆，有电脑，所以晚宴上偷偷溜出来，博文一个吧。上午在小浪底参观，主人摆出笔墨让留言，我涂鸦两句：“千秋功业小浪底，万里黄水到此清。”江西作家陈世旭留言“河清海晏”、“大河圆梦”。其余人不写毛笔字，作罢。采风团团长、中国作家协会副主席高洪波先生，是书法家，已题过字，因有事飞回北京了。饭后稍事休息，即分乘两个中巴，前往三门峡。一路上都是两个模样一般的中巴，由黄河水利委员会下属各单位接来与送往。水利部的几位先生女士一直陪同。

途中看见广告牌上有“陕州”二字，猜想这就是“陕县”了——

陕县之西——陕西之省名，就这么得来了。推断当时的朝廷，即当时的首都、当时的中国政治中心，应在河南，也就是通常说的“中原”一带。殷商时代吗？东周时代吗？待考。如果当时的政治中心在天水，那么陕西就可能不会叫陕西，而叫“鸡东”（宝鸡以东）了。

入住宾馆没几分钟，即通知座谈。看了三门峡专题片后，三门峡水利枢纽管理局的领导们，分别介绍了三门峡水库的历史与现状，让大家提问。贺平说她采访过12年全国人大、政协两会，几次都听陕西代表说三门峡该炸，因为三门峡老是给关中平原带灾。这下子热烈了，心里感谢她替我说出了想说的话。主人解释说，给陕西确实带过灾，但那是建坝初期……如今小浪底名声大了，好像有没有三门峡无所谓的。这个观点很错误。假如千年一遇洪水来了，单一个小浪底是撑不住的，必须与三门峡双管齐下才保险。三门峡确实对于陕西没啥利，但是对于下游的河南山东近两亿人口，还不算京津地带华北平原的用水调节，大有好处嘛！

作家方英文采风考察于陕西、河南两省交界处

三门峡是新中国水电事业的标志性建筑物，具有象征意义。当时的三门峡图片，出现在无数种印刷品上，很长国人脸面。三门峡牌香烟当年很吃香，中档偏高，我就偷抽过。三门峡大坝是苏联专家帮助建造的。黄河性格全球独一无二，对于如何处理黄河携带量惊人的泥沙，预计不足。中国人没经验，苏联人照样没经验，因为苏联没有如此的大河。三门峡为中国水电事业培养了大批技术专家，可以说没有三门峡就没有后来的无数水电建造，包括惊叹世界的长江葛洲坝。

三门峡库区60年来，形成了一大片崭新的人与自然相和谐的生态区，炸掉？一个中等城市，三门峡市怎么生活？千年洪水来了怎么办？人类的一切作为，即便你取利益最大值，也还是弊端如影相随的，只是弊端分个大小罢了。

方英文 陕西日报《报刊荟萃》主编，编审、作家。1958年出生，1983年毕业于西北大学。著有《方英文小说精选》、《方英文散文精选》、《种瓜得豆》、《燕雀云泥》，长篇小说《落红》（即台湾版《冬离骚》）、《后花园》等。

黄河口轶事

侯全亮

2010年初夏，黄河入海口，笔者参加“行走黄河看水利”中国作家协会黄河采风团来到这片年轻的土地。极目望去，碱蓬、白茅等丛状植物绵延起伏，茂密的芦苇深处，闪动着湿地的粼粼波光，俨然一番生机勃发的景状。虽然一路跋山涉水、接溪纳流、极尽英雄之气的黄河，在这宿身入海处，已是轻声低语，似呈疲态，然而看到眼前久违的景色，想起多年前的断流危机，我一向偏于沉寂的心，禁不住为新生的黄河口而冲动起来。

一

我想起尘封已久的一件河口旧事。

那是1972年仲春，一座规模宏大的南展宽工程于头年秋天破土动工后，正抓紧推进。所谓“南展宽”，说白了，就是在黄河尾闾的南侧再修一道大堤，在两条呈“人”字形交合的新旧大堤内，开出一片宽阔的蓄洪区来。

大自然的孕育造化，为不断延伸的渤海大陆架下留下了丰富的石油宝藏，但同时，也将这一河段塑造成了一个势似弯弓的窄胡同。每当冬春之交，极易卡冰阻水，决堤成灾。南展宽工程即为解除这一严重的凌汛威胁而兴建，凌汛紧急时开闸分洪，以确保胜利油田的安全。

该工程的设计者，名叫王锡栋。胶东昌乐人，1951年山东黄河水利学校毕业参加治黄工作。说起来，他设计这项河口防凌工程，还有一段黑色幽默般的故事。

“文化大革命”一开始，他便被以“黑帮”、“绊脚石”等莫名其妙的罪名揪了出来。正当他无休止地作检查时，一场洪水把他给“解放”了。1967年伏秋大汛期间，黄河水涨势凶猛，情势紧急，不懂治河又怕闹出大事的造反派头头急红了眼，怒声吼道：“革命算我们的，防汛算你们的！”“你对文化大革命有意见，难道对人民也有意见？”那神态，仿佛是王锡栋们招惹来了这场大洪水。

不过，训斥归训斥，对于王锡栋们这些黄河人来说，在这百业废止的年代，能够重温“治河旧梦”，那是多大的幸事！他很快投入了防洪抢险的战斗。洪水过后，他又作为技术组组长，奉命组织编制了修建南展宽工程的设计蓝图，并在不久开始施工的作业中，担任技术负责人。

然而，不料有一天，在距施工现场大约百余米的黄河边上，王锡栋眼前竟出现了一幕奇观——黄河断流了！

他不禁惊叫起来。黄河怎么还会断流呢？自打少小时起他就听说，黄河洪水多么多么厉害。后来参加了治黄工作，又得知，黄河曾在这一带决口72次。当地流传的歌谣道：“棘子刘，王家院，黄河决了口，群众要了饭。关上门，闭上窗，吃饭也得喝那牙碜汤。”这便是老百姓对洪水灾情的切身记忆。

可是，黄河还从来没有断流过啊！王锡栋回忆说，那天，他在茫茫荒野的工棚里困惑了半夜。

众所周知，1972年的中国，神州大地上接连发生了不少影响深远的大事。

这年2月，美国总统尼克松奇迹般地访华，使两个敌国打破了封冻已久的坚冰；8月，毛泽东在邓小平的一封信上作出批示，颇具反思意味的最高指示，为邓小平的复出悄然闪亮了绿灯；9月，日本内阁总理大臣田中角荣访问中国，中日邦交正常化拉开序幕。

然而，黄河有史以来的第一次自然性断流，却丝毫没有引起人们的注意。一桩母亲河断奶奇事，就此飘然而逝。

的确，如果不是20多年后黄河连年断流，愈演愈烈，（最严重的1997年，黄河断流226天，断流河段多公里，从河口一直溯延到开封），如果不是举世关注，163位中国科学院、中国工程院院士联合签名发出“拯救黄河”的呼喊，那么谁也不会想到，1972年4月23日，对于万古奔流的黄河来说，竟成为一个关乎生命的日子。

所幸，黄河断流问题得到了国家的高度重视。1999年初春，根据国家授权，黄河水利委员会开始对黄河干流水量实现统一调度。工程措施、技术手段、经济调节，多措并举，效益凸现。至今，黄河已连续12年未断流，下游两岸工农业生产与人们生活用水需求基本得到满足。生态环境有了明显改观。

联想当初的陈年旧事，瞩目眼前河口地区的现实图景，草木复苏，鲫鱼洄游，珍禽安居，又怎能不令人感怀于胸！

二

在黄河河口管理局为我们介绍河口治理现状的地图上，一个名叫“宋春荣沟”的图标，引起了中国作家协会副主席、黄河采风团团长、著名诗人高洪波的注意。经询问，当得知这条河汊是以一个土匪的名字而命名的来历时，高先生沉思良久，仿佛是想对这一带的历史深处作一探究。

回到车上，我向高副主席介绍了自己掌握的一些情况。

这黄河入海处，地势复杂，河汊纵横，芦苇丛生，历史上人烟稀少，而土匪多有出没，很不太平，久而久之连有些地名也随了土匪。据说，20世纪30年代中期这里曾发生一场“渤海大劫案”，当时大英帝国的“顺天”号客轮遭到突袭，数十条人质被劫，曾使趾高气扬的西方使臣们胆战心惊。作案的海盗团伙，就藏匿于这隐秘的黄河河口处。当时官府几番缉拿，均无结果。最后，还是山东省政府主席韩复榘筹谋派员打入土匪内部，招安了首领“黑小二”，这场惊天海案方得告破。

新中国成立后，随着天下大定，这里自然不必再为此种“海案”所担惊了。不过，倒是黄河口的流路问题为人们带来了新的隐忧。

这就是，黄河入海口现行流路“这面红旗到底还能打得多久”？

本文作者侯全亮（左）和中国作家协会副主席、黄河采风团团长高洪波于黄河河口湿地

自古以来，黄河下游就像一条“驴打滚”的河道，北至天津的渤海之滨，南至江淮的黄海海岸，披载着一次次“龙摆尾”的记录。近代黄河三角洲上，曾发生8次自然性大改道。每条行水流路，“高寿”的不过19年，短命者只有两岁。中华人民共和国成立后，人们决计扭转这种自由迁徙的被动局面，决定对黄河尾闾实施人工改道。1953年，从甜水沟改往神仙沟。然而仅仅10年时间，神仙沟流路即走向衰亡，1964年7月利津水文站发生8650立方米每秒的大洪水，这时正赶上胜利油田钻井会战，油田多处淹没，被迫停产。同年凌汛期间，河口卡冰壅水漫滩，油田创业再度惨重损失。因此，为了解除黄河“龙摆尾”的威胁，不得不爆破民坝分洪泄凌，使黄河改走钓口河漫流入海。

谁知，改道后不过3年，黄河河口已向大海里延伸27公里，河道淤高3.5米。1967年汛期，罗家屋子的水位高达9.47米。这个数字，比1958年特大洪水时还高出0.76米！情况表明，钓口河这条新的流路已衰相初露。

此后的险象更是令人触目惊心。1975年10月，黄河在山东利津水文站的洪峰流量为6500立方米每秒。由于河道淤积加快，水位显著抬高，这里的堤防全线偎水，险情迭出。情急之下，利用上游的分洪口门分流削峰，加上万余军民上堤严防死守，连续奋战几十个昼夜，河口方转危为安。

十来岁，只是天真烂漫的孩童年龄，而对于一条黄河入海流路来说，却已步入耄耋之年。

胜利油田告急！为了寻找新的出路，1975年12月31日，河南、山东两省革命委员会和水电部在联名呈送给国务院的一份报告中，将黄河河口清水沟改道问题提交给了中央高层。报告内称：“关于河口油田的有关防洪问题，当前的主要矛盾是，油田开发建设要求黄河流路相对稳定，而黄河河道的自然规律则要求有较大的摆动范围。由于现行入海口延伸过长，我们一致同意，1976年汛前实行改道清水沟入海。”

很快，国务院对该报告作了批复。据此，1976年5月27日黄河河口实施第三次人工改道。耳鬓厮磨十数载的黄色洪流，就此作别“钓口沟”，改经清水沟入海。这一流路，将黄河入海流程缩短了37公里，对改善河道排洪能力、保护油田生产起到了显著作用。

可这种欣慰好像并未能掩饰住人们忧虑的心情，或者说是黄河口流路这一道难题没有给人们心中放晴的机会。因为根据当初的规划设计，清水沟流路的“寿命”只有十几年，虽然后来经测验研究认为它还可以延长到30年，但终归有“寿终正寝”那一天。淤积、延伸、摆动、改道的轨迹仍在反复演绎。

如今，35年过去了，河口延伸，溯源淤积，凌洪威胁加重，面对油田密布的经济建设布局，黄河下一步究竟流向何方?

举目环望，四顾茫茫，近年人们转而又把目光投向了钓口河流路。

黄河口地区幅员辽阔，特别是近年实施调水调沙，生态系统得以初步恢复。这里植被层次分明，最高处是具有原始气息的林场，中层是挺拔的芦苇，低层是葱笼青郁的牧草带。河海交汇处，犹如一条黄绿相间的飘带，把浑浊的河水与碧蓝的海水劈为两半，黄河黄，海水蓝，经纬分明。若是涨大潮时，则又是另一番景象。海潮汹涌澎湃，河水咆哮奔腾，二者搅作一团，声如雷鸣，堪称古今奇观。正因如此，海鸥、野鸭随处可见，丹顶鹤、灰鹤等世界濒危的野生珍禽也在这里光顾。

钓口河流路就位于黄河口的东北角。近年，鉴于清水沟入海口流路已“超期服役”，黄河科学工作者经过运用随机水文学、卫星遥感等方法对近黄河河口入海水沙的变化规律进行分析，提出了清水沟和钓口河两条流路轮换使用的新思路。换句话说，35年前退役的钓口河流路有可能梅开二度。

由于这次采风活动行程安排十分紧张，我们没能去造访钓口河流路。但是从东营市委书记张秋波的谈话中，我们了解到，多年来发生在这块土地上的奇闻轶事。

1988年，黄河三角洲以中国沿海地区土地后备资源最多之优势，被列入全国八大农业综合开发区；1993年3月，国务院正式批准黄河三角洲的中心城市东营市为沿海经济开放区；1999年5月召开的九届全国人大四次会议上，黄河三角洲高效生态经济区被列入国家“十五”计划纲要；与此同时，黄河三角洲地区资源开发与环境保护被作为联合国开发计划署援助实施的第一个优先项目。

一位来这里考察的德国专家曾发出如此感慨：在欧洲，再也找不到这样好的开发区了。有一天，这里的牛奶与蜂蜜将像黄河一样流淌……站在孤岛油田的防潮大堤上，望着蔚蓝色的海面波浪轻涌，脚下被称为“磕头虫”的油井林立般地点头致意，我强烈感受到，伴随黄河高速度的填海造陆，无论是河口地区农业综合开发区的推进，还是胜利油田的可持续发展，这一切都有一个最基本的前提，那就是：必须为黄河提前安排好入海流路，并保证这条万里巨川不致于水断乳绝。

侯全亮 1955年12月出生于河南滑县。水利部黄河水利委员会巡视员，社会科学研究员，中国作家协会会员，中国水利作家协会副主席、黄河水利作家协会主席。主要著作有长篇纪实文学《一代河官王化云》、《天生一条黄河》，古籍评注《黄河古诗选》，散文集《九曲集》、《千柳集》、《故园集》，论著《黄河桥梁》、《论维持河流健康生命》，《民国黄河史》等。主编的《人民治理黄河六十年》获第二届中华优秀出版物奖。

黄河入海流

靳怀堎

“白日依山尽，黄河入海流。”可以肯定地说，这是王之涣傍晚时分站在黄河边的鹳雀楼上，登高远眺，用诗人独有的“千里眼”望到的景象。“君不见黄河之水天上来，奔流到海不复回。”可以肯定地说，李白写这两句诗时，根本就没在黄河边，他是靠雄阔的想象描绘黄河的。但不管怎么说，这都是盛唐的声音，壮丽，激昂，奔放，思绪比黄河还要长，激荡着大气磅礴的盛唐气象。我的想象力不行，也不会写诗，但我的脚却不止一次地实实在在地站在黄河入海的地方。

得衷心地感谢母亲河，她的乳汁不仅滋润沃土，浇灌绿洲，而且在奔流入海之前，还在不懈地追求和奋斗，让沧海变为桑田——没有它裹挟着黄土高原的泥沙日夜不息地入海奔流，哪有炎黄子孙不断扩展的栖息之地？从这个意义上说，黄河倒像一位英勇无畏永远不停开疆拓土的大将军。

古人凭着直观的感觉，便说“河水重浊，号为一石水而六斗泥”。现代人用科技手段，验证古人言之不谬——每到汛期涨水的季节，黄河的浊流洪涛中每立方米的含沙量高达500公斤左右，可以说一半是水，一半是沙。一年之中，它从黄土高原上搬运的泥沙竟达十五六亿吨，犹如百万辆卡车，满载着泥沙日夜奔忙——整个华北大平原（又称黄淮海平原）约35万多平方公里的土地，差不多都是黄河千百万年来汪洋恣肆、填海造田的杰作。

土地是人类的命根子，尤其对于人多地少的中国，土地资源何其宝贵！

黄河造就的三角洲，是一块神奇的土地，婴儿般年轻，有的地方钻出水面不过一二年的光景。清咸丰五年（1855年），黄河在河南兰考铜瓦厢决口，大河弃淮泗故道北流，从山东利津入海，那一天，便是近代黄河三角洲的诞生日。150年过去了，黄河造陆近6000平方公里，即是说，黄河每年可为中华民族创造40平方公里的繁衍生息之地。现在的垦利县和河口区的大部分土地，都是黄河年复一年泥沙沉积而成的“新大陆”。即使在黄河入海水量锐减的今天，黄河这位“造陆英雄”每年仍会为她的子孙造出25万平方公里左右的土地。

黄河赐予的三角洲，是一块充满生机与希望的土地。黄河入海口两侧新长出的土地，总面积已达15.3万余公顷，是中国暖温带最完整、最广阔、最年轻的湿地生态系统，也是东北亚和环西太平洋鸟类迁徙的重要中转站和越冬栖息地。芦苇、菖蒲、柽柳和各种鸟儿先于人类来到黄河滩上，它们优哉游哉地伴着三角洲共同生长着。后来，人类也追寻着植物和动物的脚印来了。

得对黄河水利人致以由衷的敬意，是他们用智慧和汗水让黄河不再断流，保障了黄河口湿地的生态用水——引黄渠长滕结瓜般地串起数百座人工湖泊，如翡翠般散落在广袤的三角洲上，承担起滋养这片新生土地的使命。于是，在这片共和国最年轻的土地上，便演绎出生命的传奇——百万亩草场，一望无际，一簇簇红花柽柳点缀其中，如片片红云下凡；20万亩人造槐林紧紧咬住赖以生存的泥土，让暴虐的风沙无可奈何，暮春季节，槐花如雪，香气四溢；生命力最为顽强的芦苇遍布水畔，成群连片，夏秋时节，苇浪千重，芦花飞雪；还有，狐兔出没，百鸟翔集……

在广袤的“荒原”上，遍布着林立的抽油机——1961年春，十几万石油大军开进了这片共和国最年轻的土地，伴随着钻机的轰鸣声，中国第二大油田——胜利油田诞生了。汩汩涌冒的“黑色血液”，通过地下管网流淌到共和国建设最需要的地方。

因为有了富饶、美丽的土地，因为有了高产的油田，便聚集了生气、人气和财气，天南地北的人们带着各自的风俗，操着各自的方言，怀揣着各自的梦想，纷纷涌入这里，终于催生了180万人口的黄河口城市——东营。石油及石油化工，制盐及盐化工，轻纺、畜牧、水产和食品等产业在这座年轻的城市中生机勃勃地发展着；还有挺拔的楼群，优雅的小区，洁净的道路，叠翠的公园……统统“又好又快”地长了起来，共同编织出绚烂的城市生活画卷。

黄河三角洲，这块背靠大海的神奇土地，它的未来将是何等地瑰丽美好，你可以让想象的翅膀恣意翱翔。

几次去黄河口都想一睹黄河涌入大海时的壮丽景象，但因各种原因都没能如愿。于是，我只好借助想象：在河海交汇处，黄河如同一条黄龙扑向蔚蓝色的大海，海水敞开宽广的胸怀将它紧紧拥抱，情意缠绵，难舍难分，终于融为一体，成为永恒……

靳怀堾　天津蓟县人，1963年10月生。水文化专家，研究员，中国作家协会会员。现任水利部海河水利委员会漳卫南运河管理局副局长，中国水利文学艺术协会水文化研究会会长、中国水利作家协会副主席。著有《中华文化与水》、《中华水文化概论》（合著）等学术著作，以及《水之礼赞》、《追寻大禹的足迹》、《知者乐水》散文集和报告文学《悲壮的三门峡》等。

花园口感恩母亲河

靳怀堾

公元2011年5月10日，我作为中国作家协会“行走黄河看水利”采风团的一员，在郑州花园口，又一次见到了黄河，心中怦然，有话想对母亲河诉说。

黄河，宛如一条腾越的巨龙，从青藏高原的涓涓细流开始，迈着轻盈的脚步一路东行，越过青甘的崇山峻岭，在流经黄土高原时，被迫携沙疾行——先是自南向北再转东横跨宁夏、内蒙古的河套平原，再由北向南奔腾于晋陕峡谷，破“龙门”而出，在西岳华山脚下的潼关调头东去，夺三门，出邙山，直射中原，横穿齐鲁，“一路落天走东海”……流经9个省区，汇纳千余条大小支流，行程5464公里，流域面积75万平方公里……

黄河是中华文明的摇篮，是中华民族精神的象征和顶礼膜拜的图腾。

在悠悠岁月中，西侯度人、蓝田人、大荔人、丁村人……相继在黄河流域的林莽中挥动着石块、木棒踽踽而行，为摆脱蒙昧，开辟通往成“人”的道路，艰辛地跋涉着。进入新石器时代，仰韶人和龙山人用超凡的智慧和创造力奏响了古老黄河文明最嘹亮的序曲。

黄河文明的形成期大体为公元前4000年至公元前2000年之间。这一时期，神州大地到处燃烧着区域文明的火焰，长江流域有巴蜀文明、江汉文明、太湖文明，黄河流域有甘青文明、中原文明、海岱文明，东北方则有燕山地区文明等。但随着时间的洗礼，有的文明中断了，有的文明走向低谷，只有黄河文明，就像来自天边的黄河之水，尽管发轫之初不过涓涓细流，但在愈行愈远的进程中，吸纳百川，愈流愈宽，终成汪洋浩荡之势——可以说，中华文明最终是在黄河流域的中原地区集大成的！

先是人文初祖轩辕炎黄横空出世，勇敢地打起了黄河——中原文明的旗帜。从炎黄开始，中国进入了五帝时代，黄帝、颛顼、帝喾、唐尧、虞舜以及海岱地区的太昊、少昊，相继率领他们的族群在黄河中下游一带繁衍生息，创造了灿烂的黄河早期文明。夏、商、周三代，是黄河文明的升华阶段，文明之火照耀在黄河中下游的大中原一带，首善之区在河洛文化圈内，华夏民族以此为中心，逐渐发展成为一个幅员辽阔、民族众多的大统一国家。在这片神奇的土地上，大禹治水催生了中国第一个奴隶制国家——夏王朝，开创了父子相传的家天下政权体制，形成了比较成熟的国家机构；这一时期，青铜器散发出夺目的光芒，三代王都巍峨地遍布河洛地区，安阳殷墟埋藏的甲骨文标志着黄河文明达到了划时代的高度。周代礼乐制度的建立，中国最早的诗歌总集《诗经》和集中国古代哲学智慧之大成的《易经》的出现，昭示着华夏文化高潮的到来；春秋战国时期，儒、道、墨、法、兵、阴阳、名等家学派竞相登台亮相，开创了中国历史上百家争鸣的黄金时代，也使思想文化达到了后世难以企及的高度，其光辉不仅照亮了赤县神州，也成为全人类文化的瑰宝。

进入封建帝国时代，黄河文明达到了鼎盛。秦皇汉武，唐宗宋祖，成吉思汗，这些风流人物引领着中华民族把黄河文明推向了辉煌的顶峰；由指南针、造纸术、火药、印刷术组成的“四大发明”，为中国和世界的文明进步插上了腾飞的翅膀……

在相当长的历史时期，黄河流域较长江、淮河、海河、辽河、珠江等流域文化发达，并非偶然现象。众所周知，古代社会人对自然环境的依赖程度，远胜于今天。在生产力十分低下的情况下，人类对自然环境的适应能力也是非常有限的。黄河中下游地区自然环境的特点是：气候温和，雨量适中，四季分明，特别是黄土丘陵地带，最适合人类“穴居野处”。当新石器时期来临后，农耕成为人类生产活动的主旋律，松软和“自带肥效”的黄土地为使用木—石和后来的铜—石工具进行耕作的人们提供了巨大的便利。与此同时，黄河的泛滥还可以“既粪且溉”，大大增加了黄土的地力。在这样得天独厚的自然条件下，黄河文明一马当先也就顺理成章了。

靳怀堾与中国水利报记者果天廓在采风途中

黄河是浑浊的。其实，所有称得上大江大河的河流色调大多是浑浊的，浑浊意味着大容量——百川归之，泥沙俱下；浑浊意味着大气派——挟雷霆万钧之力，惊涛拍岸，浩荡千里；浑浊意味着大创造——在漫长的行程中，一路奔涌，一路养育，造就文明，繁衍生物。“俟河之清，人寿几何？”古人曾对黄河变清之遥远漫长发出了无奈的感叹。人们希冀黄河变清，其实，就黄河的流程经过黄土高原而言，也许黄河永远也不会变清，我们也没有必要倾注无穷的人力、物力和财力使之变清。黄河的浑浊是其本色，黄河变清，也就不能称之为黄河了，也就没有黄河泥沙俱下的雄浑气象了！

黄河的颜色与中国人的肤色是一致的，黄河的生命历程与中华文明的发展过程也是互相映照的，因此我们称黄河是中华民族的“母亲河”，黄河是当之无愧的！

当我再一次站在郑州花园口处的黄河大堤上，凝望着母亲河巨龙般奔腾的身躯，我的血脉不由得随着那翻卷的波涛而喷张起来，胸中澎湃的是粗犷、雄浑、豪迈和神往，耳边又鸣响起那位一生多次改变历史、一生说过无数气吞山河豪言壮语的伟人充满深情的话语：“你可以藐视一切，但是不能藐视黄河！藐视黄河，就是藐视我们这个民族！”是的，面对中华民族的母亲河，她的儿女只有敬畏、感恩，谁也不会也不敢藐视！

毛泽东与黄河

靳怀堾

一

一生天不怕、地不怕的毛泽东，对母亲河黄河却一直充满着敬畏。

1948年春，解放战争开始进入战略反攻阶段，毛泽东率中共中央机关东渡黄河，准备将指挥中心迁往河北西柏坡。3月23日，毛泽东登上了一条洒满明媚春光的木船，挥别陕西吴堡县川口渡，向对岸的三晋大地疾驶而去。一个是中华民族伟大的母亲河，一个是中华民族伟大的儿子，“两个伟大”的不期而遇，将是一番何等的景象呢？

颠簸在浊浪汹涌的黄河上的毛泽东，心潮也像黄河波涛一样，一浪高过一浪。船到河心，毛泽东忽然张口说道：“你可以藐视一切，但不能藐视黄河。藐视黄河，就是藐视我们这个民族。”

把一条大河与一个民族的尊严相提并论，毛泽东无疑赋予了这条大河无上的人格力量与魅力。

其实，毛泽东对黄河一直怀有特殊的感情。他的名作《沁园春·雪》中就有“大河上下，顿失滔滔”的句子，描绘的就是气势磅礴的黄河。当年在延安窑洞里，当美国记者斯诺问他：如果您卸去领袖的重任，最想去做哪些事情？毛泽东不假思索地回答：骑马沿黄河考察。

新中国成立后，他多次视察黄河、多次过问黄河的治理与开发情况。20世纪60年代，年逾古稀的他一度想骑马“千里走黄河”。1964年夏，北戴河“浴场一号住所”，刚刚在大海中搏风击浪的毛泽东，兴致盎然地对身边的工作人员说：“人说不到黄河心不死，我是到了黄河也不死心呐！”稍顷，毛泽东扳着指头接着又说：“这次我要带一个智囊团去。包括天文、地理、历史、气象、土壤、化学、地质、肥料、水利、电力等一大批专家，要像李四光这一级的专家。你们给我准备一些应付艰苦生活的东西。我们大家都骑马，沿黄河逆流而上，去寻找黄河的源头，把这条河从头了解起，让它更好地为我们的民族造福……”

要不是后来中国出了所谓的“修正主义”，毛泽东走黄河的愿望也许不会“夭折”。

二

古语云：治黄河者治天下。

如何使黄河从根本上改变暴虐为害的历史，一直是毛泽东牵肠挂肚的一件大事。

1949年3月25日，毛泽东和他的战友们带着“赶考”的心情进入北京（当时尚称“北平”）。从那天起，他就像一架高速运转的机器，除了吃饭睡觉，几乎没有一刻闲暇。新生的共和国百废待兴，内政外交纷繁复杂，加之中途又“杀出个程咬金”——抗美援朝，这一切让身为党和国家最高领袖的毛泽东忙得不可开交，心力交瘁。中南海的战友们担心他的身体，便以中央的名义强迫他休假。

休假？松弛一下绷得紧紧的身心，也好。但去哪休假呢？毛泽东想到了他一直放心不下的黄河。

去看看黄河，权当休假。于是，1952年10月，毛泽东第一次出京便把视察的地方锁定在黄河。

毛泽东是大自然的情人，更是江河湖海的情人。毛泽东一生与江河湖海结下了不解之缘，尝称“我自欲为江海客”。从青年时起，他就高吟着“埋骨何须桑梓地，人生无处不青山”的豪言，告别了韶山冲那个封闭的世界，开始了四海为家的革命生涯。自称“江海客”的政治家兼诗人的毛泽东，不但读遍了“万卷书”，更走了“万里路”。他的社会活动，常常伴随着“有意为之”的游历活动，而他游历的足迹遍布祖国的山山水水特别是江河湖海。江海为家、四处奔波的战斗生活，无疑磨砺了他的意志品质，并获得了无穷的智慧和无限的诗情。

但是，这次去黄河，他可不是为了饱览黄河的雄浑与壮美，而是为了黄河的安澜。

10月25日，毛泽东的专列离开北京，第一站到了济南。27日，毛泽东视察了济南泺口一带的黄河。站在高高的黄河大堤上，凝视着波澜壮阔、不舍昼夜的滔滔河水，毛泽东像石雕一般。但他此刻的心情却如黄河波涛一样，难以平静，他心语飞飘，似乎有许多话要对母亲河说。许久，毛泽东才从深邃的历史中回到眼前的现实中来，他问：这里的黄河底比济南城内的地面高多少？陪同的人员回答：高六七米。毛泽东心里一沉，嘱咐道：要把大堤大坝修牢，千万不要出事。

28日，毛泽东来到徐州，登上了云龙山顶，远眺清咸丰五年（1855年）铜瓦厢决口改道以前的黄河故道，禁不住思接千载，感慨万端，他说：过去黄河流经这里700多年，泥沙淤积很多，夏秋季节常常决口，泛滥成灾，给群众生产生活造成极大困难。乾隆皇帝四次到这里视察，研究治理黄河的问题。但由于各种原因，他治不好黄河。现在解放了，人民当家作主，我们应当领导人民，把黄河故道治好，变害为利。

29日晚，毛泽东的专列驶进河南兰封县（1954年与考城合并，称兰考县）。为了不给地方添麻烦，毛泽东决定不去开封，在火车上过夜。

30日早晨，在简朴的专列客厅里，毛泽东接见了黄河水利委员会主任王化云。王化云坐在毛泽东的对面，身子挺得直直的，由于激动，他的心剧烈跳动着。毛泽东亲切地注视着王化云，问："化云是哪两个字？"

王化云答："是变化的化，云雨的云。"毛泽东笑道："化云的名字很好，化云为雨，半年化云，半年化雨就好了。"在场的人都被毛泽东幽默智慧的"解读"逗笑了，王化云紧张的心情也松弛下来。

早餐后，专列徐徐向铜瓦厢的方向驶去，毛泽东向王化云询问起有关黄河的情况。

谈到黄河水患，王化云给毛泽东念了一首曾在河南陕县一带流传的描述1843年（清道光二十三年）特大洪水的民谣："道光二十三，黄河涨上天；冲走太阳渡，捎带万锦滩。"

王化云解释说：不久前，水利部和黄河水利委员会组成的洪水调查组，发现了道光二十三年历史洪水痕迹，经推算，这次洪峰流量为

采风团员靳怀堉、侯全亮于黄河口

3.6万立方米每秒，洪水量级之大，为唐代以来之最。毛泽东听后，面色凝重，沉默良久，他那善于形象思维的大脑屏幕上，出现了一幅幅黄河决溢、洪水滔天、吞噬生灵的悲惨情景……

中午时分，毛泽东一行换乘汽车奔向黄河大堤。下了汽车，毛泽东神采奕奕，健步走在大堤上。深秋的风，这时也收敛了刁刁的凉意，裹着温暖亲吻着毛泽东身上的草绿色大衣，仿佛对这位旷世伟人充满依恋。王化云紧跟在毛泽东身边，随时准备回答领袖的提问。

站在东坝头，毛泽东眺望着向东北奔腾的黄河，问："这是什么地方?"王化云："这就是清朝咸丰五年黄河决口改道的地方，名字叫铜瓦厢。"

接着，毛泽东详细查看了这里的石坝大堤，问："像这样的大堤和石头坝，你们修了多少?"王化云："全河修堤1800公里，修坝近5000道。"

"黄河6年来没有决口泛滥，今后继续把大堤和坝埽修好，黄河是否还会决口呢?"毛泽东又问。

王化云："这不是治本的办法，如遇异常洪水，还有相当大的危险。"

听到如此回答，毛泽东若有所思，心情沉重起来。忽然，他向身边的王化云发出了震撼千古的一问："黄河涨上天怎么办?"

面对领袖充满浪漫诗思的问话，王化云一时没有反应过来，迟疑了一下，方有些讷讷地回答："……不修大水库，光靠那些坝埽根本挡不住……"

王化云，共产党领导下的第一任黄河首席"河官"。这位1908年出生于直隶（今河北省）馆陶、1935年肄业于北京大学法律系的热血青年，在抗日烽火中加入了共产党，历任冠县县长，鲁西行署、冀鲁豫行署处长等职。1946年，在一片"黄河归故"的呼声中，冀鲁豫解放区黄河水利委员会挂牌成立，王化云成了这个全新意义上治黄机构的

“一把手”。新中国成立后，王化云历任黄河水利委员会主任、水利部副部长，河南省第五届政协主席。长期致力于治理开发黄河，足迹遍布大河上下。他的勤奋、钻研和执著，使他从外行迅速成为一名响当当的治黄专家，提出了“宽河固堤”，“蓄水拦沙”，“上拦下排、两岸分滞”等治黄方略；参与组织领导了人民治黄以来至20世纪80年代的各项治黄事业，是人民治黄史上一位赫赫有名的风云人物。

“修大水库”的想法并非王化云一时的突发奇想，而是他之前潜心研究历代治黄方略及其得失，并组织技术人员在黄河上下进行查勘论证后得出的结论。特别是新中国成立初期的黄河大堤，大多为1946年3月以来复堤时临时恢复的，土质差（多为松散的沙土）、堤身薄、险工多，靠这样的堤防束缚这条狂野的“黄龙”，不决口是不可能的。

毛泽东：“大水库修在什么地方?”

王化云：“修在邙山或三门峡。”

听了王化云的话，毛泽东点点头，说：“大水库修起来解决了水患，还能为灌溉、发电、通航提供条件，是可以研究的。”

也许意识到黄河的特殊复杂性，一生叱咤风云、干过许多惊天地泣鬼神大事的毛泽东，说过许多气吞山河“大话”的毛泽东，这时却显得有些“气魄不足”了，他只是说“是可以研究的”，没有说狠话、表硬态。

为了更多地了解黄河，下午，毛泽东一行又来到开封的黄河柳园口。在萧瑟的秋风中，毛泽东伫立堤顶，北眺黄河，见河水在高高的河床上奔涌，回头南望堤外村庄，好像陷落在凹地里——堤内河床比村子里的树梢还高。面对“悬河”逼人的态势，毛泽东感慨地说：“真是悬河啊!”他向陪同身边的河南省党政领导嘱咐道：要把大堤、大坝切实修牢固。发大水时，有危险，党政军民一齐上，千万不能再出事。他还充满感情地对大家讲道：李白说“黄河之水天上来”，我真想骑着毛驴到天上去，从黄河源头一直走到黄河入海口，我要看看黄河究竟是怎么回事。

31日凌晨，毛泽东要到新乡去看引黄灌溉工程。开车前，留下了后来广为流传的一句嘱托："你们要把黄河的事情办好。"仍是出言谨慎，没有"根治"、"征服"之类铿锵果决的字眼。

三

1953年2月，毛泽东第二次关注黄河治理问题。在停靠郑州的专列上，毛泽东听取了王化云关于黄河治理的方案和近期打算的汇报，并就三门峡水库建设的时间、库区移民问题、黄河中上游的水土保持以及南水北调等问题与王化云进行了探讨。在了解有关情况后，老人家高兴地说，革命成功了，事情好办了，治黄问题过去不能解决，只有现在才能解决。

在交谈过程中，王化云老想请毛泽东就三门峡工程上马这件事表个态，但一向多谋善断的毛泽东仍然谨慎地表示"回去再研究"。

其实，毛泽东固然在战略上藐视一切敌人，可是一旦与对手真刀真枪较量时，他又在战术上重视每一个具体的细节，对未知领域，更是慎之又慎。毛泽东深知，黄河的问题实在太复杂，而自己对黄河的认识还远未进入自由王国的境界。他怕表态错了，给治黄大业带来祸患。

1953年5月，黄委主任王化云向当时主管水利的政务院副总理邓子恢呈报了《关于黄河基本情况与根治意见》和《关于黄河情况与目前防汛措施》两个报告。这两个报告对黄河成灾的根源进行了深入分析，并提出了黄河治标与治本相结合的方略。邓子恢看了报告后，认为很有见地，遂于6月2日将王化云的两份报告以及他对黄河治理看法的书面意见一同上报毛泽东。毛泽东阅后，对报告"很欣赏"。

1954年冬，毛泽东在南巡返京途经郑州时，在郑州火车站的专列上第三次专门听取了黄委负责人王化云、赵明甫二人关于治黄工作的汇报，并着重谈了水土保持和治理规划问题。汇报后，毛泽东还把汇报时用的图纸带回了北京。

1955年6月，毛泽东在河南省委会客室第四次专门听取了治黄工作汇报，这次他关心的热点是关于黄河治理规划的实施问题。在听取汇报过程中，毛泽东特别关心地问起了1954年制定的黄河治理规划的落实情况。王化云告诉毛泽东，按照根除黄河水害、开发黄河水利的指导思想和综合利用、梯级开发黄河水利水电资源的原则，先后安排了水土保持、引黄灌溉、干流水库等工程，其中干流三门峡和刘家峡工程是近期建设的重点。毛泽东问起人民胜利渠盐碱化的问题解决了没有，黄河下游能否搞航运网？王化云回答说，人民胜利渠盐碱化问题已基本解决了；将来经过治理黄河，泥沙少了，南水北调工程成功了，黄河航运不成问题。

1959年，毛泽东在济南泺口又一次视察了黄河，并说了一句意味深长的话：人说不到黄河心不死，我是到了黄河也不死心。他深深地惦记着黄河，牵挂着它的安澜与否，因为黄河还没有得到根治，所以到了黄河他仍不死心。

值得自豪的是，从1946年人民治黄开始到今天，黄河连续60多年伏秋大汛安澜无恙。如果老人家英魂有知，亦应感到欣慰了。

壶口瀑布

靳怀堾

在我所观赏过的瀑布中，最雄浑者莫过于黄河壶口瀑布了。一个朋友问我的观后感，我说：如果你崇拜力量，你就会拜倒在壶口的脚下。

壶口瀑布位于黄河中游晋陕峡谷的南部，它西濒陕西省宜川县、东临山西省吉县，是九曲黄河一大奇观，为华夏第二大瀑布，也是世界最大的黄色瀑布。壶口峡谷段河床坡降大，河谷上宽下窄，上缓下陡，中、上部宽200~300米，河床底部的凹槽宽仅30~50米。滔滔黄河进入此段，数百米宽的黄河水骤然收成一束，从20米左右落差的河床顶端奔腾而下，其状如同巨大的悬壶嘴注水，喷涌呼啸而出，“悬注�旋，有若壶然”，壶口的名称便由此而来。壶口瀑布的高度一般在15~20米之间，虽然在我国众多的瀑布中高度不算很大，但壶口瀑布的水量却是我国瀑布中最大的。巨量的河水，似银河决口、大海倒悬，万马奔腾般地喷涌而下，那恢弘的气势、巨大的声响，当是中华大地上最令人惊叹的奇观了。

听当地人介绍，壶口瀑布风光随四季而变换。春季之壶口，上游冰雪开始消融，“桃汛”来临。届时，上游的冰凌不时漂浮而下，汇集在壶口上游宽阔的河道，继而倾泻跌下，如山崩地裂，激起玉屑冰晶，四处抛洒。此时之水色山光，显得格外妩媚。夏秋水胜之时，因水量大，河水漫过凹槽，瀑布就不十分明显，瀑布变成一滩急流；而隆冬季节，沟槽和岩石边缘上挂满巨大的倒垂的冰棱柱，像一排排晶莹剔透的水晶帘，此时之壶口，变成一匹黄练，尤令人神往。古时这里有“旱地行船”、“飞鸟难渡关”之说。因为船行至此，必须拉行上岸，绕过瀑布再入河床；而飞鸟因慑于瀑布呼啸震响，云烟迷漫，惊吓而不得过。

作家靳怀堵、方英文在壶口爆布

初夏的一天，当我仰望壶口瀑布时，立即为她横扫千军、雷霆万钧般的力量所震慑。啊，此时壶口所展现出的雄浑、深邃、厚重的刚阳之美，慑人心魄——与其说是壶口瀑布本身的雄浑壮观，不如说是黄河母亲在尽情地挥洒着自己无穷的力量！这不正是中华民族自强不息精神的一种张扬和体现吗？

传说华夏的治水英雄大禹来到壶口，见大山挡住水路，便挥动神斧将其劈开，并凿出了几百米的河槽，导水顺利下泄。还传说大禹治水不辞劳苦，汗流浃背，擦汗时把帽子放在东面的山顶上。等疏通了这里的河道，他片刻未歇，匆忙赶到下游治水去了，遗忘在山顶上的帽子后来化作了一座山峰，就是现在的禹王峰。又传说神工巧匠鲁班也在此留下了足迹——大禹疏通这里后，深深的河槽无法使船只通过壶口。鲁班见状，便从陕西借来神牛，从华山驮来巨石，想填平壶口，却被在这里守护的神龟发现。神龟作法击断巨石，自己因力竭也化石而死，这便是壶口当中显露于水面的那块石头，当地人称之为"龟石"。远远望去，这块龟石在滔滔的黄水中上下浮动，时隐时现，给壶口瀑布增添了几分神秘的色彩。神话传说虽不足信，但它透露出的信息却折射出历史的真实——黄河壶口瀑布汇集了黄河的全部水流和力量，流淌着华夏民族拼搏奋进、自强不息的民族之魂。

1938年，在抗日烽火烧遍神州大地的时候，著名诗人光未然带领抗敌演出队来到黄河壶口，深深地被壶口瀑布的磅礴气势所震撼、所征服，汹涌澎湃的黄河在诗人心中掀起了万丈狂澜——这奔流咆哮的黄河之水，不正是中华民族发出的不屈吼声吗？强烈的爱国主义感情随之喷涌而出，于是他在热血沸腾中写下了不朽的诗篇——《黄河颂》，发出了"怒吼吧，黄河"的呐喊。回到延安以后，作曲家冼星海的激情被《黄河颂》所点燃，炽热的情感便随着一个又一个跳跃的音符喷涌而出，于是震撼华夏的伟大乐章《黄河大合唱》诞生了。这部表现强烈民族精神的组歌，曾响彻大河上下，鼓舞着中华儿女为祖国的主权和尊严而浴血沙场，殊死搏杀。

纪实

黄河瘦 悬河肥

哲 夫

骑白马走黄河

2011年5月4日晚赴京，小住一晚，次日上午赴水利部参加出发仪式。仪式由水利部部长陈雷主持，活动主题为“行走黄河看水利”。高洪波在讲话中诠释了水利的重要，认为作家赴黄河采风创作正逢其时。副部长李国英介绍了中央一号文件和我国水利改革发展的基本情况，希望通过这次采风活动，激发作家们的创作灵感，写出更多更好的作品。

最后水利部部长陈雷郑重宣布：“中国作家协会黄河采风团出发。”

这是我第三次走黄河。这次活动水利部和中国作家协会组织，路线是先去济南，转道再去黄河入海口东营，从黄河尾闾逐程上溯，因黄河上游不是适宜的季节，故尔只能走到黄河中游兰州。仪式上的官样文章从略，值得大书一笔的是水利部陈雷部长会上神采飞扬的讲话。

黄河非同小可，连毛泽东生前提到黄河都是肃然起敬的，他说要把黄河的事情办好，还说，我是个到了黄河也不死心的人。你信不信?

你可不要小看黄河。我告诉你，我曾经讲过，你们可以藐视一切，但不能藐视黄河。毛泽东生前多次谈起，他有三个愿望：第一个是下放到基层搞一年工业，搞一年农业，搞半年商业。第二个是骑马沿黄河而上到其源头，再从长江源头顺流而下进行考察。第三个是最后写一部书，把一生的事情包括错误和缺点也写进去，并说能够三七开就很满足了。这三个愿望都没有能够实现。骑马走黄河、长江的想法，是1952年10月毛泽东经徐州沿黄河故道西行到开封，当时黄河水利委员会主任王化云向他汇报工作，说到已组织人去考察黄河源头，考察队已经爬过高山，到长江上游的通天河测量了地形和水量。毛泽东听后很感兴趣，说他准备骑一匹白马，用三年的时间走完黄河。1959年4月5日八届七中全会上，毛泽东又旧事重提："如有可能，我就游黄河、游长江。从黄河口子沿河而上，搞一班人，地质学家、生物学家、文学家，只准骑马，不准坐卡车，更不准坐火车，一天走 60里，骑马30里，走路30里，骑骑走走，一路往昆仑山去。然后到猪八戒去过的那个通天河，从长江上游，沿江而下，从金沙江到崇明岛。国内国际的形势，我还可以搞，带个电台，比如，从黄河入海口走到郑州，走了一个半月，要开会了我就开会，开了会我又从郑州出发，搞它四五年就可以完成任务。我很想学明朝的徐霞客。" 连万一中央有什么紧要事情研究都定好，在走黄河的途中随便找一个地方，让中央政治局的成员到黄河边上来开会。可以说是什么准备工作都做好了，可是却意外的中断了，未能达成心愿。这一回你们走黄河的路线就是毛主席拟定要走的路线，你们要珍惜这个机会，完成毛主席的未遂心愿！

我后来查过相关资料，资料记载1960年毛泽东专列过济南，对上车看他的舒同、杨得志说："我就是想骑马沿着两条河走，一条黄河，一条长江。如果你们赞成，帮我准备一匹马。"1961年3月23日，毛泽东在广州又说："在下一次会议或者什么时候，我要做点典型调查才能交账。我很想恢复骑马的制度，不坐火车，不坐汽车，想跑两条江。从黄河的河口，沿河而上，到它的发源地，然后跨过山去，到扬子江的发源地，顺流而下。不要多少时间，有三年时间就可以横过去，顶多五年。”1962年，他的一个秘书调往陕西，他说：“你先打个前站，我随后骑马就去。”1972年，毛泽东大病一场，刚好一点，他就说：“看来，我去黄河还是有希望的。”可见毛泽东对两河之行是认真的向往的热切的。计划本已确定下来，大约准备1965年春成行。1964年夏天，从骑兵部队调来的警卫人员也开始在北戴河训练，并为毛泽东准备了一匹个头不太大的白马。很巧合，毛泽东转战陕北时骑的也是一匹白马。整个夏天，毛泽东的运动就是两项，游泳和骑马。1964年8月5日突发“北部湾事件”，美国入侵越南。6日晨，毛泽东遗憾地说：“要打仗了，我的行动得重新考虑。黄河这次是去不成了。”

哲夫在小浪底工程地下发电厂房

历史会怎样改写

过后我还看到梁衡一篇文章《假如毛泽东真去骑马走江河　历史会怎样改写》，梁衡在文章中对毛主席骑马走长江、黄河作了颇有深意的相关三方面的猜想：

1. 毛泽东打马郑州，沿途所见尽是1958年大跃进留下的半截子工程，还有社员出工不出力的情形。房东悄悄对他说："人哄地皮，地哄肚皮。"他不得不思考大跃进和人民公社为什么使农民对土地的热情下降了。1953年被梁漱溟误会他忘了农民，1958年8月6日晚在郑州看到《嵖岈山卫星人民公社试行章程》如获至宝，8月底北戴河政治局扩大会议正式通过《关于建立农村人民公社问题的决议》。公社遍行全国，河南首其功，信阳首其功。始料未及的是全国第一个饿死人的"信阳事件"也发生在这里。刘少奇说，饿死人这是要上史书的啊。彭德怀说这是"小资产阶级狂热性"。不得不在全国紧急刹车才得以度过难关。

2. 骑马逆流而上去看1958年修建的三门峡水库，以为"圣人出，黄河清"，人定可以胜天，殊不料立马高坡，极目一望，心头狂震，眼前没有看到他想象中的高原明镜，而是一片被泥沙淤填的库区湿地，水雾茫茫，芦花荡荡。下游未得其利，上游反受其害，渭水回高使关中平原和西安市受到威胁。每年16亿吨泥沙，就是再修十个水库，也不够淤填啊！

3. 毛泽东重走西北，亲见水土流失，定会重新考虑中国农业和水利发展的大计。曾几何时，当时的山西省委书记陶鲁笳汇报引黄济晋的雄心壮志，毛泽东引经据典朗朗笑说："你这算什么雄心壮志，你们查一下《汉书》，那时就有人建议从包头引黄河过北京东注入海。当时水大，汉武帝还能坐楼船在汾河上航行呢。现在水都干了，我们愧对晋民啊!”

梁衡由是振聋发聩：多年来我们愧对的岂只是晋民，陕、甘、宁当年曾支撑了中共领导的全民抗战，支持了解放战争的胜利。但是自解放以后就再也摆不脱黄风、黄沙、黄水的蹂躏。晋陕黄河毛泽东曾两次东渡。1936年首由绥德过河东征抗日，留下了《沁园春·雪》，二次由吴堡过河到临县向西柏坡进发并定都北京。因木船太小，跟随他多年的那匹老白马只好留在河西。登上东岸回望滔滔黄水，他激动地讲了那句名言：“你可以藐视一切，但不能藐视黄河。”据他的护士长回忆，毛泽东进城后至少9次谈起黄河，他说：“这条河与我共过患难”，“每次看黄河回来心里就不好受”。“我们欠了黄河的情”，“我是个到了黄河也不死心的人”。

遗憾的是，历史拒绝假设，只有着手改变定格的现状，未来才可以期待。

那么，中国农业水利现状究竟如何，便是我们此行的目的。

黄河入海口

乘动车晚上到济南，宿一夜，次日早餐后即乘车赴东营，到了已经是中午时分。下午去看黄河险工。黄河正值枯水期，河中唯水流一脉，裸现辽阔之河床。我们环围成不规则的一圈，听黄河讲述自己的故事。黄河水利委员会副主任徐乘坦言：这些年，黄河被沿岸索取太甚，以至到了东营之后几乎没有水量了，流速也减缓，泥沙在东营大量堆积。不过，利弊也是相随的，东营的版图也因为黄河泥沙的堆积而逐年在扩大，每年要扩大一个澳门的面积不止。

让人为之吃惊的是，沉静下来的黄河竟可以如此地温婉可爱？暴烈似乎与它无缘。所以我特欣赏新识小友周李立的如下这几句话：“我们历来对黄河修饰太多，阐释过度，在入海口，我才发现我一直被那些繁复华丽的庸词误导。能不能不用形容词去描述一条本来如此的黄河!”透过时光的迷雾我们发现，原本黄河与人一样，发怒时犯浑，淡定时明睿。

东营是共和国最年轻的城市，黄河在这里入海。黄河入海处是清与浊的博弈，黄河进入大海时的情形，泾渭分明，一半以金黄，一半乃澄碧，人间若如是，天下岂不太平。东营湿地名列中国六大湿地行列且排名不分先后。拜黄河泥沙所赐，中国版图不舍昼夜，如大禹治水偷来的那块神奇的“息壤”也似，时时每每，都在这里寸生寸长播种、生长、收获。这种隆重的国土的播种和收获，需要履行一定的国家礼仪，所以在东营随处都铺有红地毯。那是匍匐在湿地上的一种低矮植物，嫩叶可食之，老后，其红如血，团团簇簇，给黄河铺陈起一片华丽的红地毯——浪唱国歌，光晒版图，风吹滩涂，水走红地毯，一切如仪。

东营的海岸边，除了滩涂便是堤坝，堤坝内多卧有丁字型犬牙交错的防波水泥礅，面对由远而近扑面而来的波浪，钝重的十分有趣。认识它们的同时，也不妨认识一下此次黄河采风团领队的三条汉子，无论是谈笑风生长袖善舞的作家团团长高洪波，还是豪气干云语言诙谐的黄河水利委员会副主任徐乘，抑或是为人严谨惜言如金的山东黄河河务局局长周月鲁，鲜明个性都与这些防波堤有一拼，似乎都是些随时准备吃海的牙齿。浪举千钧万钧由远而来，遇牙石而碎之，缓之减之，以护堤防。这里有蝴蝶效应，风起于飘萍之末，若涟漪开去每每会浪势如山。四两之石何以可敌千钧之浪？乃是碎碎平安，碎大为小，化之无形，便可岁岁平安。

团长高洪波在东营观大堤及模型之后，很是感慨，口占二绝曰：根石扎根黄河岸，坦石坦卧黄河滩。垛垛备石如雕堡，只待洪峰战一番。祸福预测真国士，缩龙成寸有高人。黄河模型今在手，数字掌控梦成真。真情实感，跃然纸上，物人一理，社会亦然，值得记取些个。

让东营人颇为自豪的堪为东方白鹳，导游小姐眉飞色舞地戳点着沿途一些电线杆子，告诉大家说：看见那些水泥电杆没有？猜猜看它们是做什么用的？电线杆子自然是拉电线用的呗。导游小姐头摇得拨浪鼓也似，说出一番缘由，让大家很是开眼，心服口服。据此撮要发微博上网，因字数限制，故惜言如金：东方白鹳，全球仅余三千余，濒危者也。东营人戏谑之，称其为三慢，一曰行走缓慢，静以待鱼？二曰神情傲慢，出身高贵？三曰举止怠慢，不怕人乎？初，东营有留居者庶几也，因无高大乔木窠之，于高压电杆之上巢之、雏之。偶遇雷暴，一巢起火，雏鸟两死，父母盘旋其上，三日不去，哀鸣不已。东营人怜之，乃竖水泥电杆上百余，以为鹳鸟之经济适用房也，使候鸟成为留鸟，巢之不去，成为一道傲人风景。

时下正议：以白鹳为市鸟。此人天合一之象，特记之。

我们在东营博物馆见到中国最早的《共产党宣言》印制品，赫然竟错印为《共党产宣言》，著者为马格斯（博友注：陈望道先生翻译的第一个《共产党宣言》全译本，第一次印刷的时候确实在封面上印成了《共党产宣言》——大概是因为太着急了吧？时为1920年，其时中国共产党尚未成立。第二次印刷的时候改过来了。）方知国民党当年并非杜之撰之，实乃依葫芦画瓢，故有“共党”之称……历史含混处，自有关节在焉，实在是有趣的紧了呢！

方知历史实乃吏史也！看那“吏”字，不就是“史”上加了个盖儿么？

泺口险工毛泽东

5月8日赶赴济南山东河务局机关听取山东黄河治理情况介绍，介绍中又提及毛泽东当年来济南视察黄河一事。餐后稍事休息便出发考察济南黄河标准化堤防工程，先看了小清河源头、老徐庄险工15号坝、天桥区河务局办公区、银杏基地，然后便去看泺口险工。

泺口位于济南市北郊，因系古泺水与济水的汇合口而得名，现行河道是清咸丰五年（1855年）黄河在河南兰考铜瓦厢决口改道夺大清河入海形成的。因其位置险要，素有济南黄河防汛“北大门”之称。该险工始建于清光绪十六年（1890年），当时为秸埽坝，后逐步改为石坝。人民治黄以来，对险工进行了3次加高改建，利用黄河泥沙淤背宽105米左右，抗洪能力显著增强。目前，该险工总长度3613米，共有石坝85段，其中：砌石坝48段，扣石坝24段，乱石坝13段。由于砌石坝坝坡陡，稳定性差，1986年开始有计划地改建为扣石坝，现已改建17段坝。多年来泥沙淤积，河道抬升，悬河之势日益加剧，泺口河段河床已高出济南市天桥区地面5米，防洪水位高出11.62米，对济南市的安全构成严重威胁。1996年8月，泺口流量4700立方米每秒，相应水位达到32.24米，为历史最高水位。

当年毛泽东在济南视察时有些重要桥段直接相关今日黄河治理之各种现状，有必要细细记录在这里备考。1952年10月25日至11月1日，毛泽东利用中央批准他休息的时间，出京对山东、河南、平原三省境内的黄河决口泛滥最多、危害最大的河段，进行现场视察。当时陪同毛泽东视察的有中共中央办公厅主任杨尚昆、公安部部长罗瑞卿、铁道部部长滕代远、第一机械部部长黄敬、轻工业部部长李烛尘和汪东兴等同志。10月26日，毛泽东的专列到达山东济南，当时的山东军区司令员许世友特别高兴，他和山东省委书记谭启龙、省长白如冰，早早来到车站等候。毛泽东一到，许世友就首先登车去看望毛泽东。毛泽东见了许世友也很高兴，打趣说：“打进济南府，活捉王耀武。”这两句口号是1948年秋打济南时为鼓舞士气由指挥战斗的谭震林、粟裕、许世友等人提出的战斗口号。许世友听了自然是心花怒放，又增一分亲近。毛泽东笑说：这次出来是休息，看看黄河和名胜古迹，不多打扰你们。

10月27日，毛泽东在当地领导的陪同下，视察了济南历史上决口频繁、灾害严重的泺口险工处。毛泽东站在抗洪大坝上，远眺滚滚的黄河水，沉思良久后发问：这里黄河底比济南城内地面高多少？有人回答：6至7米。毛泽东皱起眉头充满关切之情地交待：要把大堤、大坝修牢，万万不要出事。雨季大水要发动群众上堤防守，必要时军队要上去坚决死守，不能出事。许世友说：服从命令，坚决完成任务。看到堤外大片盐碱地，毛泽东又问：这是什么原因？有人答曰，黄河高堤外低凹，再加小清河多年未疏通，排水不畅，造成耕地盐碱化，种不保收。群众说，“春天一片霜，秋天明光光；豆子不结荚，地瓜不爬秧”。有15万亩地种不成庄稼，群众生活困难。毛泽东说：我深知黄河洪水为害，黄河侧渗也会给人民造成灾害。你们引用黄河水淤地，改种水稻，输通小清河排水，让群众吃大米，少吃地瓜不行吗？显然济南过去不产大米，可现在济南有自己的大米，而且还很好吃，这也是老毛的功劳之一吧？

毛泽东当年看过的泺口险工，是显而易见名副其实的黄河险工，我们今日看到的泺口险工，却是林木葱郁，花红柳绿，游龙逶迤，亭榭楼阁，曲径通幽，游人如织，俨然是一个很红火的旅游景点。堤防内的黄河，水量也十分有限，广阔的河床之中，只有一线浊黄的蜿蜒向东流去，凶险之气一丝也无，温婉之气倒是十分浓郁。但经不起细瞅，细瞅，却会发现构成这些景观的，多是一方方弹药也似抢险用的石料，只是这些石料被巧妙地隐蔽起来，隐藏在景观之中，浑然一体，若不注意，很难发现。平时，是可供市民赏玩的景观，汛期，则是抢险用的石工。让人不得不慨叹黄河人感情的细腻与巧夺天工的匠心，竟然将一个如同战场也似凶险莫测的黄河险工，修筑得固若金汤，藏起凶险自己扛，铸剑为犁，给百姓一片祥和美好。也难怪临岸之处，竖起长长大大一块巨石，边角上还画了两个金色小人，远望去，有同行朋友以为是WC的标志，忙着跑过去想行个方便，不料却被自己迎头堵了回来，赧然笑曰搞错了，那两个金色小人竟是中国古代的大名人。徐乘副主任大大方方毫不讳言解颐道：呵呵，好多人都闹过这个误会，那两个小人画的其实是鲁班。过去“鲁班奖”是建筑行业性荣誉奖，属于民间性质。后来“国家优质工程奖”与“建筑工程鲁班奖”合并，奖名定为“中国建筑工程鲁班奖”，山东黄河河务局的泺口险工和济南黄河标准化堤防工程建设荣获了2009年的“鲁班奖”，这已经成为了他们的一张名片，这石头也成了一道风景。

徐乘一说，大家都跑到巨石下拍照，溅起欢声笑语一片。

冀鲁豫纪念碑

5月9日出发赶赴菏泽。此行不是去看牡丹，而是考察刘庄险工和高村险工以及黄河历史文化苑碑林，参观了冀鲁豫解放区黄河水利委员会纪念碑。此碑系为纪念黄河水利委员会成立60周年而立。短短几年，该纪念碑已成为菏泽市一道知名景观。此碑记录有中华民族黄河治理一段划时代的历史：中国历朝历代都有河官，但大都是在黄河下游做修防工作，没有统一的治河机构。直到1933年国民政府才成立了黄河水利委员会，也不过是旨在“掌握黄河干支流兴利防患事务”，李仪祉任委员长。1938年日军入侵中原，开封和中牟先后失守，举国震惊。为阻止日军西进，蒋介石不惜“以水代兵”，下令扒开黄河大堤。

地点首选中牟县境内赵口大堤，因赵口大堤流沙太多，扒之不易，此时国民党新八师师长蒋在珍提出改花园口决堤，被采纳并得赏金2000元。蒋在珍掘堤前先把花园口一带群众驱逐到5公里以外，选出精壮士兵800余名，分5小队日夜轮流扒堤。6月9日上午9时许决堤成功，浊流腾空奔涌，汹涌澎湃，经由中牟、尉氏沿贾鲁河奔流南去。唯恐决口太小，蒋在珍又调来两门平射炮连射六七十发炮弹，使决口扩大至370米，汹涌黄水居高临下，一泻千里。堤脚下的邵桥、史家堤、汪家堤和南崖4个村庄霎时被洪水冲毁，荡然无存。口门外被冲刷成深13米、方圆2500多亩的深潭。洪水沿贾鲁河、颍河、涡河等河道向东南漫卷，由十几里扩展到100多里宽，在人口稠密的大平原上横冲直撞，而后在正阳关至怀远段涌入淮河，是为夺淮。黄水入淮后，又溢出两岸，继续泛滥，形成史无前例的人为的黄河大改道。

黄河改道后，故道干涸，沿岸群众只好在河床开辟耕地，建设家园，陆续迁入40万人。中国共产党领导广大群众，在黄河故道地区开展抗日游击战，建立了冀鲁豫和渤海两个抗日根据地。1946年初，国民政府欲堵复花园口掘口口门，让黄河回归故道，其中的意图之一是想水淹解放区。当时新中国还没有成立，为应对新的黄河防洪形势，抓紧抢修黄河故道堤防，冀鲁豫解放区即时成立了黄河水利委员会，开启了人民治理黄河新纪元。当年5月，冀鲁豫和渤海两解放区政府动员40多万民工，南岸是国民党，北岸是共产党，一手握着枪，一手拿着锹，一边开展黄河的复堤抢险，一边进行解放区保卫战，景象十分殊异。

1947年3月15日，终于使花园口堵口工程合龙，黄河水全部向故道流去。

资料说1952年10月28日下午，毛泽东曾到徐州专门看过废黄河，当时的徐州市市委书记等人前来迎接说：事先不知道，没有准备。毛泽东立即说：我就爱听没准备的汇报。在汇报中，毛泽东不断提问，大家感到很亲切，都畅所欲言。毛泽东说：这样好，了解问题比较真实透彻。他还说：这次出来是休息，看看过去黄河故道，它是经过徐州入海的，不想多打扰你们。次日毛泽东登上众山之首的云龙山顶，居高临下环视全市，说：过去黄河流经这里700多年，泥沙淤积很多，夏秋季节常常决口泛滥成灾，给群众生产、生活造成极大灾难。乾隆皇帝四次前来视察，研究治理黄河问题，由于各种原因，他治不好黄河。现在解放了，人民当家作主，市委应当领导人民，把穿城而过、飞沙刮起的黄河故道治好。要变害为利，山上山下、城市道路两旁都要多栽树，防风固沙，改善人民生活环境……

黄河采风团在山东菏泽冀鲁豫黄河水利委员会纪念碑留影

新中国成立以来，黄河大堤已4次整修，土方量相当于15座万里长城。创造了伏秋大汛岁岁安澜的奇迹。被称为“悬河头、华北轴”的郑州沿黄大堤，近年来已成黄河一景。过去黄河干流上没有一座水库，如今有18座水库横亘黄河沿线，仅发电装机容量就达1700多万千瓦。历史上受黄河水害最重的下游两岸大地，如今成了受黄河惠泽最厚的地区，每年有100多亿立方米黄河水滋润着3900多万亩农田。在山东，一立方米黄河水，就能增产一公斤粮食。迄今为止，黄河以占全国2.2%的天然径流量，滋养着全国12%的人口，灌溉着全国15%的耕地，还为沿岸50多座大中城市供水，并支撑着流域内石油、煤炭等工业。

“人民治黄60年，是一部除害兴利，造福华夏的历史，这一时期取得的巨大成就，是中国历史上任何一个时期都无法比拟的。”借黄河水利委员会原主任李国英的话说，此碑：“对回顾在中国共产党领导下人民治理黄河事业艰苦奋斗、不断前进的发展道路，缅怀人民治理黄河事业的奠基者、开拓者们以及老一代黄河人在黄河治理开发与管理中立下的不朽功勋和丰功伟绩，对于继往开来，推动黄河事业继续向前发展具有十分重要的意义。”

这“老一代黄河人”当中，大约也能包括汉武帝和司马迁吧？

汉武帝和司马迁

此行虽然没有去瓠子堤和宣防宫遗址看看，对这一段掌故却也了然于胸。宣防宫遗址位于滑县老城北5公里苗固村西侧城北瓠子堤，遗址已被砖窑取土挖平。史志载宣防宫就在苗固天台山。清代诗人成朝彦诗曰：滑台城外色苍苍，回溯千年忆汉皇。致祭波头沉璧马，负薪河畔命冠裳。淇园竹下鱼龙伏，瓠子口填稼穑忙。数大残堤留不朽，往来似指旧宣防。

从古至今，黄河“善淤、善决、善徙”，有记载的决口1590次，改道26次，水患北抵京津、南达江淮，故尔历朝历代的帝王将相，都把治理黄河当成治国安邦的大事，不敢稍有懈怠。我在《黄河追踪》一书中引用过1933版《我们的世界》的一段描述：“有山东半岛为渤海和黄河的分界，这部分的中国是多山的，只除开黄河的流域，因为从前黄河是向南流入黄海的，但到1852年，它忽然改道了，而从这小小的事件上，可见洪水在中国的意义上就是洪水。我们若要懂得黄河改道是怎么一回事，就只消设想莱茵河决意要流入波罗的海，或塞纳一马恩省河决意要流入比斯开湾一般，自从17世纪之末以来，黄河已改过10次出口，那么它现在走的路是否稳定，我们也是没有把握的。在别的地方可用防河溃决的堤坝，对于像黄河、扬子江的河流却都用不着，因如1852年被黄河溃决的堤本来高到五十尺，而却像一张马粪纸一般被穿破了。”书的作者房龙是个美国藉荷兰人，这个外国人为全世界的孩子们写了许多书。那时他就明白，自然很伟大，人类很渺小，地球不属于人类，人类属于地球。

明白这个道理的人，在中国似乎并不是很多。但我以为，至少汉武帝和司马迁，似乎可以算是两个类似的明白人。证据如下。史载汉武帝元光三年（公元前132年），黄河今河南省濮阳县西南（瓠子）决口，“东南注巨野，通于淮泗”，16郡受洪灾。汉武帝刘彻亲自主持了规模宏大的瓠子堵口，将白马、玉璧沉于河中以祭河神，并作《瓠子之歌》二首：

其一：“瓠子决兮将奈何，浩浩洋洋兮虑殚为河兮地不得宁。功无已时兮吾山平，吾山平兮钜野溢。鱼弗郁兮柏冬日，正道弛兮离常流。蛟龙骋兮放远游，归旧川兮神哉沛，不封禅兮安知外。皇谓河公兮何不仁，泛滥不止兮愁吾人。啮桑浮兮淮泗满，久不反兮水维缓。”

其二：“河汤汤兮激潺湲，北渡回兮迅流难。搴长茭兮湛美玉，河公许兮薪不属。薪不属兮卫人罪，烧萧条兮噫乎何以御水。颓林竹兮揵石菑，宣防塞兮万福来。”

正当壮年的司马迁，恰好也参与了负草堵口治河的工程。他后来把这次黄河堵口工程与大禹治水相提并论，开宗明义曰：“甚哉，水之为利害也!余从负薪塞宣房，悲《瓠子》之诗而作《河渠书》。”此书从大禹治水说开去，一直记述到汉武帝时代黄河瓠子堵口。过去塞河工程被称为埽工，即草工，先在决口处以竹为桩密密地夯入地基，然后填塞柴草、土石，以堵决口。《河渠书》备细记述，为后世堵口子提供了技术依据。如今，虽然埽工，也就是草工，变成了石工，但个中的原理，还是大同小异，其技术在今天仍然发挥着它的作用。

汉武帝为治水曾筑宫于瓠子堤上，名曰“宣防”，渗土堵决成功后，东郡长达23年的水患得到扼制。后人备极赞美《瓠子》诗，尤其“宣防塞兮万福来”一句，感人至深，极富民本主义思想。虽然后来黄河自然迁徙，瓠子处成黄河故道，但宣房遗址犹存，后人仍络绎凭吊。

三国时代的魏国人应玚有《灵河赋》一首，赞之曰："……有汉中伟业兮，金堤溃而瓠子倾。兴无乘而亲务兮，董群侯而来营。下淇园之丰筱兮，投璧玉而沉星。"

唐代诗人高适也有诗云："……天子忽惊悼，从官皆负薪。畚筑岂无谋，祈祷如有神。宣防今安在？高岸空嶙峋。我行卷西湍，缀棹将问津。空传瓠子歌，感慨独愁人。"

凡此种种，不一而足。何故也？盖因汉武帝是个类似房龙那样的明白人，虽然明白的程度不同，但在中国两千多年的封建社会中，帝王亲率臣民堵黄河决口者，放眼古今，仅此一人尔。至于司马迁的明白恰如翦伯赞先生所言："即以世界规模研究中国历史"，佐证这一点的是1957年这位早就明白"水之为利害也"史学大家，即被联合国命名为"世界历史之父"。

据此想来，贵为汉武帝，名高司马迁，亦不过老一代黄河人而已。

毛泽东和王化云

镜头回放，在菏泽也就是一掠而过，下午3时，即赴郑州。

郑州是黄河水利委员会的所在地。1946年黄河水利委员会先于新中国成立，可为一个好兆头，也说明了黄河在中共眼里的地位何等尊崇。王化云乃首任黄河水利委员会主任，也即是中共任命的首位河官。王化云者，今河北馆陶人也。1935年毕业于北京大学法律系，当过县长、处长，是个有过历练的人。新中国成立后，历任水利部副部长兼黄河水利委员会主任、河南省第五届政协主席之职，是第一至六届全国人大代表。这是一个外行变内行的特殊范例。他刻苦学习、钻研、实践治黄业务，先后提出了"除害兴利、综合利用"、"宽河固堤"、"蓄水拦沙"、"上拦下排"等治黄措施，是人民治黄历史上最为重要的人物。

既然到了郑州，自然少不了去黄河水利委员会机关与委领导以及有关方面负责人座谈。意外收获是座谈会的地点是在设施很是现代化的黄河水调中心。黄河水利委员会副主任徐乘笑呵呵地告诉大家说，此中心乃专为黄河防汛而建，竣工后投入使用也没有多久。如今的黄河已经不是蜿蜒于大地之上的黄河，随着科技的进步，黄河已经一而二、二而三，由“原型黄河”派生出了“模型黄河”和“数字黄河”，三条黄河已经实现了名副其实的联动。每年黄河汛期紧急时，中央领导人每每会来坐阵指挥，也就坐在你们坐的地方。大家听了都偷着乐，窃喜不小心竟然当了一回中央领导。透过巨大的液晶电子屏幕墙，可见亮着不同标志灯的黄河，蜿蜒如游龙，俨然是被黄河人捉来当宠物养在了墙上，其须眉触角，巨细稍有异动，便会历历显示在墙上。居此煌煌一室，不仅可以舒舒服服轻轻松松地统览、了解、掌握、遥控、指挥黄河上游、中游、下游各个河段的调水、防汛、水情等情况，还可即时交换意见，甚至彼此开开玩笑什么的，千里之隔，如晤当面，让人不得不为黄河管理的现代化信息化自动化而欢欣鼓舞。

我曾在看过长江三峡工程的宏伟与现代化之后，胸臆间油然有“人定胜天”、“天上没有玉皇，海里没龙王，喝令三山五岭开道，我来了”的浊气上涌，连忙努力克制一回，腹诽半晌，放了一个响屁出去。现在的感受类似于那时，此情此景极易滋生大人类意识，无端产生睥睨一切的勇气，忘记了曾几何时的惴惴不安，而作出自以为是的错误决定，例如大跃进、三门峡工程、“文化大革命”之类。这是举凡人类都会有的通病，或曰痼疾，抑或是顽症，纵观世界历史，这种因大人类意识而导致的错误决策，可谓比比皆是，并不仅仅局限于毛泽东一人。

有资料记载，1958年10月30日早上6点，王化云等人面见毛泽东的情形。从对话中可以看出，作为一个这样的开国领袖，置身这样的氛围之中，想不豪迈几乎是不可能的。

毛泽东当时问黄河水利委员会主任王化云的名字是哪几个字？并幽默地说：半年化云，半年化雨就好了。毛泽东问王化云邙山水库为什么不修了，王化云摆出地图，汇报了改修三门峡水库的理由以及治理黄河的初步方案。在汇报中，毛泽东不断提出问题。当王化云谈到打算在黄河干流上修建一批大水库时，毛泽东问：大水库坝址你都去看过吗？并问这批水库能用多少年。王化云说：据不完全资料估计，即使不做水土保持，不修支流水库，也可用300年。毛泽东进一步追问：做好水土保持和支流水库呢?王化云乐观地说：用1000年是可能的。

毛泽东很受鼓舞笑了，大手一摆说：不到300年我们解决了。这时毛泽东问到了世人瞩目的三门峡问题：修三门峡的四个方案，你主张哪个?王化云说：大坝修到360米最好。

王化云在汇报中积极主张建大库，蓄水要达300多亿立方米，认为这样可以更好地进行水土保持。王化云在汇报中总想让毛泽东把修建三门峡的事定下来。虽然毛泽东对王化云的工作汇报比较满意，但仍然一边吸烟一边沉思着，很慎重地表示拒绝说：回去再研究。

毛泽东问：将来黄河通航能到哪里？王化云说：整治河道后可通到兰州。兰州以上目前没有资料，也没考虑。毛泽东又问：从长江通天河引水怎么样？王化云说：根据勘测资料，可引100亿立方米水。毛泽东有些不满意，感叹道：为了开发西北资源，100亿立方米水太少了。

接着又谈起水土保持工作。毛泽东问：除封山育林、植树造林、修大中小水库蓄水拦泥外，治沟怎么样？王化云说：西北水土流失，沟壑很多，仅内蒙古托克托到山陕龙门之间，黄河两岸就有600多条，差不多一公里一条，这就需修几千个拦泥坝或小水库，才能解决问题。

毛泽东豪迈地说：不止几千个，要修几万、几十万个才能解决。

黄河涨上天怎么办

餐后没有休息便去郑州市北12公里处，考察大河村遗址。很大一处地方，已发掘出房基30多座，建筑方式各异，有着明显的时代特征，包含仰韶文化、龙山文化、商代文化三个不同历史时期的内容。一号房基墙壁高达1米，距今约有5000年历史，属新石器时期仰韶文化晚期建筑，为目前国内该时期仅存房基。文化层深达4~7米，出土文物有红陶黑彩、白衣彩陶等。彩陶片绘有各种天文图像，如太阳纹、月亮纹、星座纹、日珥纹等，据称对研究仰韶文化农业和古代天文学的关系，具有重要意义，似乎有些夸张，惜乎也太过专业，令我兴趣索然，也就走马观花一回，便先自跑出去在馆外抽烟，静候大队人马出来。

随行人员告诉我说，现在人们引用的“黄河涨到天上怎么办”的话，是以讹传讹，是不正确的，毛泽东当时并不是这么说的。我为此查过资料，发现确实有所不同，但大意是差不多的，只是具体说法不一样。资料上说，那天，王化云与毛泽东谈到凌晨8时，毛泽东邀请大家一起吃早餐。吃过早餐后毛泽东要王化云展开黄河地图谈黄河治理情况和开发意见，火车也开动起来。王化云向毛泽东汇报了黄河下游连年大修堤，对险工由秸草坝改为石坝以及防汛抢险的紧张情况，还汇报了中游的水土保持工作、干支流的调查研究，提出根治黄河的规划意见。为了避免近期洪水灾害，打算修建郑州邙山水库或三门峡水库等。王化云当时还讲了在三门峡流行的一段民谣：“道光二十三，黄河涨上天。冲走太阳渡，捎走万锦滩。”

10点多专列停下，毛泽东走上黄河大堤，坐吉普车开到东坝头上。有人汇报说，这儿就是1855年(清咸丰五年)铜瓦厢村决口、改道的地方，决口前，大河由此流经商丘、徐州入黄海，流过700多年。铜瓦厢决口后，从此改道夺济河流经山东济南，由利津入渤海。

王化云说：当时决口的原因，一是清朝的腐败，二是社会环境混乱，太平军已过来……

毛泽东说：那时太平军还没过来吧？吴芝圃上前说：太平军是清咸丰二年(1852年)到河南的，正是社会混乱时期。黄河决口的原因，附会说是太平军扒的，尚需考证。

毛泽东说：这座大坝作用可不小，可要修牢。又问王化云什么叫“埽”，王化云说：埽的形式小一些，作用和坝基本相同。古书上说：“埽者扫也，御溜外移也。”毛泽东问：过去的治河古书，你都看了吗？王化云回答说：为了向前人学习，看了一些。

毛泽东说：1947年3月15日，蒋介石为了配合军事进攻，堵住黄河花园口，想水淹解放区。我们发动人民，抢修堤防，保住了解放区的安全，已有5年黄河没开口了。以后再把堤防修得好一些，黄河就不会开口了吧？稍许停顿后又问了句：黄水涨上天，能挡住吗？

这便是“黄河涨上天怎么办”的原始出处，细察，大意并没有错。地方人员说：两岸1400多公里沙堤，又是“悬河”，抗大洪水入海，实在危险！王化云说：还得在上边修水库，拦蓄洪水，加上下边河道排水，战胜洪水才有希望。有意思的插曲是，有个农妇认出了毛泽东，当时中苏亲如兄弟，斯大林与毛泽东是秤不离砣，所以农妇就问：“毛主席，你来了，斯大林咋没来呀？”众人听罢大笑，毛泽东笑着上前握住农妇的手说：“斯大林比我忙，路也远，这次没来，下次我和他一块儿来看您吧！”这个插曲让毛泽东心情大好。

过后毛泽东继续往下看险工坝埽。一直看到杨庄最后一道防洪坝。毛泽东走到下边广阔的河滩地，看着淤积地里的泥沙问：这土是西北黄土高原冲下的吗？一年能冲下来多少？王化云回答：都是上边冲下来的，平均一年冲下来16亿吨，破坏了西北黄土高原的生态。其中有4亿吨粗沙，先沉淀在下游河道里，造成“悬河”，常常决口成灾；还有12亿吨细沙好土，随水冲进大海，并淤起了河口三角洲，还年年扩大。

王化云还很有见地地说：从长远看，根治黄河，光修堤不行，必须在西北黄土高原发动群众，因地制宜，大力推行植树造林、种草，缓坡修梯田，再加修建大中小型水库。既控制泥沙，发展当地生产，提高人民生活，又能使下游不淤、黄河不决口，达到根治的目的。毛泽东说：好，就这样办。

回到专列上已是下午1点多，开始吃午饭，12人分3桌进餐。毛泽东喊王化云坐到他的身边。毛泽东说：还是我请客，共饮一杯葡萄酒。饭菜很简单，一小盘鱼、一小盘鸭蛋、一盘青菜、一碟红辣椒、一盆汤。饭后没休息，毛泽东问王化云黄河源的情况。王化云说：我们6月组织了河源考察队，由办公室副主任项立志、工程师董再华带队前去。接着，王化云又向毛泽东汇报了黄河源头的地形、水量勘测的情况和草原藏民的情况。当他讲到查勘队还爬过高山、到长江上游通天河、测量了地形和河水流量时，毛泽东幽默地说：那是唐僧、猪八戒去印度取经走过的地方，你们去干什么？杨尚昆插话说：我们有支红军，长征时也曾渡过通天河。据说，也正是王化云的这个话头，引起了毛泽东骑马走黄河的兴趣，毛泽东当时便萌生了要骑一匹白马，用三年的时间，走完黄河和长江的念头。

三条黄河向东流

接下来我们去参观郑州的模型黄河试验基地。在一间穹顶很高占地面积很大的建筑里，河道模型按黄河比例缩微，长500多米，宽36米，有树有草，有滩有河，有山有谷，地形地物，高低起伏，水沙分布，几可乱真，俨然就是地上黄河区段的缩微版。不必亲临黄河便可直观看到小浪底水库以下300多公里的游荡性河段在不同水文条件下的河势变化。

直接参与设计的黄河水利委员会主任李国英介绍说：“原型黄河”

就是自然界中真实的黄河，“数字黄河”则是借助全数字摄影测量、遥测、遥感、地理信息系统、全球定位系统等现代化手段采集数据，并通过现代化传输手段，把黄河“装进计算机里”，从而模拟、分析、研究黄河自然现象，探索其内在规律。该工程于2001年启动，建设期为5年，主要包括防洪、水土保持、水量调度、水质监控等系统。目前，一部分调度系统已开始启用，而“模型黄河”则以相似性原理为依据，按照一定比例缩小的黄河模型，也就是“实验室里的黄河”。

之前，我看过李国英一篇《建设“模型黄河”工程》的文章，文章中全面阐述了构建完整“模型黄河”的构想，包括黄土高原模型、水库模型（提出三门峡库区治理方案、确定小浪底水库运用方式、拟建水库的淤积形态设计、优化中游水沙调控体系的联合运用机制等）、河道模型（分析研究河床演变规律、确定河道整治方案、提出适宜下游河道排沙入海的小浪底水库调水调沙方案、河道洪水演进、洪峰流量及洪水位预报、滩区淹没范围预报等）、河口模型（分析研究河口演变规律、提出河口治理方案等）。

水利部考评专家组对此也有高度评价，认为这是一项以解决黄土高原水土流失控制的重大共性科学问题与关键技术为目标，针对黄土高原水土保持生态建设和黄河治理开发等工程实践的重大需求，开展水土流失过程与机理、水土流失模拟理论与预测、水土流失控制理论与技术、水土流失监测评价新技术新方法等应用基础研究和工程应用研究，取得了丰硕的成果,研究目标明确,对黄土高原水土保持生态建设和黄河治理研究具有重要的现实意义。

三条黄河联动,首先是从水文气象预报开始,借助“数字黄河”的水文泥沙测验、河道观测、水库调度方案调算,以及“原型黄河”中的泥沙扰动、人造洪峰控泄,再加上“模型黄河”的下游河道冲淤量等多种试验同步进行,互相支持。在调水调沙试验中,当黄河中游实际发生洪水时,技术人员还可即时启动数学模型进行调度比较,修正调度方案。之所以小浪底调水调沙屡获成功，并非空穴来风，而是先在“数字黄河”与“模型黄河”中进行过多次水沙调度模拟试验之后，获得大量参考数据，确保万无一失，才正式启动的结果。

然而，小浪底的调水调沙可否彻底解决黄河淤高问题呢？答案却并不是很乐观。著名黄河水利老专家张光斗如是说：三门峡水库曾经使我们吃了大苦头，原设计的蓄水位可到360米，现在连330米都不行，三门峡只好改建了，发电机组也减少了。小浪底工程吸取了三门峡的教训，问题会少一些的。三门峡枢纽经过两次改建并改变水库运用方式，潼关渭河入黄高程有所降低，大致稳定在326～327米，不再顶托渭河，淤高情况肯定还有。

炸开口子能如何

5月11日从郑州出发到黄河花园口。紧靠全长5550米的黄河公路大桥，距市区18公里处的花园口，我不止一次来过。过去这里没有人烟，因宋代在此建闸治水才逐渐形成村落。相传明朝嘉靖年间有个名叫许诗的工部主事，一说是吏部尚书许赞，在此修建了一座面积达540亩的大花园，奇花异卉满园，经年盛开不绝，远近男女争往游览，渐成渡口。后因黄河决口改道，花园成河道，仅留渡口，故称之为花园口。20世纪80年代，随着郑州黄河公路大桥建成渡口永远消失，只留下花园口这个地名。知道花园口的原本相对十分有限。只因1938年6月国民党军队在此炸毁花园口大堤，制造了震惊中外的“花园口事件”，使这个默默无闻的所在，一夜之间名动天下，成为烙刻在中华民族历史上一个悲壮而又耻辱的印记。

站在河堤上放眼望去，只见一弯辽阔处，浅浅流淌有一片混黄，与印象中汹涌澎湃的黄河，几乎没有连带。万亩沙荒的河滩地种上了庄稼和果树，红红绿绿的好看。只有将军坝、铁犀牛、界碑、纪念碑、八卦亭、沙滩浴场等新老景点，无声地讲述着黄河的变迁。倘若有桃花源中人不知有魏晋，却一定知道黄河，见了这样的黄河，一定会诧异：这是黄河吗？

资料说，1958年7月17日花园口出现了22300立方米每秒的洪峰，为1919年有水文实测记录以来最大洪水，河南山东两省动员200多万军民投入堤线防守和滩区群众迁安救护，广大军民斗志昂扬，提出“人在堤在，水涨堤高”的口号，经连续10昼夜奋战，战胜堤防渗漏、蛰陷、脱坡、裂缝等险情130多处，险工险情12处，终于战胜了洪水，在治黄史上留下光辉灿烂的一页，也说明新中国成立初期黄河的水量还十分充沛。从1958年7月17日上溯20年前的1938年6月9日，相差天数不足一月，虽然尚未到汛期，黄河水量也是汹涌澎湃的。

据参与掘堤的原国民党新八师参谋熊先煜1989年自述文章称：“最后选定在关帝庙以西约300米黄河弯曲部掘堤。我们面对波涛汹涌的黄河跪下放声大哭。耳闻隆隆炮声，心急如焚，日以继夜，猛掘不止。还召集了附近百姓协助，河堤上军民混杂，人山人海。武汉统帅部每隔一小时便来电话催问决堤进度，希望能早一刻放水。6月10日凌晨，阴云翻滚，天光暗淡，至10时突然暴雨倾盆，竟日不停，实乃天助。这场大雨有利于决口，洪水最终冲垮两道决口之间50公尺的长河道，满河大水倾泻而出扑向千里平川……”

后人多有不知痛痒者，洋洋洒洒说，花园口决堤形成赤地千里黄泛区，迫日军止步平汉路以东，使唐、白河流域及汉水中游得以免遭铁蹄践踏。亦使第一、第五战区，分别得以在洛阳、老河口立足，与江南诸战区遥相呼应。若单纯从军事角度去讲，花园口决堤乃是我国处于经济、军事、科学、工业全面落后的情况下，面对强敌不得不采取的“断臂图存”之举。

然而“断臂图存”的代价却是：“水势所至，庐舍荡然，罹难民众，不知凡几。洪水所致，澎湃动地，呼号震天，其悲骇惨痛之状，实有未忍溯想。间多攀树登屋，浮木乘舟，以侥幸不死，因而仅保余生，大都缺衣乏食，魄荡魂惊。其辗转外徙者，又以饥馁煎迫，疾病侵寻，往往横尸道路，亦九死一生。艰辛备历，不为溺鬼，尽成流民。花园口下的中牟首当其冲，全县三分之二陆沉。幸存的难民扶老携幼，纷纷出逃，郑州附近，集难民数千，食住皆无，情景堪怜。县西北十余里的沙窝地方，集有难民二千余人，十数日来，树皮草根已食之将罄，幸派出三人求救，否则再有二三日，恐全部饿毙矣……因之卖儿鬻女，率缠号哭，难舍难分，更是司空见惯，而人市之价日跌，求售之数愈伙，于是寂寥泛区，荒凉惨苦，几疑非复人寰矣！”路透社电讯称：“目前黄河水灾，恐将成为中国有史以来最严重之浩劫。”

据国民党行政院善后救济总署统计：豫、皖、苏 3 省44县受灾，3911354人外逃，经济损失10.9176亿元。5.4万平方公里受灭顶之灾，1250万人流离失所，89万人死于滔滔黄河之洪水。黄河改道达 8 年零 9 个月，黄水淤塞水道，满溢湖泊，阻断交通和航运，沙湮良田，生态恶化，形成穿越豫、皖、苏 3 省44个县的黄泛区。大量泥沙被带入淮河流域，致使淮河连年发生水灾，一遇较大洪水就决堤成灾，泛区内人民颠沛流离，无家可归。

倘若黄河似当下，就算炸开口子，又能如何呢？

借点水来也是可以的

那天，王化云向毛泽东汇报时，曾有所抱怨地说：黄河水少，将来建设西北、华北怕水不够用，打算引长江水入黄河。毛泽东当时表示赞同说：“长远打算好。南方水多，北方水少，如有可能，借点水来也是可以的。”历史上不满足于黄河水少而打长江主意的大人物，除汉武帝刘彻外，还有孙中山、毛泽东这些人。事实上，与现在相比，那时黄河的水量，要比现在大得多。如果能够不浪费不破坏，整合资源，合理调配，也是完全够用的。这也说明了人的无厌，吃着自己碗里的，看着别人锅里的，纵令伟大如毛泽东，也未能免俗。不过有一点是大家都知道的，毛泽东生前也只是说说，而动真格的，却在毛泽东的身后了。

那年毛泽东还提出要去看“悬河”。王化云说：到开封柳园口就可看到。下午3点专列到开封站。汽车开上柳园口大堤。站在大堤上，毛泽东环顾四周，仔细揣度，说：真是“悬河”！

又问这里黄河底比开封城内高多少，王化云说：高出6~7米，洪水时更高。吴芝圃上前说：历史上开封城被黄河洪水淹没过5次。明崇祯十五年(公元1642年)淹得最苦。全城37万人，葬身鱼腹的达34万人，仅有3万人幸免。原来铁塔建在土丘上，现在土丘和第一层铁塔，均被黄河泥沙淤没。毛泽东郑重地说：要把大堤、大坝，切实修牢固，大水时有危险，党政军民一齐上，万万不能再出事。

毛泽东看到堤坡上青草长得很好，弯腰拔起一根问：这是什么草?袁隆就把当地群众编的顺口溜念给他：“堤坡种上葛巴草，不怕雨冲浪来扫”。毛泽东说：喂牛也是好东西。下堤走到黄河边，又问：这黄黄的水，有多少泥沙？王化云说：平常每立方米水有3公斤左右泥沙，洪水时每立方米水含泥沙数百公斤，最高达到700至800公斤，世界没有，所以黄河最难治。

毛泽东点头，又看到渡口修船的，便走过去上到一艘大木船上，关切地问工人这大船需多少人开。舵工说：后边1人掌舵，前边1人测水，两边各8至10人冲船或拉船，有风拉起帆来省气力。毛泽东说：装上机器可省劳力，行吗？一位壮年工人站起来说：机器那玩艺没见过，我们这只大木船，现在运石修坝，刘邓大军过河时，上过一团人。前边架起机关枪和炮，蒋介石的飞机猛轰炸，我们不顾一切。解放军枪炮一齐打，我们使劲冲船，不到一个钟头就冲到南岸，把国民党军打败了，还活捉了一个军长呢!

毛泽东笑道：好呀，你们过去支援解放军，打败蒋介石立了功，现在运石头，为黄河修坝不决口、保卫家乡再立新功。船工们听了很高兴，但却都没认出毛泽东。

31日早晨5点多钟，天还没有亮，王化云随张玺、吴芝圃、陈再道赶到专列。毛泽东已经坐到专车客厅里，临行吩咐：要把黄河的事情办好。专车开出后还亲切地向送行人员招手。王化云回到郑州曾对同事表示对自己不满，说：在火车上向主席汇报了三个多钟头，主席问得很细，我回答的有些估计，根据不足，心中有些不安，咱们还要深入调查研究。

个中意味，若细细品嚼，则十分深长。

胜利之前是人民

那天，我们看过花园口之后，便乘车去武陟县看人民胜利渠。人民胜利渠是黄河下游兴建的第一个大型引黄自流灌溉工程。工程于1951年3月开工，1952年第一期工程竣工，经续建、扩建，总灌溉面积达88.5万亩。受益范围涉及武陟、获嘉、新乡、原阳、延津、汲县和新乡市郊区。1952年10月31日上午10点多钟，毛主席来到人民胜利渠渠首，向来迎接他的原平原省委书记潘复生、省政府主席晁哲甫、省军区司令员刘致远说：人民胜利渠，这个名字好，我今天就是来看这个人民胜利渠的。人民胜利渠渠首第一任领导人——在太行山打过游击的老首长乔登云同志，当着毛主席的面吟诗一首：抬头是邙山，低头是河滩。大风黄沙刮过来，光想埋住俺。毛泽东风趣地说，埋住你？和它斗嘛，斗的法宝是两个字：绿化。

总以为与天斗其乐无穷，与地斗其乐无穷，与人斗其乐无穷，一生好斗的毛泽东，抛出的斗争法宝，会是刀枪剑戟甚或是热核武器，殊不料却是如此和顺通达的“绿化”二字，其温良润泽足以可自然之意。倘若人定胜天以此二字为内核，那人类和自然便真的有福了。

毛泽东的兴奋，大约是因为，从古迄今，人民与胜利联带，殊为不易。恰似绿化和水土的关系，举凡绿化好的地方，水土也多是好的，因为树可以蓄水，水土可以养树。50多年来人民胜利渠灌区淤地改土9万多亩，累计引水316亿立方米。截至2008年底，灌区为工农业增加社会效益250多亿元，是国家投入资金的200余倍。然而也不是一帆风顺，80年代后期胜利渠哭声不断，呼救声不止，不仅渠水受到严重污染，渠道破坏不堪，更为严重的是渠上的百里绿色长廊60%以上被毁掉，甚至连周遭的一道道防护林带也被砍光。

胜利葬送在谁的手里？让人啼笑皆非的是，毁坏这些树木的却是百姓。这是80年代一个很普遍的现象，类似大跃进期间，人有多大胆，地有多大的产。套用过来便是，你敢开多大个政策口子，我就敢有多大暴富的胆量。潜移默化的是，胜利渠还是那个胜利渠，只是人民却已经不是那个人民，成为百姓了。百姓也不再是百姓，而成为以贫富分野的几类人了。

不过，那已经是定格于上个世纪的事情了。呈现在我们眼前的胜利渠朴实无华，显得有些落寞。从黄河的水量分析，也许是因为黄河水量较20世纪50年代时大为不如，要想完全满足农田供给的需要显然已经不大可能，原设计的自流灌溉功能是否也因此大打折扣？渠道中的水只有混浊而平缓的一湾，而且自80年代之后，再也没有人敢于像过去那样，从渠中掬起一捧水便喝下肚去。曾经的救命水已经被严重污染成为劣五类水，不加处理，连浇地都没有资格，能浇死果树和庄稼，污染粮食，似乎只有被旅游被参观的份儿了。

这是1952年10月31日的毛泽东做梦也不会梦到的。那天毛泽东的专列到达黄河南岸车站。毛泽东下车登上邙山，眺望着滚滚黄河，然后下山去看人民胜利渠。在大闸管理处，毛泽东问：谁在这里管理?乔登云回答道：组织上让我在这里负责。毛泽东说：把闸门打开进水看看行吗?乔登云说：主席，现在这里还没电，没机器，开闸都是人摇。毛泽东说：那咱们大家一齐去摇开吧。大家齐努力，很快把闸摇开，黄河水滚滚入渠，有泥沙却干净。

毛泽东点起一支烟，注视水流良久，说：沿黄河每个县都建一座引黄闸就好了。有个领导说：这里试办成功，由黄委会带头建闸，沿河三省地县，都会积极办，请主席放心。

那时的毛泽东一门心思想的是多修闸堤，以便让黄河乖巧听话，不要泛滥成灾，让农田得到好的灌溉，绝想不到黄河会被污染，会被断流，最多时一年有300多天不能入海。

在当时这还是后话。

嘉应观有个林则徐

看过花园口便去看嘉应观。嘉应观的来历与汉武帝似乎有一拼，也是因为黄河的缘故。据武陟县志载：黄河4次在武陟境内决口。清雍正元年，又决马营口，洪水逼京，淹天津，成清王朝心腹之患。为治黄安民，雍正皇帝派河道总督率兵堵口、修坝，亲临河防搬石。为祭祀龙王，封赏治河功臣，口堵坝成时，雍正皇帝特下诏，命河臣齐苏勒，仿故宫，派御匠调河南、山东、山西、陕西、安徽5省民工，大兴土木，历时四载建成。还有铁鼎、黄河水清碑、伏羲、女娲交媾石像碑、大型彩陶双凤24龙壁等。自此，嘉应观由黄河最危险的地段变成最安全的地方。筑坝兵退伍留居，开开荒种地，日久便成了一个村庄，称之为御坝村。

嘉应观始建于清雍正元年（1723年），占地140亩，俗称庙宫，是雍正皇帝为祭祀河神、封赏历代治河功臣而修建的一座集宫、庙、衙三位于一体的黄淮诸河龙王庙，耗资288万两白银，素有北京小故宫之美誉。内存文物和稀世珍宝诸如御制铜碑和山门、前殿、配殿等处大面积的彩绘，特别是中大殿顶棚上的65幅龙凤图，钟楼上能敲击出高低强弱八个音节的大铜钟，雍正皇帝书写的匾额、碑文等。中大殿又名金龙殿，建成至今，殿内不见蛛网，不粘灰尘，鸟虫不进。传说殿内藏有避尘宝珠，实际上是因天花板为檀香木的缘故。御碑亭酷似清代后天冠，内立雍正皇帝亲自撰文书丹的大铜碑，高4.3米，铁胎铜面，碑周雕龙，底座为蛟，工艺精湛，全国罕见，为国之瑰宝。中大殿，重檐歇山回廊式建筑，殿内藻井彩绘65幅龙凤图，为纯满风格，堪称一绝。殿内正中立"钦赐润毓"金牌，经考证，"润毓"是雍正皇帝赐于在武陟堵口的都御史牛钮的封号。据称，这个牛钮不仅是嘉应观首任道长，而且是雍正的皇叔。雍正虽不曾来，却派皇叔代他堵口并长期驻守，颇有如朕亲临的意味。

更让人为之惊异的是这里供奉的神灵，多是些实名制的历史人物。东大殿供奉的是西汉的贾让、东汉的王景、元代的贾鲁、明代的潘季训和"白大王"白英。只因为贾让是历史上最早提出上、中、下治河三策的技术人才，王景则是治河三策的具体实践者，互为因果，功莫大焉，使黄河800年没有改道，理所当然被奉为神明。说不定这还是雍正的主意也未可知？

西大殿供奉的是明代工部尚书宋礼、兵部尚书刘天和，还有清代三位治河总督齐苏勒、嵇曾筠，还有一位是林则徐。何故虎门销烟的两广总督竟然成了河神？却原来林则徐竟是做了一辈子河官，道光四年曾任江苏按察使治水赈灾，十一年任河道总督负责黄河中下游防务，曾来嘉应观查验黄沁修防厅。由他查验的防汛料物堆垛厅库"无一垛不量，无一厅不拆"，被道光皇帝赞曰"向来河工查料垛，未有如此认真者"。鸦片战争失败被发配新疆途中，黄河在开封祥符决口，皇帝紧急诏命他到开封堵口，林则徐不顾百病缠身，仍以"肝胆披沥通幽明，亿兆命重身家轻"之信念，殚精竭虑，与民工一起打桩抬土，不成河神岂非怪事？休学那得意小人逞一时之猖獗，且看这失势的君子却终究万古流芳，天理原本就是如此昭彰的。

非关封建，不是迷信，岂止清白，无非良心。

《羊报行》与穿黄隧洞

清代张九钺有《羊报行》一诗，极为传神地写真出了那时黄河惊涛骇浪的可怖，与汛兵报汛时惊心动魄的场面。诗前有序文言之凿凿详述其状曰："羊报者，黄河报汛水卒也。河在皋兰城西，有铁索船桥横亘两岸，立铁柱刻痕尺寸以测水。河水高铁痕一寸，则中州水高一丈，例用羊报先传警汛。其法以大羊空其腹密缝之，浸以檾油，令水不透。选卒勇壮者缚羊背，食不饥丸，腰系水签数十，至河南境，缘溜掷之。流如飞，瞬息千里，河卒操急舟于大溜候之，拾签知水尺寸，得预备抢护。至江南，营弁以舟飞邀报卒登岸，解其缚，人尚无恙，赏白金五十两，酒食无算，令乘车从容归，三月始达。余闻而壮之，作羊报行。"

诗曰："报卒骑羊如骑龙，黄河万里驱长风。雷霆两耳雪一线，撇眼直到扶桑东。鳌牙喷血蛟目红，攫之不敢疑仙童。须郎出没奋头角，迅疾岂数明驼雄。河兵西望操飞舵，羊报无声半空堕。水签落手不知警，一点掣天苍鹘过。紧工急埽防尺寸，荥阳顷刻江南近。卒兮下羊气犹腾，遍身无一泥沙印。辕门黄金大如斗，刀割彘肩觥沃酒。回头笑指河伯迟，涛头方绕三门吼。"透过诗文形象生动的描述，我们的眼前，不难浮现出清代汛兵那勇武彪悍的身影，以及被捆绑在羊皮伐子上，骑着滔天浊浪，顺急流而下报汛时的种种惊险场景。

之所以想到这首足以让人为黄河之威势骇得跟头踉跄失魂落魄的《羊报行》，是因为我们下午去温县考察了南水北调中线穿黄工程。穿山甲也似硬生生地潜入地下开凿出的一条上百米长的足以跑火车的隧道，与其说它是史无前例或震古烁今，是人类科技进步的伟力的显现，还不如说是出于悲壮和无奈。因为，如此这般一个举国力为之的浩大工程，其目的只是为了让生态恶化造成的干渴状况得到一点缓解，只是为了让远方的人们宽裕地喝上一口清水。

假设现在的黄河，仍复是《羊报行》时代的黄河，还会有南水北调的必要吗？巨量的黄河水再加上引来的长江水，岂不是让黄河更加的澎湃汹涌，发作起来变得更加可怖吗？

不妨自忖，为什么会这样？究竟是哪里出了问题？

小浪底调水调沙

1952年10月31日，毛泽东随后乘车顺人民胜利渠渠堤到了新乡。2011年5月12日的我们，则与毛泽东分道扬镳，取道焦作前往洛阳，去看小浪底水利枢纽工程。到达后稍事休息，我们便乘船游览小浪底水库。站在船上望开去，周遭全是波光荡漾活泼泼的黄河水，已经不再泛黄，有了几丝轻媚，几丝墨碧。不知道的人还以为置身苏东坡时代的杭州西湖或是不曾污染前的五百里滇池。只是一眼两眼你很难看透它，因为它有七八十米深浅。或许它有一个或者几个秘密，我想当然地知道一个，那就是泥沙吸附污染物同归于尽在水底，富营养物如假眠的妖怪，会在温度升高和水量减少时浮出水面。我把这个疑虑就教于某位专家，他错愕良久，终于什么也没说。让人为之惊讶的是，呈现眼前的小浪底水利枢纽工程朴实无华，似乎与寻常可见的乡间水坝并无二致，它似乎成心要与轰轰烈烈的宣传做个对头，让你从表面根本看不出这是黄河干流上一座集减淤、防洪、防凌、供水灌溉、发电等为一体的大型综合性水利工程。

它想告诉人们，伟大与寻常往往结伴而行，而华丽却每每徒有其表。

小浪底大坝总装机容量为180万千瓦（6台30万千瓦混流式发电

机）。地下发电厂房，高160米、长1667米的黏土斜心墙堆石坝，巍峨的进水塔，壮观的出水口，在不足一平方公里范围内拥有纵横交错的108条洞群等，使小浪底具备了防洪、防凌、发电、排沙等多项功能。一年一度的调水调沙活动，其气势足以媲美钱塘江潮。水库蓄水后在大坝上游形成了浩淼的水面、曲折河巷，与雄伟山势竞相生辉，构成了北国山水好风光——黄河小浪底。

看得出，小浪底工程依托位于小浪底大坝下游15公里的河洛文化

小浪底水利枢纽采风哲夫（右）和陈世旭（左）在一起

群，正在努力把小浪底打造成一个具有黄河历史文化特色的风景区。河洛文化群由汉光武帝陵、龙马负图寺、王铎故居等景点组成。王铎故居收藏有王铎书法代表作品《拟山园帖》石刻90帧，综合展示了王铎书法艺术。汉光武帝陵是东汉开国皇帝光武帝刘秀的陵园，为全国重点文物保护单位，园内现存隋唐古柏1458株，其独有的“四绝三奇”，千百年来为观者称奇乐道。龙马负图寺又名“伏羲庙”，是中华人文之祖、人根之祖伏羲氏的祭祀地，乃是河洛文化的源头。

黄河难治，重在泥沙，根在水沙关系不协调。调水调沙，就是把不协调的水沙关系塑造成水沙协调的关系。我们去小浪底的时候，距2010年6月19日9时至7月7日24时实施的第10次黄河调水调沙已经过去了将近一年时间，而距2011年6月19日开始的黄河小浪底观瀑节还有一个多月的时间，虽然当时有说届时请我们去，其诺却未践，两头都不沾。

2010年调水调沙历时25天，小浪底水库排沙量达5268万吨，出库最大含沙量288公斤每立方米，排沙比达到150%，库尾1.6亿吨泥沙被推至坝前淤沙区，水库使用寿命可望延长。下游主河槽冲刷2541万吨，下游河道主河槽最小过流能力由2009年的3880立方米每秒进一步增大到4000立方米每秒，还成功实施了黄河三角洲生态调水暨钓口河流路恢复过水试验，刁口河累计进水2309万立方米，累计入海水量324万立方米。河口湿地水面面积增加6.84万亩。6071万吨泥沙被送入大海，河道过流能力提高600立方米每秒。

有趣的是，2011年6月19日调水调沙成旅游商机，被地方政府命名为“黄河小浪底观瀑节”，以吸引全国各地游客。宣传词倒也是所言不虚：“游客将可欣赏到滔滔黄河一泻千里、惊涛拍岸的壮观场面。”但是出于安全考虑，黄河水利委员会有关人士在接受记者采访时表示，不主张类似“观瀑节”等行为。宗旨仍是以“减少水库淤积，维持或扩大下游主河槽过洪能力，并促进河口三角洲生态系统的良性维持，努力实现生态调度与调水调沙的有机结合”为目的。截至7月4日17时34分，三门峡水库排沙2870万吨，小浪底水库排沙3639万吨，排沙比为126%。黄河流域自1982年后近30年未遇大洪水。这和黄河进入枯水期有关。小浪底水利枢纽建成运行后，有公众认为小浪底水库是个巨无霸，对洪水有绝对可控性，上下防洪意识逐渐淡薄。按照水文周期规律，黄河发生大洪水的几率在不断增大。

我虽然未能亲临现场，却从图片上过了一把眼瘾。小浪底调水调沙的场面形象地再现了黄河龙腾虎跃气吞万里的大千气象，其殊胜连当下的壶口瀑布都无法比拟。一则昭示中华伟力，一则也让人惊心动魄。在气象万千的黄河面前人类脆弱渺小无非蝼蚁而已。曾几何时雄浑如斯的母亲河，竟被蝼蚁般的芸芸众生长期役使长期吞噬的形销骨立，在你我这群贪婪奶娃的口口吮吸之下，为儿消得母憔悴，足以佐证人类的非常自我与非常智慧。利弊相煎，好坏同煮，其辛酸和悲凉，怎一个销魂了得？然而，是像蝼蚁那样继续非常自我地吃光喝尽与宿主同归于尽，还是放眼未来发挥非常智慧与自然共存共荣？是人类与蝼蚁的最终分野。

相信亲临现场或是看过图片的人都会有这种久违的骄傲的感觉，它会瞬间扭转近年来人对黄河半死不活的印象，让你重拾“黄河万里触山动，洪波喷流射东海”的豪壮，感受到人在自然面前的脆弱和不堪一击。乘着想象的翅膀，你甚至能亲历《羊报行》的惊心动魄，找到毛泽东之所以说“你们可以藐视一切，但不能藐视黄河”的原因，耳畔能重新回响起冼星海指挥的万人黄河大合唱和毛泽东精辟的歇后语：你蔑视黄河就是蔑视我们这个民族。

需要深刻检讨的是：近年来，我们对黄河的印象，宛如对自己的人民也似。

水火不相容

再返回头来说毛泽东。毛泽东去新乡途中，经过二号跌水时，看到有人正在装水轮发电机，就说这很好，利用水力发电，群众可以打米、照明。看到沿途如网般的水渠，又说：就是好，渠灌好比是阵地战，井灌是游击战，哪里浇不上水可以打井。谈话间已到新乡市区，吃过午饭，毛泽东说：不休息，再到渠水入卫(河)处看看。路不远，一会儿就到了。

毛泽东指着说：看到小黄河了！车开不到跟前，一行人便步行来到饮马口村引黄济卫入口处，卫河水在这里立即变成黄色。毛泽东问在河边放羊的老汉：给卫河加点水行吗？老汉说：能行。随即又补充说：过去木船、小火轮，主要往天津送焦作的好煤、博爱的竹货、怀庆府的怀山药，带回来的都是洋货——洋布、洋油、洋车等，过去水少行船困难，现在有黄河水补充，来回船只多了。毛泽东又问：黄河泥沙淤不淤河?老汉说：现在还看不出来。毛泽东告别老汉，对大家说：从黄河到卫河，这条人民开发的新渠看完了，它把黄河下游过去只是决口遭灾不受益的情况改变了，起到了造福人民的好作用，你们建渠有功。

11月1日，毛泽东的专列开到安阳，参观了中国第一都——殷墟。毛泽东说：这里在3000年前，就是殷朝很大的国都，传8代12王273年，最后一代就是殷纣王。他肯定了殷朝对中国发展作出的贡献，也谈了殷纣王骄傲独裁、一意孤行、极度残暴的事实，结果被周武王灭亡的故事。随后又看了袁林，袁林是袁世凯的陵园。

有人提出：袁世凯是典型的两面派，暗地告密，镇压康有为等维新派，对日本帝国主义屈膝投降，签订不平等条约（《二十一条》），是卖国贼，应当把他的陵墓扒掉。

毛泽东说：不要扒嘛，还要维护好，反面教材留下教育后代，有用。然后，他又到市内看了很多古迹，对送别的同志说：安阳是个好地方，战略地位很重要，要好好工作，把安阳建设得更好。到安阳之后，毛泽东便中止了视察，打道回他北京的老家去了。

1955年7月30日，中华人民共和国第一届全国人民代表大会第二次会议批准了国务院所提出的关于根治黄河水害和开发黄河水利的综合规划的原则和基本内容，并要求国务院采取措施迅速成立三门峡水库和水电站建筑工程机构；完成刘家峡水库和水电站的勘测设计工作，并保证这两个工程的及时施工。这个文件无疑与毛泽东巡视黄河有直接关系。那时还没有小浪底，却有了与之相似的三门峡水库，而且似乎甫一上马，便注定失败的命运。

因为，尊重自然与征服自然，是水火不相容的。

姑妄言之三门峡

从古迄今，中国之水利，有许多遗憾，也有许多辉煌，个中滋味，唯有识者知道。从古迄今，20世纪50年代三门峡水库的失败曾使毛泽东大为震惊大为懊恼地说："三门峡不行就把它炸掉！"

是周恩来拯救了三门峡不成功便成仁的命运。可是时过几十年之后，现在，还有许多人出于种种想法和考虑，惦记着要把三门峡水库炸掉。是耶？非耶？很值得讨论。

1954年，黄河水利委员会计划在黄河干流上建46座拦河坝，层层拦水拦沙，梦想让千古黄河之水变清。三门峡水利枢纽位于黄河中游下段干流上，连接豫、晋两省，距三门峡市区14公里。初建之始，还没有三门峡市，也就是说，先有三门峡水库，而后三门峡市才得以诞生。这是我国在大江大河上修建的第一座大型水利枢纽工程，也是黄河干流上兴建的第一个大型水利枢纽，过去被称为万里黄河第一坝，是第一个五年计划的重点项目之一，也是苏联援建的156个项目中唯一的水利项目。从最初的设计蓝图到具体的施工指导，重要部位的施工，几乎都被苏联专家完全承包，中国工程技术人员只能打打下手。主坝长713.2米，高106米，宽20.02米。副坝是连接岸边和主坝的一段引坝。主坝自左至右共分为左岸非溢流坝段、溢流坝段、隔墩坝段、电站坝段、安装场坝段和右岸非溢流坝段几个坝段。

相传远古尧王坐天下时，黄河水经常泛滥，尧王就派大禹治水，大禹使划水剑向东南方向划了几下，水朝东南方向流去时被一座大山拦住，大禹抡起开山斧"啪、啪、啪"，把大山劈开三个豁口，三个豁口把大山分成四座石岛。靠南岸临水半岛像一只张着嘴的狮子，所以叫狮子头；中间两座分别叫鬼门岛和神门岛，北岸的半岛叫人门岛；河水被四座石岛分成三股汹涌的急流，故称三门峡。如今的人、神、鬼三岛已与大坝融为一体，成为大坝基石。

在大坝下游约400余米处，有座保留得比较完整的石岛，那就是著名的中流砥柱，被誉为中华民族不屈不挠、顽强不屈的精神象征。在它的左边还有张公岛、王母娘娘梳妆台伫立河中，恰如诗中所述：“梳妆来呵，梳妆来！百花任你戴，春光任你采，万里锦绣任你裁！”

工程于1957年4月开工建设，1961年4月大坝主体工程竣工。随着“我们来啊，我们来，昆仑山惊邙山呆：展我治黄万里图，先治黄河腰中带——神门平，鬼门削，人门三声化尘埃”的诗歌的吟颂，三门峡水库在欢声雷动中竣工，并在1961年正式下闸蓄水，眼瞅着水患千年、斗泥斗沙的黄河水乖乖流入库区，变魔术般沉淀为清水，清波碧浪出库后映着蓝天白云，一路流去，那种激动心情只有同时代人亲临当年才可以感受到。

然而浊水变清水的代价是蓄水仅一年半就有15亿吨泥沙淤积在库区，335米高程以下库容由98.4亿立方米下降到了57.4亿立方米。回水倒灌入关中平原，危及西安。当年，西安的专家这样预言说：“不久，我们就可以坐在西安城楼上，用黄河水洗脚了。”

在尘埃落定的今天，苛责过去，似乎有失厚道。只因，时光滑不留手，人定胜天，十分强梁，也十分骑墙，已不符合科学发展观的要求。与其和自然作对，不如与之修好，扮猪吃老虎的游戏已不流行。如同《作家通讯》的主编高伟在小浪底宾馆拉琴那样，虽然多年不历练，技艺已经有些生疏，却忽焉回首，仍然足以唤醒风流，从容演绎出一个这样的道理：人与自然，只有像琴弦和琴弓那样友好相处，才有可能奏出和谐优美的音乐。所以我还是为之打油一碗曰：天下曾思圣人出，圣人出时黄河清。三门已然化尘埃，黄河依旧人鬼神。

连泰山崩于前也不屑眨眼睛的毛泽东都急扯白赖地说：三门峡不行就把它炸掉！

如果不是周恩来力挽狂澜，三门峡恐怕真的会被炸掉，三山峡市也不复存在。1964年12月，周恩来主持决定，“确保下游，确保西安”和“两洞四管”增建工程，由“蓄水拦沙”改为“滞洪排沙”。1968年8月，一期改建工程完成，泄流量由3086立方米每秒增大到6102立方米每秒。但排沙能力依然不足。1969年又召开四省会议，进行二次改建，打开位于坝体底部的8个施工导流底孔，并调整、安装了5台总容量为25万千瓦的低水头发电机组，目前总装机容量已增至41万千瓦。多少年，蓄清排浑、调水调沙，冲淤基本平衡，在335米高程保持60亿立方米的有效库容，发挥了防洪、防凌、灌溉、供水、发电等综合效益。

那天，在三门峡水库座谈时有一个非常有趣的现象，介绍和资料以及放映的宣传片中对三门峡水为之溢美，几乎让人疑心来错了地方，是否还置身在小浪底而不是三门峡。处于错愕中的作家和记者一时不知如何置辞，作家出版社的编辑、汪曾祺生前赠笔名“萌娘”的散文家贺平，慢条斯理地发言道：我过去跑过两会，不知是不是记错了，说错了请原谅。好像每次开会都会提到三门峡，说三门峡是个废了的工程，有提案说是想彻底废弃，怎么现在我听得有些糊涂，好像三门峡什么都好得不得了，似乎比小浪底还要小浪底？我真的有点不明白！

那天，恰逢水库放水，好像王母娘娘用金钗划过也似，一湾清水与浊水，捉对儿厮打，浑浊与清澈，一时难分难解。好像两个阶级，或是两个阵营，金黄与青碧，宛然一块纯糖色的玉，和一方水透很好的翡翠的无缝对接，界线似乎格外的分明。细瞅却发现，有若无产阶级面对资产阶级，恰似革命阵营对反革命阵营，清浊之间，截然根本不存在，只有所谓和平演变和潜在渗透无所不在，没有好坏对错，只有客观的内在选择和自然规律在潜移默化。

解铃还须系铃人。回答这个问题，还得是三门峡。

我现在仍然印象深刻地记得三门峡水库负责人脸上挂着的无奈而苦涩的微笑。他摊开巴掌屈起指头告诉我们：调水调沙在当年史无前例，苏联专家拿伏尔加河建清水坝的经验来建三门峡，是没事找抽自寻苦吃。不过，话还是要说回来的，没有三门峡的失败，何来今天小浪底调水调沙的成功？现在的三门峡水库，已经过多次改造，既不会顶托渭水危及潼关，更不会让西安坐在城墙上洗脚，它现在只是一座有限蓄水、发电、防洪的普通水库……

知之为知之，不知为不知，是知也。不是光明就好，用力就好，太过光明会晃人的眼睛，看不清道路，用力太猛，会走过头，过劳自己。再也不能霸王硬上弓，要下定决心和自然谈恋爱，像都江堰那样顺势而为因式分解。知错则改，善莫大焉，何妨重新来过？临行前，有一只水鸟翩然落在三门峡大坝的浅水处，落在王母娘娘曾经梳妆的地方，如今只剩下几方嶙峋的岩石。我注意到，面对清浅，它拍拍翅膀，翘首代回，顾盼自雄。故尔又打油一瓯曰：重整旗鼓战高程，一库耻辱已深埋。昔日王母梳妆台，尚有涉禽照影来。

成败皆有定数，是非，也自有后人论定。

虢国成语呼之欲出

2011年5月13日上午，参观虢国博物馆。

位于河南、山西、陕西三省交界处的三门峡属于鸡鸣三省之地。夏商王朝曾以此地为中心区域，西周属虢国，秦置三川郡，西汉为河南府，汉武帝时置弘农郡，北魏置陕州，延续至明、清。20世纪50年代，伴随黄河第一坝的建设浪潮，三门峡市应运而生。为配合三门峡大坝的建设，中国科学院和文化部联组黄河水库考古工作队，经过两年多时间的发掘和清理，断定上村岭上的墓葬乃千古难觅之虢国墓地。身为全国人大副委员长的郭沫若亲临考古现场并写出了被当时的学术界视为扛鼎之作的《三门峡出土铜器二三事》，引起国内外文化界不小的轰动。

似乎可以再加一条，若无三门峡大坝建设便不会有虢国墓的发现和出土。

过宝山不入是有罪的，所以，我们在三门峡市逗留期间，还抽空参观了虢国博物馆。史料说，虢国是西周初期的重要诸侯封国。周武王灭商后，周文王的两个弟弟，虢仲被封为东虢国君，虢叔被封为西虢国君，两虢于东西两面屏障周王室。西周晚期，西虢东迁，形成所谓南、北二虢。东虢于公元前767年被郑国所灭，西虢东迁后于公元前687年被秦国所灭。东迁后的三门峡虢国建都于上阳，地跨黄河两岸，史称南虢、北虢，实为一虢，于公元前655年被晋国所灭。

虢国是历史，过往的三门峡也是历史。历史生历史，如同烟之生烟，富有另类意味。烟望雾视中，历史便不那么惨烈；年代久远时，连悲剧都会变成喜剧。这很符合“距离产生美感”的说法。从某种意义讲，虢国是无私且伟大的，它不惜以国家的毁灭，来换取对中国成语字典的特殊贡献，虽然这贡献不情不愿。

那时，尚属分封年代，弱肉强食，拳头大的是哥哥，挟天子以令诸侯是寻常事。晋文公重耳的老爸晋献公想扩张疆土，欲灭虢国，可中间隔一个虞国，就问计于属下。大夫荀息出主意说：虞国的国君是个目光短浅的人，要是送上大量的美玉和宝马，他一定会答应借道。晋献公也是个小气之人，听说要出财宝，就有些牙疼。荀息索性往白里说：虞国和虢国是唇齿相依的邻国，灭了虢国之后虞国也不能独存。我们灭了虢国还可以返回头顺便灭了虞国，美玉和宝马不过是暂存虞国，最终连本带利一起收回。晋献公总算听明白了，于是就如法实施泡制。果真虞国的国君见钱眼开，喜滋滋地借道晋国，结果虢、虞两国先后被晋国灭掉。

这便是“假虞灭虢”与“唇亡齿寒”这两个著名成语的出处。试想，如果我们的成语字典中缺少了这两个极具穿透力的条目，将会是中华文明何等巨大的损失？将会让多少后人失去品味这滑稽余韵的乐趣。人与自然的关系如虞似虢，若目光短浅，惑于财帛，为富不仁，找个理由，借道于虞，祸便不远。还有“紫气东来”、“白马非马”、“完璧归赵”！“秦赵会盟”等历史典故就发生于此。大禹、张仪、刘邦、李世民、武则天、杜甫、韩愈、司马光、上官仪、上官婉儿等历史人物曾在这里留下足迹、墨迹和诗篇。这便是虢国最值得骄傲的地方。

值得庆幸的是，为我等能过上好日子，超前消费子孙后代的财富，超前透支未来和希望，身先士卒破坏生态环境掠夺自然资源，且不曾为此感到羞惭，也不曾做噩梦。相反，倒是有一拨拉高人在振振有词，有一拨拉精英在慷慨激昂，有一拨拉众生在装聋作哑，理由且十分充足。若以历史的眼光观之，或从岁月的彼岸回眸，要么拿长焦距镜头吊拍，大约也颇富有魅人之喜感，颇具有搞笑之迷思吧？唯一不能确定的是我们正在给未来创造和贡献一个什么样的成语？在这里我们似乎又可以理直气壮地加上一条，若无三门峡大坝的建设，便不会有“如虞似虢”这样似是而非的推理发现，更不会有什么对人类不敬不利的成语出土。

不过如此而已。

历史如烟亦如玉

据实物展示和资料说，虢国墓葬中形制最大级别最高的当属墓主人虢仲，光是入葬的青铜礼器就达120多件，钟鸣鼎食之器物竟达29件之多，有44件铭文均言明为虢仲自作用器。编钟尚有两套，且有所区分，一套为八件甬钟；一套为八件纽钟，且有铭文为其专属命名为“宝铃钟”。由此可见墓主人生前的排场和讲究。墓主人名为虢仲，考古学家的聪明在此有所体现。为求万无一失，举凡提二人，从始到终都依例括号曰（虢仲，也有说为虢叔。虢叔，也有说为虢仲）我在虢仲或是虢叔的墓葬坑边盘缠驻足许久，很是想见了这位生前曾辅佐过周天子治理天下并“受天子禄”的虢国的一代国君，其地位、权势、富有程度可谓已经是称甲于当时的天下，活的是何等的堂皇富丽、雍容华贵、有滋有味。

然而，日月强梁，任凭你有赫赫威势，山也似的尊崇，海也似的富有，也难免如烟尘般迸散；任凭你能掐会算智计百出乃人中龙凤，到头来也免不了要喝造物主的洗脚水，也免不了入土为安，也免不了有幸被后人掘出（更多的是永无见天日之时），以此无知无觉不羞不臊之枕籍尸骨，招摇于光天化日之下，吸引一些目光和口水，死人还要为活人牟利。反不及那些出土的青铜和玉器，尚且还有鉴赏和收藏的价值，尚且还可以金声玉振。显贵如虢国的一代国君，人生也不过如此，众生又能如何？追求权威聚敛财富夫复何用？

心情也因之明灭了许久。

参观虢国墓葬大量出土玉器之时，一则以匆忙，二则为琳琅满目所惑，目不暇接，回想起来尚觉眼花缭乱，多惊鸿一瞥，少细细揣摩。好在拍了一些效果还好的照片。现在淡定下来，闲下心思，品茗细赏，不觉叹为观止。虢国墓出土玉器多为精绝之作。如龙纹玉璧，双面饰抽象变形云龙纹，圆度规整，纹饰流畅大方，富有动感。在葬玉类两件玉握，左手所握呈圆角方管状，周身饰8周弦纹，两端分别饰4只蝉纹，为商代遗物；右手所握呈圆管状，周身饰旋转龙纹，属典型西周器物。玉乃汉文化之魂髓，古神凝之于古玉，无论大件小件，弗说飞禽走兽，因虞而虢，其意幽远，皆非凡品。其中有一条玉鱼，似乎刚被人从河中钓起抛到岸上，鱼眼环睁，鳞鳍耸动，曲体上拱。时光古色斑斓，形神大巧若拙。精绝处在于刀工的简练与匠心的独运，妙在大写意，跃跃然犹仆，栩栩然如生。由不得叹曰：此鱼只应虢时有乎？

岂不能再现重造于当下？曰，否，时过境迁也！

虢国墓葬中有一只玉鹅，颦笑间略略含翠，玉石的油润、水透、色泽，与工匠无为无不为的法天巧思冶于一炉，成就了玉鹅曲颈游冶的可掬憨态，正所谓：憨以见古今，诚乃自然心。天地人共拙，点石可成金。这种大写意的艺术风格似乎与老子分不开，东周时老子骑青牛出函谷关的所在便在三门峡境内。首当其冲的虢国可谓其思想的实践者，自然也渗透到了玉雕艺术之中。影响日巨，难怪连西方人都认为《道德经》乃东方人智慧的结晶，除《圣经》外全球译本最多、影响最大。

让我最为赞赏也最具匠心的是这样一件玉雕，粗看说不清所雕为何物，雕者一足独立，一足悬之，其足如兽蹄，肚子前突，屁股后撅，是舞兽之风流，还是虢人之倜傥？让人幽思无穷，不能自已。玉的水透极好，质地近乎翡翠，匠人刀工赋予玉雕的线条态势，流畅而生动，曲线极具魅惑力，让人由不得赞曰：足独立以股突舞，腹膨大为形神伟。首天地兮日月星，膊春秋曰人神鬼。是乎？

虢国还是郭氏宗亲的祖先所在。周武王封文王之弟虢叔于西虢，封虢仲于东虢，周平王东迁夺虢叔之地与郑武公，当时楚庄王怒而起陆浑之师伐周，谴责周王灭虢。虢叔裔孙序被封于阳曲，也就是现在的太原，因虢发声为郭，遂号为郭公。唐代武则天时，姬姓后人郭子仪曾以武举入仕朝政，并因战功显赫而被封为汾阳王，与皇上结亲并因其子怒而《打金枝》而脍炙人口至今，颇发人深思。

最后我想说：历史如烟亦如玉，散去的是伪，留下的是真。

瘦黄河

昨日在三门峡一瞥之后，次日正午时分，已置身晋陕大峡谷壶口瀑布了。

黄河不是看的，也不是想的，是让你去孝敬的，是让你去行动的，是让你去奋发的，是让你去怜惜的。昔时之黄河壶口河面，湍奔如黄绢千匹，起伏似秋稻万顷，一里之外已闻声声雷鸣，远望有如弥天白雾直冲云际，近观则有点点虹彩四射迸溅也。在黄河面前神马都是浮云，壶口曾被这样描述：宽约400米左右的河水突然收束一槽，形成特大的马蹄状的瀑布群，龙鹏虎跃不可方物。我有壶口瀑布一联曰：酒缸碎矣，共和同醉一壶；龙牢破耶，同志齐赴一涵。如今若何？似老僧禅定，得道乎？像沸汤抽薪，粱熟否？不得而知。呜呼！呜呼！

曾几何时，这被两山夹住的黄河，泥沙如锉刀，将河底石岩挫刷成宽达30米、深约50米的巨沟。波涛从20余米高的断层石崖，跌入30余米宽的石槽，状似万马奔腾，形若狂龙鼓浪。“盖河旋涡，如一壶然”。瀑面阔3万平方米，激流翻滚，湍若奔马，吼若惊牛，雷震之声数里之外可闻。水雾匝涧底腾起，似从水底升起的浓烟，直上高空，在日光折射之下每每迸发万道霞光，有时像彩龙吸水，有时若彩桥飞架，五光十色，花团锦簇，祥云瑞气，十数里外可望。明陈维藩有诗写真写照曰：秋风卷起千层浪，晚日迎来万丈红。在中国是仅次于贵州黄果树瀑布的第二大瀑布，在世界上则是最大的黄色瀑布和中华民族的伟大象征。

过往之日，船只到此，须将船上的货物全部卸下，人挑畜驮，沿河岸运到下游码头。空船则要拉升上岸，铺设滚木，后推前拉，使空船在滚木上顺干河岸滩艰难前行，到水流较缓处再放船入水，装上货物，继续下行。石质的岸滩之上，拖曳大船颇费气力，有时需上百人吆唱号子发力拉纤，那场面可谓壮观无匹。石质滩涂每每会被船底铁钉刮擦出累累条痕。名曰旱地行船，实乃罕见。因交通渐次发达，航运已绝，此景只能从昔日行船处依稀揣度了。

临近壶口时，同行人等耸起耳朵渴望听到壶口瀑布雷鸣般的涛声，却最终失望。那已经是过往，早已时过境迁。下得车来，从坡上往河中远望，总面积大约60平方千米的河谷之上，只有灰灰一片坦石嶙峋，丝毫看不见黄河的影子。踩了乱石往河床的里边走了好长一段距离，才终于看到河的低洼处有一隙虹彩露头，方有隐隐的涛声入耳。近前去细看，只见一湾不甚宽阔的黄水从上游姗姗而来，至此，悬空往壶中一跳，威势也还威势，只觉其气势竟然赶不上小浪底调水调沙的景象，不免失望。曾几何时震天撼地的如雷涛声与排山倒海的惊世气象，已成鼠齿剩余，只剩昔日雄姿和声音的皮毛，需要窥此一斑以见过往的全豹了。

但这并不妨碍天南地北红男绿女攘攘于两岸，喧哗笑闹，搔首弄姿，拍照取景，以捕捉壮观与欢乐。几个陕甘老汉，打扮雷同，皆穿老式黑布袄大裆裤子，白发苍苍的脑袋上戴一围白色毛巾，那毛巾白里透着脏，嘴巴还有豁着牙的，却清一色都牵着一头披红挂彩的黑色毛驴，借以驮起都市男女的满河笑语，留下几张有头像的纸头，揣入腰包几许辛苦和满足。

一壁厢是信天游的故乡，一壁厢是爬山调的老巢，故尔想借民歌风，诉儿女情，集天下智，广湖海心。君不见黄河之水天上来，未到壶口已憔悴。君不见黄河之驴陕西来，阅尽黄河沧桑泪。主人躲在阴凉背，思思谋谋发大财。怜完驴儿惜黄河，驮罢天下日头晒。此情此景多回味，红男绿女可伤悲？酸曲黄河大家唱，未曾开口已断肠。

上半阕：咬嗨哟，白羊肚手巾呀三道道蓝，黄河九曲呀十八道道湾；麻杆杆点灯呀日头头红，想爱爱想得俺心口口疼。穿一件烂皮袄，拉一头瞎毛驴；抽一口小兰花，吼一声信天游。嗬哟喂，妹妹你嫁进了城里头，泪蛋蛋往俺的心里流。

下半阕：咬嗨哟，盼亲亲盼得熬时候，想浇愁没钱买烧酒；把住黄河喝了个够，好后生喝成个糟老头。一日日山添忧，一年年水生愁。妹妹在城里你肥扭扭，只有哥哥和黄河瘦。嗬哟喂，人心从来没个够，受了制的黄河它一去就不回头。

背反的是，黄河瘦了河床却胖了，黄河窄了河床却高了。

客观上逼高黄河

曾几何时，那位名叫西雅图的红种人（是红种人而非当下所谓的红人），这位因之著名的美国印第安酋长对天空、大地、河流，有自然

作家哲夫、高凯采风途中于小浪底大坝

之子般赤诚而独到的见解，他神情肃然语调庄严极具灵性地告诫过去和现在所有武装到牙齿的人种说：大地不属于人类，而人类属于大地。所有的生命互相关联，就像我们流淌着共同的血液。不是我们织出生命的网，我们只是其中的一条线。我们对生命之网所做的一切，都会回到我们自己身上。假如人们唾弃了大地，其实他们就是唾弃了自己。河水满足了我们的干渴。河水载运了我们的独木舟，并养育了我们的子孙。它是我们的手足，你必须对它付出关怀，一如你对待你的兄弟一样。

在华北大平原出现堤防之前，黄河亚如一匹无拘无束的奔马，流经之处不断淤积，淤高之后又会侧“滚”向另外一条相对低洼的流路，泥沙就这样摊铺在黄河的冲积扇上。战国时期黄河下游的堤防已具有相当规模。堤防使放荡不羁的黄河受到相对的约束，到西汉后期河南浚县已经河高出民屋。前边已经写到，毛泽东不无忧虑地问王化云：黄河涨到天上怎么办？

历史上黄河百年一泛滥，泥沙数度淤埋开封城，由此可见黄河水患的威猛狰恶。屡淤屡建，屡建屡淤，人类的顽强亦可见一斑。新中国成立迄今，黄河已安澜一甲子还多。安澜的代价是河槽淤积量已经达到全断面淤积量的90%，局部河段高达93%。加上源头雪山融化，补给水量持续减少，地方截流引水和工农业用水量连年增大，黄河水量年年递减，多次断流，无法循序入海。黄河流速的减缓，造成冲淤能力弱化，沿黄两岸之间淤积泥沙近百亿吨，河床普遍抬高2~4米，高出背河地面4~6米，河南和山东头顶一盆水，据称最高处已经有20多层楼那么高。这个问题一直如心腹大患，在困扰着沿黄百姓以及所有的国人。

小浪底水库调水调沙的成功，使有些河段的泥沙淤积为之下切，相对减缓了下游河床淤高的速率，但整体淤高的态势并没有因此而改变。我曾就此问题向黄河水利委员会的专家请教，调水调沙可否彻底根除黄河整体淤高的态势，一举解决黄河淤积到极限时万一要改道的问题？专家的回答也是苦涩和无奈的，调水调沙只能有限地部分减少和延缓下游河段的淤高，并不能彻底改变黄河整体淤高的态势，这会为我们争取更多时间来想根除的办法。

但显而易见，就现在而言，整体淤高的态势并没有改变。战略依旧，战术也只能万变不离其宗地跟进。从这一点上看，事实很残酷，我们今天所付出的努力，包括国家历年来投入的资金，以及黄河水利委员会为之所做的一切努力和社会为之付出的一切心血，从客观上讲都是在雪上加霜，都是在万般无奈地将黄河逼高。黄河早已被逼上梁山，总有一天会被逼到天上去。也就是说，时间越久黄河便会往空中悬得越高，堤防也会修得越高，如果发生问题，灾难性的后果也就越大。

据称，目前水利专家们有两种意见，一种意见是主张及早改道，免得毛泽东所担心的“黄河涨到大上怎么办”成为现实；若到黄河丰水期，一旦出问题，损失会很大，所以越早改道损失会越小。一种是主张尽可能地维持现状，因改道代价太过巨大，会使国家伤元气。更有乐观的估计，认为维持下去可以给国家提供一段相对宽裕的经济发展时期，给科技也提供时间以创新发展，说不定到时候就会发明一种什么技术或是方法，让黄河淤高问题得到一个彻底的解决。孰是孰非，莫衷一是。

下棋，要看先三步；治水，至少看远百年。不能就事论事，光看眼前。仅仅在防汛上加大投入还远远不够，还需要加大投入费用以设法彻底解决黄河淤高问题，挖沙和宽河治理似乎也非好办法，需要有别的更加高明的方法出台。“悬河”的特点是瞬间倾泻而下，丰水期如果发生意外，那将是没顶之灾，故尔要治病于未病之时。但最终的决策权在上边。黄河水利委员会只能尽可能客观地提供各种水文数据以作参考，踏踏实实地筑好防汛的堤防，做好本职工作，只是一个忠实的具体的执行者而已。一路走下来的印象是，这些年以来，黄河水利委员会上上下下，殚精竭虑，忍辱负重，提心吊胆，先天下之忧而忧，功不可没。

水情并未好转

黄河实现了伏秋大汛岁岁安澜，绝不意味着“黄河的事情已经办好了”。过去清水如清风和明月，是随处可见的，是掬起来便可以享用的，现在又如何呢？经济不懈发展，生态不断破坏，沿河雁过拔毛巧取豪夺，如今黄河已经由滔滔大河变成涓涓细流，大部分黄河支流长年断流，有的已完全干涸。随着流域人口的增加和经济的快速发展，黄河承载的压力日益增大，以全河污染、下游断流为标志，流域生态系统呈现整体恶化趋势。沿岸工农业超量引水，黄河越变越瘦。每年五分之四的河水被沿黄地区用掉。冲沙用水被大量挤占，黄河下游主河槽严重淤积萎缩，大部分河段出现“二级悬河”，河道形态处于历史上最危险阶段。黄河不仅水少、水浑，还越变越脏。近年来，黄河排污量增加一倍不止，还在逐年上升。每天大量黄河水被使用和浪费，大量污水被排入黄河，十几条重要支流成为“排污沟”，干流一度时期有40%的河段丧失了水体功能，污染已成为黄河治理的又一重大隐患。水量锐减使黄河本身的冲淡能力和自净能力降低，污染程度愈益严重，成为劣五类水，连浇地都不合格。

黄河首次断流始于1972年，根据利津站的实测资料，22年中累计断流74次，共1093天，其中1991～1999年连年断流，累计断流902天，平均每年断流100.2天。利津站断流13次、226天，有11个月发生断流，断流河段最长到达河南开封市的柳园口长约704公里。造成黄河断流的因素错综复杂，原因诸多，既有自然条件的限制，也有人为因素的影响。1998年，黄河断流问题日益加剧，中国科学院、中国工程院163名院士联名呼吁：拯救黄河。

原黄河水利委员会主任李国英曾说，在庆贺战胜多少次洪水后，突然发现黄河自身越来越不健康。这种状况发展下去，黄河就可能变成内陆河、季节河。那几年，温家宝同志曾经多次叮嘱，要确保黄河不再断流。针对以上因素，国家出台了一系列决策，使黄河从1999年之后不再断流。2004年黄河水利委员会首次提出“维持黄河健康生命”这一新的理念，决心彻底遏制当前黄河整体水情不断恶化的趋势，使黄河恢复应有的健康标准。通过全河水量统一调度，调水调沙，冲走下游河道泥沙，河道生态系统恶化的趋势基本得到了遏制。

过去，我对黄河水利委员会在枯水期从水库中往黄河里注水，使黄河维持水体不至于断流，有自己的一些看法：认为在黄河即将断流时从水库中放水维持河里一脉流动，有误导上下视听的作用，让国人误以为黄河水情已经好转，而事实是并没有根本好转。黄河不再断流，国家和国人的眼珠便可以淡定地从黄河上摘除去关注别的事情。黄河问题会被方方面面忽略，甚或需要逐年加大投入的治理黄河流域的经费也都会有所减少而不是增加。从这一个方面讲，黄河水利委员会无疑是自找苦吃，有困难全部都自己扛，默默地做奉献，这种精神让人钦佩，但真实情况也需要向国人说个明白，以正视听。通过这次采风，我发现这里有一个再认识的过程。

黄河不再断流至少有两样好处，一个是自然生态方面的，可以挽救黄河中的濒危鱼种，例如多年不见的黄河刀鱼，重新出现并恢复洄游，也使黄河沿岸湿地的生态得以正常维系，不至于因黄河干涸而殃

作家们在绿草成茵的黄河小浪底大坝下游景区合影

及生物的多样性。二是人文生态方面的，对文化和信仰，人心的安宁，社会的维稳，以及国际言论，都有举一反三的生态作用。我去运城关帝庙参观时，发现庙中有蟠龙石柱数根，龙盘缠石柱之上如同行去流水，龙爪之间抓有各种物事，其中两根龙柱之上龙爪间甚至还抓着一头小猪和一只甲鱼。这古老的图腾似乎在告诉人们，只有不断行云流水，才能五谷丰登，六畜兴旺。所以我在这里想要强调的一点是：黄河不再断流，是统一调水的结果。从新中国成立初期到现在，黄河水量总体还是在逐年下降，迄今为止每年比过去减少近50亿个流量，水情并未因此而根本好转，国家仍需加大资金投入和治理力度。

节 水

记得过去在郑州时曾去看望过徐福龄老先生。认识徐乘后方知其为徐老之子，徐乘是黄河水利委员会的副主任，父子两代都是黄河人。徐乘为人如黄河般爽朗，是个可以交朋友的人。这次采风，我和高洪波、贺平、侯全亮等人，跟着徐主任去拜望他的父亲徐老。让人吃惊的是，徐老竟然不在家，一问，才知道是有人请他去赴宴了。我在写《黄河追踪》一书时曾采访过徐老，书中有很长一节写到徐老：“我与86岁的徐福龄交谈一小时。徐老乃中国黄河史老专家，年过古稀，却精神健朗，满肚子黄河掌故，为时一小时交谈，几将黄河史略谈遍。徐老年轻时便在国民党政府领导下的河务局从事技术工作，新中国成立后又为政府工作，终身都在为黄河鞠躬尽瘁。”

徐老已过98岁高寿，身体和精神还很健旺，往事如烟，记忆有些模糊，已经认不出我。我却还清晰地记得徐老的话。他说国民党也很重视黄河的堤防，当时有一句口号是——堤防就是国防。历史上黄河百年一泛滥，泥沙数度淤埋开封城，现在的开封城下埋的还有三座城池。由此可见黄河水患的威猛狰恶。屡淤屡建，屡建屡淤，人类的顽强亦可见一斑。因此历朝历代都极为重视黄河管理，河官享有种种殊荣，河防重似国防军防，可调周边兵马，谴天下徭役，连三公九卿一品大员进城时都不可以鸣炮，但皇上钦许河官进京可以鸣炮三响。

新中国成立后，对黄河的重视可谓前无古人，超过历朝历代，毛泽东字斟句酌题词曰“要把黄河的事情办好”以及言之凿凿的“你可以藐视一切，但不可以藐视黄河”就是明证。华国锋生前也曾题写过壶口拱门，一边写有“母亲河”，一边写有“民族魂”。煌煌六个字，足以见得黄河的凝重与庄严。黄河世代养育着沿河子民，如今除满足黄河沿岸九省区外，还要供水天津、河北等省市饮水。黄河流量并不大，只占中国淡水的2%，却浇灌了12%的耕地，养育中国15%的人口，可谓真正的母亲河。一方面是母亲乳汁逐年递减，一方面是沿黄城市工业和生活用水逐年增加，大水漫灌之风屡禁不绝。地方竭泽而渔，沿黄上游地区动辄投资数超越黄河供水底限的千亿元的重化工。国家大量关停黄河流域“十五小”企业，但沿黄许多地区“关小厂上大厂”，使排污总量不降反升。无独有偶的是沿黄地区还刮起“圈水造景”之风，规划和已建景观水面相当于10个杭州西湖，造成对黄河水资源的巨大浪费。

我们习惯了居高临下，面对自然界，总是王顾左右而言它。歌里唱的嘴上说的，是鱼儿离不开水，可是却忘了人和鱼儿一样离不开水。毛泽东生前曾说：水利是农业的命脉。细想，水利岂止是农业命脉，还是工业之咽喉，国民经济之瓶颈，更是人赖以生存之要素。如果一座城市甚或一个国家十天没有水会当如何？水污染会导致土壤污染，土壤污染会导致种植物污染，没吃没喝，如何存活？水能屈人之兵，能载舟也能覆舟。所以说保护黄河就是保护我们自己。欧阳修生前对奢靡浮华不实之风深恶痛绝并有独到见解。他说：“弃末反本，小巧之工尽捐；革故取新，见素之风可美。”“道尚取乎反本，理何求于外饰。”“曷若剞劂之功靡施，大巧若拙；刻镂之华尽灭，其德乃真。懿之隆者，非假饰以为资；俭之至者，匪奇淫而是觉。由是而复归乎朴。”若不杜绝奢靡浮华不实之风，有多少水资源经得起轻抛浪掷？

中央出台一号文件，就是为了保护日见污染日见匮乏的水资源。然而，光是上边三令五申是远远不够的，节约用水，人人有责，更要沿黄各省、市、区、县和方方面面重视和配合才行。然而……忽焉回首，忆回建国初期，“艰苦奋斗，勤俭建国”，八个大字，究竟哪里去了？退色乎？忽略耶？淡忘也？是束之高搁，还是弃如蔽履？姑且置疑。

水 土

最后一站，原本预定去陕西，最后改为甘肃。

天水的麦积山，形如散漫的农家小院堆起的一个金色的麦秸垛，只不过这是一个间以灰白条纹和布满斑驳时光的麦秸垛。拾灰白色的一级级阶梯，缘时光斑斓的四壁盘旋而上，可见一窟窟大小不一形态各异的泥塑佛像，间有一个永恒微笑的小沙弥，无论从任何角度均让人如沐春风，堪与蒙娜丽莎比肩。因限时未能细细揣摩，戏曰走山，同走者方英文、李良也。

在天水参观一处水土保持区时，远处是一座座秀色葱郁原生态植被的青山，不美的是在远远的青山坳里，有一个冒着浓烟小水泥厂。近处是人工的水土保持示范区，塑料地膜覆盖下的植物也算得上生机盎然，在焦枯的泥土中，翠绿叶片的葡萄已经开始牵蔓挂果了。触目惊心的对比却是，人工水土保持示范区颜色是褐黄色的，相比四处郁郁葱葱的青山，如同一个不幸被揭去皮肤的丑陋的血淋淋的伤口。这种对比的强烈让所有的人都觉得不安。

上级部门和地方政府以及农民的积极性似乎也因此得到了回报。可是，我的心情却在喜悦的同时有些忧郁，总觉得有什么地方不那么对劲儿？这个景象，原本是不该在这样一个环境下看到的，却偏偏看到了；原本在这样的环境下它不该存在，却偏偏存在了。在经济学上它的存在是合理的，在生态学上它的存在是需要置疑的。在赵公元帅眼里它是美丽的，在苏格拉底的眼里它却是丑陋的。为了一个堂而皇之当仁不让的理由，只好道一声得罪。

治理黄河是一个很复杂很漫长很纠结的问题。简单管理和治理容易，从根本上解决问题却并不那么容易。不拘一格地正本清源，从黄河源头逐片向下进行立体化流域治理，宜树则树，宜灌则灌，宜草则草，还需要不惜工本地因地制宜实施真正含义上的退耕还林和封山育林，给农民相应补偿，不拾小钱，不做大秀，不算小账算大账，才可能标本兼治。封山育林如同疏导，而机械的人为拦截，犯得还是那个治水大忌，并不能从根本上解决或是缓解水土流失，反而成为了黄河水量之所以逐年递减的诸多因素中很重要的一个因素。

采访中发现黄河流域水土保持不幸陷入一个这样的怪圈：建淤地坝、拦水渠、挖鱼鳞坑等工程手段，目的是不流失水土，使沙不下山，水不出沟。殊不知，这是一把双刃剑，正面的效果并不明显，负面的效果却十分明显。黄河泥沙总量似乎也并没有因此而减少，反而因为水不下山，导致大量地面径流不能进入黄河，雪上加霜，使黄河水量为之更加匮乏。

出于人道主义和为了调动农民积极性的考虑，近年来我们一直倡导在水土保持区种植各种各样的经果林，而许多经果林的种植，实质与种粮食并无二致，根本无法生成植物群落形成保土和蓄水的郁被度，反而使土地更加裸露，土壤更加破碎，越垦越穷。相反，我发现没有垦殖过的一些原生态的山头，却被灌木和草棵覆盖得很好。因坝堰羁绊在水土保持区内那一点没有下山的雨水，太阳一出便蒸发殆尽，而黄河水量也因此没有得到应有的补充。

还有，各自为政的治理结果，违背自然规律，使每一个地区都相对变成了一个孤岛，使每一个下游地区的沟渠之中，都失去自然过水的滋润，自然生态的多样性受到不同程度的破坏。这里似乎也有治水的辩证法，不拘一格正本清源封山育林恢复原生态植被如同疏和导，而人为地靠工程手段拦截却犯了那个治水的大忌：堵。堵并不能从根本上解决或是缓解水土流失，不止一位专家扼腕说，这是黄河水量逐年递减的诸多因素中最重要的一个因素。

人以杀生而养生，在创造中毁坏，在毁坏中创造，要想让人类不发展不破坏不污染几乎不可能。这是人类的宿命。但是，尽可能向自然靠拢把对自然的破坏和污染降到最低，却可以有效地改变这种宿命。在这个精英的社会，人已经强大到无力拥抱自然。任何一个民族的疯狂与利令智昏都将是自取其辱。灭六国者六国也。我们普通人能做的已经非常之有限，但非做不可。人类择水而居，有多长的江河就有多长的人居，没有河流就不会有乡村和城市。

城市是一头怪物，人类创造它，如同给自己创造了一个上帝。城市贫穷时，森林和河流是兴旺的。城市繁荣了，可自然却贫穷了。我们超前透支和消费了儿孙的自然资源，破坏了生态环境，难道就心安理得？谁在逃？谁在追？谁会捉住谁？谁会吃掉谁？我们是在追杀自然，还是被自然所追杀？危险来自于何方？是来自于大自然，还是来自于我们自己？

人类处于两难之中。何去何从？像一道高难度的模糊数学题，暂时无解。

离开天水，然后去兰州。沿黄九省，最具黄河母亲意象的所在、为黄河特立独行之城市、黄河穿市区而过者，唯有兰州也。在兰州，晚饭后，叶舟乘兴带大家赏兰州夜黄河。置身南北两山夹峙的带状之间，游移于夜色浓重的汤汤之里，于灯火迷离之中，叶舟喝啤酒数瓶，唱“花儿”若干，我亦狼嚎数声，引得高伟呕酸曲一枚，贺平意大利发声一把，韩春旭无奈唱红歌一首。中途又唤来猿（袁建军）、猴（侯全亮）、燕（贺海燕）等良伴，吃羊肉串，聊黄河事，佐以白酒一瓶。方英文默然良久，刘功业一声不吭。数日相聚，依依惜别，感慨良多。

赏河月满满，听涛声溅溅，拥黄河于怀抱。归已夜半。

哲夫 山西省作家协会副主席、太原市文联副主席、太原市文学院院长。国家一级作家。著有生态系列长篇《黑雪》、《毒吻》、《天猎》、《地猎》、《极乐》、《天欲》、《地欲》、《人欲》，生态环保长篇报告文学《中国档案》上下册、《黄河追踪》上下册、《怒语长江》、《帝国时代的黄河》、《世纪之痒》、《执政能力》，中篇小说《长牙齿的土地》、《船儿也曾有过舵》、《鱼虫》等百余部（篇）。曾获中国图书奖、冰心文学奖、中国首届环保文学优秀作品奖等。

史记的黄河

李 良

一

溯流而上：从黄河入海口，一步一步追根求源地向上游走去，甘肃作为终点。

这是2011中国作家协会“行走黄河看水利”采风团安排的线路。

类似的采风活动，随着“行走文学”的再兴，此行远不是第一拨，也不是最后一拨。要拜访黄河，说到底，也无非两种选择：一个是从巴颜喀拉山的源头开始，顺流而下，眼里的河渐行渐宽，最终与浩瀚无垠波涛万顷的大海相拥在一起。仿佛电影的速放，眼瞅着粉嫩肉团样的新生婴儿，迅速完成成长过程，直撞而来把人眼球顶的生疼，你还没来得及发出那声“哎哟”的惊叹，他就大得顶天立地人世间盛不下了，扑棱扑棱到了大海里。这样的走法，让我很容易联想到时下一个很是时髦的玩项：漂流。可不是哩，自上而下，晃晃荡荡，你不是“漂”，又是做个什么？

“漂”，你选在哪里进行都可以，就是不要放到黄河上来。黄河一石水，沙有八斗，水流滞重，表面不轻见浪花飞溅，水下却旋涡重重。该湍急时，房样的巨石若玩物任由挟裹搓磨。巨石山崩滑落，初时有棱有角，傲的尾巴像是要翘到天上。到了呢，光润伏贴，只能蹲在文人的博物架上，让人去浮想河水的厉害。所以，真要黄河漂流，就要随时交出命来。玩命的游戏，不玩为好。“漂”还有个同音字，是“飘”。我有个偏好，喜给文字归类，打在课堂上和“飘”第一次见面，我就毫不犹豫地把他拾到“潇洒”那个筐里了。和“漂”一样，黄河同样是“飘”不得的。到哪里你玩潇洒都可以，就是不要到黄河岸边来。不是谁小瞧谁，而是这地儿特别。否则，你就会像根被一阵多事的风吹起的羽毛，打几个旋落到河面上，黄水一裹巴就没了影子，晕头晕脑，“飘”到了哪儿，还能晓得？你早就连北都找不到了呢。

因为，黄河是世界上人口最多、历史最悠久的民族的文化摇篮。

伟人毛泽东头上顶着一串耀眼的光环：革命家、军事家、思想家，还有书法家、诗人。无论其中任何一个方面的成就，不需要添加任何水分，都足以惊天动地，震古烁今。在他眼里，秦皇汉武，都略输文采；唐宗宋祖，都稍逊风骚；一代天娇成吉思汗，也只是一个识弯弓射大雕的牧马人。对滚滚长江不但要横渡，还要高峡出平湖；对莽莽昆仑，不但要他不要这高，不要这多雪，还要安得倚天抽宝剑，把汝裁为三截。论豪放、论潇洒、论气魄，谁人能望其项背？可就是毛泽东，走到黄河跟前，凝重到几近失语。时间是1952年深秋。新中国成立伊始，经历了土地革命战争、抗日战争、解放战争的华夏大地，百废待兴。作为领袖的毛泽东，需要思考的问题需要看的地方实在太多，但他还是把他第一次出京视察的主题，定在了黄河上。如果一定要给出解释，也许此前他曾说过的两句话，能寻到一二脉络。一句是他在1947年讲的。善于忙里偷闲的毛泽东，在陕北带卫士前往佳县峡谷边俯瞰黄河，他说：没有黄河，就没有我们这个民族啊！另一句，是1948年讲的。陕北的转战以完胜划上句号。毛泽东率中共中央机关东渡黄河，前往华北解放区。在渡船上，毛泽东手里夹着烟，远眺上游，吟着诗仙李白“黄河之水天上来”的名句。站在毛泽东身边的人，有些是在井冈山就在一起的，对他再熟悉不过，都在心里欣喜着很在状态的他，肯定要有佳作问世了。不料，毛泽东用手一拂乱发，转身过来很严肃地说：谁藐视黄河，就是藐视我们这个民族。

既然这条河流，已和整个民族的尊严相提并论，那么，作为一个掌舵人怎样重视，都是不为过的。

毛泽东这次出巡，先看了黄河堤防，又看了人民胜利渠。也许是朝鲜战场上炮声正隆的缘故吧，亦或许在战争河里趟的太久了，他的话里，还透着战争的语式：沿黄河一个县有一条这样的渠就好了。渠灌当阵地战，哪里灌不好再加上水井打游击战。作为思想家的毛泽东，是不会放弃这个和黄河用心交流的机会的。他想静静地品味一下在他的心里，地位早已崇高得不能再崇高的黄河。害怕打扰了黄河似的，他免掉了“前呼后拥”，独自沿着窄狭的山道，登上干硬的邙山高坡，然后，寻一处土堆坐下，双手放在膝上，望着山脚下流淌过千古的河道，一坐便是许久。

这次，毛泽东硬是一句话没有说。一直到蹬车临别时，才嘱咐陪同的黄河水利委员会的负责人：要把黄河的事情办好。

这次，毛泽东留下了一张弥足珍贵的照片——深思、远望黄河的侧影照。所有关于黄河的图片集或摄影展，几乎无一例外地都要选到这一张。也许对晓得黄河的人而言，要想读懂黄河这部大书，就得是这样“苦苦思考，上下求索”的样子呢。

笔走远了一些，但也无非是想说明，若真心“行走”黄河，是要拒绝潇洒的。

这里，该说行走黄河的第二种选择了。

第二种选择，是开头就讲了的，从黄河的入海口处，步步登高向上游行走。瞻望须仰视，深思当叩拜。不以此诚敬，不配见黄河，更无法走近黄河。还有，黄河之雄之沉之峻之美，只有仰观，才能真正领略其神韵。晋人成公绥的《大河赋》，可谓唱尽了黄河的大风：

“览百川之洪壮兮，莫尚美于黄河。”作者一语破题，开篇即把黄河的壮美给点了出来。接下来的“陈述”，也绝佳到位：“潜昆仑之峻极兮，出积石之嵯峨。登龙门而南游兮，拂华阴于曲阿。凌砥柱而激湍兮，逾洛汭而扬波。体委蛇于后土兮，配灵汉于穹苍。”即使单纯旅游，从下而上，也是上好的线路安排。人往高处走，尝试前行，不定还能意外地品咂出点人生哲理来。

写到这儿，还想把伟人请出来。

智者乐水，毛泽东一生，与水至为有缘。湘江之水不在话下了，单是长江，前后就横渡三次。他第一次到北戴河望见大海，只能用欣喜若狂来形容，不顾雷雨，一头扑了进去。那份渴望与向往，任谁在旁边看了，都要心生羡慕的。作为诗人的他，也顺便收获了“大雨落幽燕，白浪滔天”，“不管风吹浪打，胜似闲庭信步”的佳句。也许是过于专注了，毛泽东的一生遗憾，也是在水上。1961年8月，毛泽东在庐山对张仙鹏说：我有三大志愿：一是要下放去搞一年工业，搞一年农业，搞半年商业，这样使我多调查研究，了解情况，我不当官僚主义，对全国干部也是推动。二是要骑马到黄河、长江两岸进行实地考察。我对地质方面缺少知识，要请一位地质学家，还要请一位历史学家和文学家一起走。三是最后写一部书，把我的一生写进去，把我的缺点、错误通通写进去，让全世界人民去评论我究竟是好人，还是坏人。

毛泽东不是随口说说，而是一直念念不忘。光阴荏苒，1964年，毛泽东已是年过七十古来稀了，但并没有断消此念，指示身边人员练骑马、查资料、做准备。但后来因其他事情缠身，一直未能腾出大块时间成行。未能行走黄河，成了他老人家终生的未了情。

我这里想说的是，毛泽东亲自拍板敲定的考察线路，也是从黄河入海口出发，上溯黄河之源。

这次“行走黄河看水利”的终点，不是源头，而是甘肃，我觉得也很切题。成公绥赋里“出积石之嵯峨”的“积石”，就在从循化进入甘肃的地方，与太子山相连。关于积石山，有几点是非说不可的。第一个是雄关。作家红柯行走黄河后撰写的长篇散文《手指间的大河》，曾专辟一章《积石雄关》来描写，足见其份量之重。积石关地险天成，南倚巍峨高耸的积石山峭壁，北临浊浪滔滔的黄河深渊，背山面水，一夫当关，万夫莫开，历来是丝绸之路和唐蕃古道要隘。军事之要地，甘青之门户。在积石关的南山峰上，筑有号称“积石锁钥”的墩堡，明御史李玑在《题积石》里这样赞美：“地险天成第一关，巍然积石出群山。”第二个大禹在此导河，是黄河有“禹迹”可寻的最靠上游的地方。第三个黄河由此名副其实。积石山是青藏高原的垒垒岩石与黄土高原的分界线，是黄河最后一节清流。过了这里，黄河不但进入黄土地，连自身也给染黄了。仅从字面上理解，积石山以上的河段，与“黄河”之名的叫响是没有干系的。行走黄河看水利，到甘肃告一段落，虽心里有所遗憾，但也是说得过去的。

这次行走黄河，规格是非常之高的。中国作家协会副主席高洪波带队，水利部部长陈雷、副部长李国英参加出发仪式，黄河水利委员会副主任徐乘专程到北京陪同，陈小江主任在黄委所在地郑州作专门介绍。自己有幸被选入考察团队，又是本系统的作家，当然要做好精心准备。先是尽可能地查阅类似《黄河人文志》、《黄河史述要》之类的文献，再是把研究水文化、水利志的专家邀聚起来漫谈，等走在黄河大堤上的时候，不觉间在心里留下了深深的烙印：一部黄河史，实际上就是中华民族数千年来治乱兴衰的缩影。从兰州飞回郑州，坐在位于20层高的书房里，身边是成捆成捆沿途单位送的各种资料；窗外，星星在苍穹一闪一闪，不停地眨着眼睛。就在我思索着该如何构思本文，让“行走”最终变成实在收获的时候，电话铃骤然响起，是那位研究水文化的朋友打来的。他问我是否不虚此行，我脱口而出：当然，我在行走中依稀看到了一个民族的背影。放下电话，我已经清楚要写些什么了。黄河是中华民族的文化摇篮，要写黄河，自然就要从最久远说起。

二

上善若水。

我不止一次到老子的故里河南鹿邑县寻望，对《道德经》里的这句话特别喜爱，几挂在嘴边了。我常常这样想，老子所说的上善的“上”，是否应作为“大”来理解？大既有“最高境界、最高层次”的意思，也有最巨方面的意思。水是万物之灵。人本身生存须直接饮用水，与人相关联的食物链如粮食种植、家畜饲养等同样离不开水，甚至包括生活方面洗脸洗澡洗衣服浇花拖地等，都是离了水不行的。“万物之本原，诸生之宗室”，从来没一样东西，像水一样和人联系如此紧密。从来没有一样东西，像水一样对人类乃至世界奉献如此之多。“感恩”是时下很热的一个词，真要讲感恩，每个人都要对水抱有一颗真诚的感恩之心。水，真的是善莫大焉。但水，也有它的两面性，不但有风平浪静，也有浊浪排空。它在哺育、滋养人类的同时，也无时无刻不在威胁、伤害着人类。“洪水猛兽”，古人论危害，洪水还要排在猛兽之前的。可见，洪水给人类的心灵，留下了怎样浓厚的阴影。

据史料记载，自公元前200年至1949年，2000多年间，我国发生的特大洪水就有1092次，几乎每两年就要来上一次。水患成为中国每个当政者的心头之患，并在社会进程中形成这样的共识：善治国者，必先治水。

如果说，一部中国史就是一部水患史，那么它同时，也应该是一部治水史。

翻开史书，远溯到史前传说时代，黄种人就是在洪水中被创造出来的。在鲁迅的小说《补天》里，说女娲是在抗击洪水的间隙，创造了人类。安阳殷虚出土的甲骨文中的“㫺”，经国学大师郭沫若考证为我们今天的“昔”字，把波涛画在太阳上头，完全是“洪水滔天”再形像不过的描绘。同样的大水难，在《创世纪》里也有记载，诺亚方舟就是为躲避洪水到来的灭顶之灾而制造出来的。或许，无论东方、西方，在天地混沌初开之时，洪水泛滥都是非常家常便饭的事。日夜挣扎在对洪水恐惧之中的无助的人们，能有女娲这样制天息洪的英雄作寄托，当然最符合人们心底的期盼。传说中，女娲面对的是怎样的形势：“四极废”，天不但倾倒，而且，漏了很多的洞，“汤汤洪水滔天”，“水浩洋而不息”。已做好创造人类准备的女娲，当然不情愿让她的孩子们出生在这样一个几乎无法维持生存的恶劣环境里。她不顾形单影只，不等不靠，不怨天尤人，决心炼石补天。她是个追求完美的人，不但要把天补上，而且，要让天空五彩缤纷比原来还要漂亮。她不怕麻烦，不辞辛苦，周游四海，遍涉群山，工夫不负有心人，最后终于找到土为五色的天台山。天台山是东海上五座仙山之一，仙山由神鳌用背驼着,以防沉入海底。原料找到，并不能直接使用，也许是像后世人们烧制陶瓷，女娲又在天台山顶堆巨石为炉，又求借来太阳神火，历时九天九夜，炼就五色石36501块。然后又历时九天九夜，用36500块五彩石将天补上。天是补好了，可天的倾斜问题没有解决，随时还会有倾覆的危险。女娲顾不上抹一把额头的汗水，又四处寻找支撑四极的柱子，天倾斜的更加厉害，似乎马上就要塌下来，这时，女娲已经像鲁迅先生笔下描述的那样，挥舞没有头的长绳，用水和泥创造出第一批人。情急之下，女娲只好将背负天台山之神鳌的四只足砍下来支撑四极。天台山少了神赘的负载，眼见沉入海底，于是女娲用手掌托着将天台山移到东海之滨的琅琊。神话和现实只有联系在一起，才会更有可信度。如果你去旅游，今天的天台山上，仍然留有女娲补天台，补天台下有被斩了足的神鳌和补天剩下的五彩石——后人称之为太阳神石。女娲既要寻找原料，又要砌炉冶炼；既要补天漏，又要防天塌，而这巨大工程量，要全扛在她一个人羸弱的肩上，其艰难可想而知。她的伟大感天动地，最后漫天飘动的彩云和绚丽无比的彩虹，就是献给她的最好的礼物和致敬。女娲，在人类没有诞生前,就先言传身教地作出了榜样。

传说终归是传说，现实中和洪水的抗争绝没有这样浪漫和唯美，完全是靠一步一步艰难地摸索出来的，学费甚至就是生命的付出。

洪水的边际，总是受制于高坎。也正是受“天然堤”现象的启示，在古人的脑海里才产生了“兵来将挡水来土掩”的概念。古代关于共工氏“壅防百川”和“鲸障洪水”的历史传说，正是这种防洪方式的精到描述。作为高瞻远瞩的首领的尧，自然更能清醒地意识到这一点。治水在那时毫无疑问要被摆到生死攸关的重要议事日程上。甚至，只能当成第一要务。经过他精心考察和大家推荐，共工被任命为第一位有迹可寻的治水领军人。其时，黄河河道是出孟津流向东北，从天津附近入海。在孟津以上，黄河水像一条巨龙，以气吞山河之势，穿越腾格尔沙漠，蜿蜒高山峡谷之中。孟津以下，黄河早憋足劲地“咆哮一声出龙门”，奔腾于广袤的平原之上，无拘无束，肆意游荡。黄河河道滚动的特性，使得人们常常由丰收在望的喜悦，转眼变成颗粒无收的沮丧。躲不及，人也会被洪水席卷而去，瞬间性命消失在浊浪翻滚的黄水中，连一声呼救也来不及从喉咙里发出。共工“壅防”,就是把高处山坡上的泥土、石块搬下来，沿河修一些土石堤坝，用来抵挡洪水的侵袭。在洪水不那么大，亦或是洪水强弩之末之地，共工取得了一定的成功。因为这个原因，才被推荐和选中。共工踌躇满志，宣誓带队出征。他不辞劳苦，根据以往经验昼夜筑堤，所有民众紧衣缩食，给予大力支持。平水年份，洪水可用土堤阻挡，遇到上游暴雨连天，河水猛涨，土堤怎可阻挡？堤决流急，犹万马奔腾，不但田地尽淹，还进而摧毁房屋，危害比无堤来得更为猛烈，损失还要更巨。同时，共工还无意中造成了“振滔(振荡)洪水，以薄(迫)空桑”的局面。空桑在今山东省曲阜县南，共工所为，有点以邻为壑的意思。在下游百姓“劈除民害逐共工”的强烈要求下，尧也只能忍痛割爱，别无选择地接受民意。共工沮丧万分地离职，独自孤独地回了原来的部落，从此隐居不知所终。历史的车轮不会因哪一个人停下来，治水仍要继续。尧紧急召集部落首领召开联盟会议，会商的结果，是“尧听四岳，用鲧治水”，命鲧取代共工，继续率领治水大军出发。

鲧是禹的父亲，是居住在崇（今河南嵩山）一带部落联盟的首领，上阵父子兵，还有可能是鲧想让他格外欣赏的儿子经受锻炼，他不假思索就把禹带在身边，还有意让他列席会议，参与决策。鲧这次显然立有军令状，他急于消除人们对生命的担忧，选择的治水思路是“障”，“筑城以卫君，造郭以守民”，即把修建堤防与筑城结合起来抵御洪水，把被动守护家园当成全部。想想，以当时的生产力和技术条件，“城”也只能简陋不堪。大约在公元前21世纪，黄河流域连续出现特大洪水。“汤汤洪水方割，荡荡怀山襄陵，浩浩滔天，下民其咨”。鲧被动防御，只能处处险情，失败在所难免。连续的失败使得一项宽怀大度的尧大怒，按照军令状上的约定，将其“诛于羽山”。有一部描写这段历史的资料片，镜头上鲧行刑前，瞩望着禹，默默不语，一直到头颅滚落，都没有开口。鲧的妻子从丈夫的眼神里，读到的意思是要她带着儿子回部落，永远不要再参加治水，以免落个像自己一样的下场。父亲的突然罹难，使禹一下子成熟起来。禹读到的是不甘，事业未竟身先死。尧不愧是被圣人推崇的人，虽然年近古稀，但仍能虚怀若谷地听取大家的意见和建议。他欣然接受舜的举荐，任命鲧的儿子禹继续担任治水的主帅，并自责地把盟主的位置禅让给了舜。禹没有听母亲的苦苦劝告，在新婚妻子的支持下，毅然在舜信任而坚定的目光注视下，接过了治水的权杖，并将它高高举起。他决心通过制服洪水，来告慰父亲，挽回部落的荣誉。他不轻易否定共工和父亲，认为这是治水漫漫长途上人们必须付出的代价，是大胆而有益的尝试。

所以，年轻气盛的他，组建班子时，非但没有搞一朝天子一朝臣，反而让鞍前马后协助父亲治水的伯益和后稷继续辅佐自己。他在人们的质疑声中，又亲自登门请来了共工氏的后代西岳做副手。关门研讨的结果是在肯定共工的“堤”和鲧的“城”的基础上，又开辟了“疏”的新思路。“高高下下，疏川导滞；钟水丰物，封崇九山”。即利用水向低处流的自然趋势，顺地形把壅塞的河道疏通，让洪水有出路，然后“合通四海”。禹决心通过综合治理，来收服洪水。为了全民动员，他还向舜要来了前所未有的权力，即在治水的号令之下，必须人人听命，以此举全国之力。舜义无反顾地答应了他。这样，治水指挥部不但有了近似国家的架构，也在实际上拥有了国家的权力。治水成功与否，已是关乎联盟存亡的头等大事。作为部落首领和最高水官的禹，不但要大家干，自己也“身执耒，以为民先”，“居外 13 年，过家门不敢入”。他还注重科学治水,“左准绳，右规矩”，“行山栞木”，用原始的测量办法，定高山大川。用火烧的办法，使岩石疏松，然后，撬石开道，让行洪通畅。大哉禹，身先士卒，群策群力，既善于总结先人经验，又在继承的基础上注意创新思路，经过艰苦卓绝的拼搏，终获治水大成，开辟了人类历史上的新纪元。

经过大禹之手，黄河的新模样是：导河积石，至于龙门，南至于华阴，东至于砥柱，又东至于孟津。东过洛汭，至于大丕，北过降水，至于大陆，又北播为九河，入于海。禹还把部分洪水引入低洼地，并“陂障九泽”，筑堤打坝，不让洪水外溢。经过这些措施，使“九川涤原”，让九州的河流不再壅塞，渍水不再横溢，百姓安居乐业，农桑兴旺，水草丰美，大象悠闲地带着边走边嬉戏的小象从辛勤耕作的人们身边走过。

禹本身也得到了巨大回报，舜念其功，把最高领袖的位置禅让给了他。禹的儿子启当仁不让，在禹之后，把禹也许原本无心的水利机构最终演变成了切切实实的国家机器，自己也理所应当地戴上王冠。

水利系统的三位中国作家采风在黄河口，左起：靳怀堎、侯全亮、李良

如果没有治水实践，由原始社会过渡到奴隶社会还需要多久，也许，只有黄河能说得准。

三

在黄河治理上，没有一劳永逸这个词。

到了商，水患又开始频仍，说出来令人难以置信，仅仅因为水患，一个堂堂的朝代，竟然一而再再而三，先后迁都达六次，想让统治者不手忙脚乱，都难。据史料记载，商汤最早建都在亳，也就是现今的河南偃师，但没过上几天安稳日子，便“因水”自亳迁都于嚣，也就是现在的开封一带。紧接着，被窝还没有暖热，又因“河决之患”，“自嚣迁于相”，也就是今天的内黄县。接下来，又“徙都于耿”、“徙都于庇”、“徙都于邢”，直到“复迁于殷”，也就是今天的安阳，才总算安定下来。这几次搬家，前后发生在短短不足40年的时间里。好不容易安顿下来，又摊上个爱美人不爱江山的纣王。纣王无道，酒池肉林，天天忙着和妲己玩，哪有多余精力去操心治水。西周先是忙着伐纣，纣灭忙着按封神榜分封诸侯，除下来键盘一敲，满屏幕皆是周易外，同样搜索不到治水的史料。种瓜得瓜，种豆得豆。到东周，西周分封的多达53个诸侯国，开始相互攻击，争着不把朝廷放在眼里。朝廷无力掌控局面，鼎只好谁想问，就上来问问，纵有心过问一下治水的事，也是心有余力不足。末了，也是想想白想，干脆不想。倒是诸侯国迫于竞争压力，有些个颇有作为。

春秋战国是中国思想最活跃的一段时期，称得上群星灿烂，群雄毕至。不仅涌现了老子、孔子、墨子、韩非子等一大批思想家，涌现了政治家管仲、外交家苏秦、军事家孙子、大工匠鲁班等；在治水上，也贡献了当时造福一方，日后福泽万世的一大批能手，杰出代表如孙叔敖、西门豹、李冰等。这些人，虽然也都是高官——像孙叔敖曾为楚相，后来得到毛泽东高度评价——但真正让他们名垂青史的，还是“水事”。在这个时期，真正把治水提升到国策高度的人，是管仲。管仲当时的身份是国相，在和齐桓公一起探讨治国方略时，提出来“五害之属，水最为大”。第一次把治水列为治国的首要或根本，在他看来，治水不仅仅是单纯的一项工作，更是成就霸业的前提，是治国的基石和基础，是安邦的大计和大策。他的话，历史证明丝毫不带夸张。早在一千多年前，认识就能如此到位，让人不能不向那个时期神往和敬礼。

孙叔敖亲力倡建的期思雩娄灌区，在当时被称为“百里不求天”。使粮食产量大幅度提高，他由此得出的判断是“知其可谓令尹也”。令伊是当时的官员称谓，其地位和权力相当于后来的宰相。孙叔敖受到如此重视，再接再厉，又主持修建了“灌田万顷”的芍陂。农业大丰收大大增强了楚国的实力，使得楚国在群雄环伺中敢于挺直腰杆，一举击败当时最大的军事强国晋国，跻身为“春秋五霸”之一。

管仲绝不是只是纸上谈兵的人。他不光是对治水口头上重视，而且有着卓越实践。他通晓水性，也依水性而为，讲究因势利导。把水分为干流、支流、季节河、人工河和湖泽五大类，根据各自的特性，因地制宜采取不同的治理方法和相应的工程措施。在他务求实效持之以恒的苦心经营下，齐国的水利设施空前发达，可用星罗棋布密如蛛网来形容。水利的空前发展，使齐国得以迅速繁荣富裕起来。孔子这样感叹：“微管仲，吾其被发左衽矣！”——我简直无法想象，要是没有管仲的话。我们人类将要过着怎样贫困、野蛮的生活！经济发展，使军队建设有了坚实基础。有钱、有兵，人想说话口气不硬都难。齐桓公在管仲一步一步地精心设计下，很快“九合诸侯，一匡天下”。当他发话在一个叫葵丘的地方大会诸侯时，连堂堂的周天子也不敢不给面子，专门派特使如期参会，齐国一跃成为“春秋五霸”中的第一霸。齐桓公因水而霸的成功实践，对后世想有一番作为的当政者，产生了深刻影响。

四

“疲秦之计”是弱小的韩国面对日益强大且虎视眈眈的秦国，在惴惴不安中不知由哪个满脑子浆糊的谋士想出的一条计策。此计，是基于这样考虑的：嬴政一向“好兴事”，如果找一件特大事让他投入进去，借此拖垮秦国的经济，并最终使他无力实施并吞六国的计划。这件事是个什么事好呢？想来想去，决定派人去游说嬴政修渠。虽然，史书上查不到嬴政是管仲粉丝的记载，但可以推断，他对水利是非常重视的，否则，此计便没有行通的可能。

要叫嬴政动心，说的听起来像那么回事，派去的人就必须是个真正的水利专家，而且，对水利工程要有真知灼见。否则，秦国自商鞅变法之后，人才毕至，精通水利的也不少，浅显的东西是很难蒙混过去的。找来找去，真找到了这么个人，姓郑名国。

郑国不负韩国朝野厚望，在嬴政面前，从容抛出的是这样一个大手笔：修一条沟通泾水、洛水的大渠。“凿泾水自中山邸瓠口为渠，并北山，东注洛三百余里，欲以溉田”。三百余里，还要开山劈岭，还要穿激流险滩，即使放到现在也绝对算得上一项全国重点的大工程。更何况，秦国的地盘，比现在的一个省多不了多少。事情的进展比想象的还要顺利。嬴政不但被说动了心，而且气魄恢弘地很快拍板动工，真是说干就干，雷厉风行。嬴政是并吞六国的雄主，岂是那么容易上当受骗？这是因为，郑国去之前，做了精心的准备。一是一套完整的设计方案，匠心独运，细节缜密，令在场的秦国专家大为叹服。二是搬出秦昭王时代“兴”的“事”——闻名遐迩的都江堰做例子。蜀国因堰而成天府之国，让壮志凌云志在天下的嬴政怎能不眼前一亮？有这两条，嬴政便被搞定。他也真用人不疑，不去想郑国来自居心叵测的韩国，大笔一挥，便任命郑国为工程的总指挥。本国相应官员和财力、物力、人力，皆由其调度。

遗憾的是，不等韩国君臣弹冠相庆的喜庆气儿完全过去，秦国就发现了其中的阴谋——“中作而觉”。至于如何被发现的，现成的资料都没提。我猜想是韩国君臣有点得意忘形，不定谁酒后吐真言说露了嘴，被秦国潜伏的地下工作者听了去，使事情露了馅。秦国的强大是明摆的，嬴政大国强势心态也是顺理成章的事，他没想到，从没放在眼里过的小而弱的韩国，敢跟他玩猫腻。勃然大怒之下，命将郑国推出以“间谍罪”处以极刑。郑国拼死挣脱卫士，跪到嬴政面前，大声辩道：始臣为间，然渠成亦秦之利也。臣为韩延数岁之命，而为秦建万世之功。嬴政是那个看到《谏逐客令》马上知错就改，不但收回成命，还仍让李斯为相的嬴政。他绕着汗流浃背的郑国转了三圈，边绕，边听这些天跟在郑国左右做辅助工作的官员对郑国在技术把关上如何一丝不苟地汇报。三圈转完，汇报结束。嬴政点点头，对郑国的话已经"以为然"。对郑国而言，能活命已是万幸。不料，嬴政下面还有话说，这话让他听得五雷轰顶，热泪盈眶。嬴政不但尽免其罪，还让他继续担任总指挥，且"卒使就渠"。我认为，让郑国感动的，不是嬴政的宽大为怀，而是嬴政对他所修之渠发自内心的认同。也就是说，嬴政和他一样，都认准了这是一条能让秦国强大起来的康庄大道。对知识分子而言，是没有比知己更令人感动的了。

重新走马上任的郑国，心理上沉重的"间谍"包袱已经去掉，更有士为知己者死的暗自激励，工程进展自然是速度快、质量好。渠修好后，起到了两个证明：一是证明郑国在技术层面所言不虚，此充分说明一个真正知识分子的天地良心。二是证明嬴政在治国方略上的拍板没有拍错，此充分说明一个政治家应有的判断力、决断力。"渠成而用"，"灌注填淤之水，溉泽卤地四万余顷，收皆亩一钟"。于是，"关中为沃野，无凶年"。随之，秦民富国强，卒并诸侯。嬴政帮郑国实现了事业追求的梦想，郑国帮嬴政登上了始皇的宝座。君临天下的秦始皇，没有采纳大臣给郑国封官的俗的建议，他知道郑国最想要的是什么。不久，诏令从深宫传出，将这么一条空前规模的渠，命名为郑国渠。郑国是坐在回老家的牛车上听到这个消息的，暖暖的日头加上颠簸，使他有点昏昏欲睡。宣诏的人也觉得这是一件特别没含金量的事。这也是个厚道人，正在肚里找词儿想着顺便安慰郑国两句，谁想郑国爬着从车上下来，朝着咸阳方向，边连连磕头谢恩，边感激得老泪纵横。宣诏使闹不明白，以为郑国神经了，可怜地看他一眼，摇摇头上马回去复命了。

老天让郑国阴差阳错地遇上嬴政，一个被后世称为暴君的人让郑国在历史上留下了绚目一笔。黄河是否，也当感叹人世之无常？

郑国这一辈子，干了，得了，值了！

五

在毛泽东眼里，能和“秦皇”齐名的人，只有“汉武”。汉武帝和秦始皇一样，都是治水的铁腕人物。汉武帝和秦始皇的不同之处在于，他不光在政策制定上向水利倾斜，还亲自上黄河大堤上指挥堵塞决口。汉武帝在堵口工程完工后，望着脚下不得不驯服的滚滚黄河，写有一首《瓠子歌》。在登基伊始，他就专门颁发号召兴修水利的诏令。诏令开宗名义，把水利摆到前所未有的高度：“农，天下之本也，泉流灌溉，所以育五谷也。”认识上去了，困难也就成不了拦路虎，他先后批准修建了著名的漕渠，将由黄河经渭河通向京师的漕运，由过去的耗时半年缩短到三个月；修建了龙首灌区，引水灌溉万顷盐碱地，使之从过去的低产田变为稳产高产田。其他还修建了六辅渠、白渠等，配套了秦人留下的郑国渠。在工程实施中，他鼓励匠人技术创新。龙首渠在修建过程中，因为大山阻断，施工者首创了隧洞竖井施工法：“乃凿井，深者四十余丈。往往为井，井下相通行水”，“井渠之生自此始”。这种先进水利技术，后来推广到新疆演变成当地的“坎儿井”，甚至一直传播到伊朗、伊拉克、叙利亚、阿富汗、巴基斯坦和俄罗斯等地。黄河在这个时期，一直不停地出着难题。公元前132年，汉武帝元光三年，黄河在河南濮阳瓠子一带再次决口，滔滔黄水像一只破笼而出的困兽，夺淮河、泗水而入海，将豫东、鲁西南、皖北和苏北变成一片泽国。丞相田蚡是汉景帝皇后王娡的弟弟，汉武帝的舅舅。此人虽然长得形象欠佳，短小猥琐，但天资聪明，过目不忘，特别是有一付好口才，王娡因此就认为他是个有本事的人，出面施加影响，使他手中掌管的权力像吹气球一样越来越大，并很快成为一人之下万万人之上的丞相。此人不但贪财，还十分财迷。他所修建的府邸极为华丽壮伟，仅次于皇宫，连汉武帝看了都羡慕。他派到郡县去采买名贵器物的人，在道路上一拨接一拨，回来的和出发的碰头是习以为常的事。说他财迷，是一但东西进到他的账上，一点都不舍得损失，家里的针头线脑，看得比别人的珍珠玛瑙都金贵。他自己的封地在旧河道以北，看到河势凶猛，担心真把口堵上，有可能会在北岸决开。那时，冲的就是自己的封地。打有这样的小算盘，不可能真心去堵。汉武帝每次询问，也都是随便找个理由敷衍过去了事。为了自己一点自留地，忍心看着十六郡百姓泡在水里，田蚡的心，应该不是一般意义上的黑。汉武帝登泰山封禅，路上想起决口的事，提出来要绕道去看，皇帝要干的事，谁能拦得住，更何况还是连凶悍的匈奴都不瞧在眼里的强势皇帝。到了现场，汉武帝立刻被眼前的情景震惊：遍地黄流，满目疮痍，家园荒废，生灵涂炭。他哽咽着道：我谓河伯兮何不仁，泛滥不止兮愁吾人……目瞪口呆之后，汉武帝内心是深深的痛苦和自责。聪明一世，糊涂一时。田蚡从“河伯”上看到了希望，他知道汉武帝已经动了怜悯之心，必须找个理由，打掉汉武帝堵口的念头。皇帝是天下最大的官，人间没有什么是挡得了道的，事情只能朝天上说。他谄笑着道：江河之决皆天事，未易人力为强塞。强塞之，未必应天。田蚡真是好口才，这一来，不但把决口没堵上的责任推掉了，还把决口不能堵的理由自自然然摆了出来。但他下意识的笑先让汉武帝心里起了反感，不，简直是憎恶！试想，皇帝都难受得泣不成声了，你还笑得出来，这不找抽是什么？三寸不烂之舌再鼓摇得天花乱坠，此时此刻也难入耳。汉武帝找到了撒气的地方，斥责一番，令田蚡回家待罪。他当即决定暂停泰山之行，“沉白马玉璧于河”，以示与决口不共戴天之决心。他把随身携带以备中途赶不到行宫时好作休息之用的大帐支起来，成立起了堵口抢险指挥部。像他这种级别的人物，住在现场真刀真枪干，而不是挥挥手摆个样子的，在水利史上是绝无仅有的一个。一把手动起来了，什么事情都好办。他把随同保护他的几万护卫大军，就地由战斗部队转为工程兵，自将军以下全部上堤堵口。仅仅拿一个田蚡说事，汉武帝是难消心头之恨的。这么严重的灾情，百官因田蚡炙手可热，居然，没有一个人向他如实陈奏。他脸色狞然，全然不顾什么斯文体面，在堵口合龙的关键时刻，命百官和老百姓一样抬土背树枝。《史记》上不但对此有记载，而且，在我读来，比任何一个章节都描写得更为生动，让人更有身临其境的感觉。你道为什么？太史公司马迁也在抢险队伍里，有生活体验，动起笔来，比在资料堆里找感觉，自然要传神、准确得多。军民合力，上下合力，加上御驾亲征，天大的事，也能搞定。就这样，在汉武帝的怒吼声中，被震慑住的决口滔声越来越细弱，决口在投入最后也是最大的用牛筋紧紧捆扎起的一个荆棘捆后终于合龙。顿时，大堤上下响起一片“万岁”的山呼声。上有所好，下必甚焉。通过堵口这件事，百官吃透了汉武帝真抓水利的心思，加上田蚡不等处理，在惊惧中暴毙，朝廷中正气抬头，都争相扑下身子去努力抓好这项工作了。“自是以后，用事者皆言水利”。朔方、西河、河西、酒泉诸郡，“皆引河及川谷以溉田”；关中一带，新修了灵轵渠、成国渠；汝南郡、九江郡引淮水灌溉；东海郡引巨定水灌溉；泰山郡引汶水灌溉，小一些的水利工程更数不胜数。

汉武帝还注意水利领导力量的加强，在负有“修堤梁，通沟浍，行水潦，安水藏，以时决塞”之责的司空职衔前面加上了个“大”字，使之与掌管军事、治安的大司马、大司徒平起平坐，同“位列三公”，协调起来方方面面，自是比从前要顺畅许多。

水利上的投入，收获的回报是大小粮仓堆积如山，金库里串钱的绳子都快糟成灰了。兵精粮足，汉武帝怎么想，都有足够的资本一雪立汉以来祖上几代人饱受的耻辱了。世人读史都羡慕汉武帝的武功，殊不知，给汉武帝底气的是水利。这一点，滚滚东去的黄河水，最有发言权。

三国的历史知识是因一个名叫罗贯中的秀才而得到普及的。在天时、地利、人和三项指标中，地利应该最硬邦。而地利，不在东吴，更不在西蜀，在北魏。曹操立都许昌，封魏公后，建都邺。从许昌到安阳，魏的主要核心地盘，就在黄河两岸的中原。中原有明显优势：农业生产发达，这是不言而喻的。人口优势：蜀只有94万；吴多一点，有230万；魏比蜀、吴加起来还多得多：443万。人口多，意味着兵多。人才优势：中土文风盛，洛阳出才子。曹操掉在人才窝里，又注意延揽人才，人才济济的局面很容易形成。冷兵器时代，一个国家的综合国力，在相当大的程度上直接取决于该国的国土面积和人口数量。曹操占着“好地”又重视把地种好，为解决连年征战军粮不足的问题，大规模进行军屯。他的前营、后营、大营、小营以及许昌的九营十八站都是军屯所在地。曹操当年来此现场办公的议事台和视察的望田台，至今仍有迹可寻。为提高产量，他利用军队人多体壮容易突击的优势，积极兴修水利工程，在今临颍县修渠，北引颍河之水，灌溉大片耕地后退水流入玛瑙河。灌沟渠系整齐，设有闸门，灌排分设，相当科学。仅在颍河流域就“大治渚陂于颍南、颍北，穿渠三百余里，灌田数万顷”。曹操在搞屯田和水利建设的同时，还积极开发漕运，许昌西南经南屯的运粮河，北起清淠河，南接颍河，直抵淮北，是当时主要的漕运通道。“各县和京都许昌都有运河相通”。

屯田成效显著，每年“得谷百万斛”。数年间，“所在积谷，仓廪皆满”。

和曹氏搞接力赛的是司马懿。司马懿和诸葛亮打了多年的仗，悟出的道理是“灭贼之要，在于积谷”。他夺曹氏江山而不废曹操的屯田制和兴修水利的思路，最终为儿子司马昭灭掉蜀、吴铺平了道路。

六

西晋十六国南北朝，黄河流域遭受大破坏，用“惨不忍睹”来形容这段乱世，真的是再合适不过。结束这段动乱的是隋文帝杨坚。杨坚留的家底足够厚，杨广是个名副其实的富二代。隋朝灭亡，根本原因是杨广干事太猛。杨广想让自己的气度迈过父亲，尽快消除因非正常继位在百官和百姓心中的不信任感，在短短的六年内，夜以继日地整修、改建了通济渠、永济渠、山阳渎和江南河，将钱塘江、长江、淮河、黄河和河北水系连接起来，形成了以洛阳为中心，西通关中、南至余杭、北抵涿郡、长达5000余里的水上运输线。无论就其规模来说，还是就其长度来说，都是前无古人的。修通济渠的同时，还在淮南整修了从山阳至扬子的渠道。全部工程，自东都洛阳起，至江都止，总计2200余里。仅历时5个月，就全部工程告竣，且包括沿岸美化。工程质量也是一流，没有一处豆腐渣。这在世界运河史上，属无与伦比的创举。

杨广所干的“水事”，不但惠及当代，更造福子孙后代。不管杨广是出于何种目的所为，但客观上都是利国利民的。这一点，对杨广的评价要实事求是。要说杨广问题出在干的事上，那就是对高丽接连三次发动的侵略战争上。历史上，像隋炀帝这种瞄准灭亡主题加速奔跑的皇帝，是不多见的。黄河时而泛起的浪花，是不是也在哂笑？

水利于杨广，真是成也萧何、败也萧何，但这不是水利工程本身的错。

贞观长歌，高亢嘹亮。李世民龙兴太原，立都长安，一个黄河左岸，一个黄河右岸。定唐大战，主要发生地，也在黄河两岸，黄河于李世民而言是一条遇难呈祥的福河。唐朝的统一事业在黄河的眼皮底下，可以说基本完成了。

雄主就是雄主，总有常人难以想象的大手笔。

李世民接下来的任务，是如何将贞观长歌唱响。

唐朝由夺取政权转向治国安民，中央机构迅速扩大，百官俸禄增多，长安的城市规模也几乎成几何倍数地扩大，关中的生产远远满足不了这一庞大消费人群的需求。唐贞观十二年，李世民冒着刺骨的寒风，亲到三门峡砥柱山查看，感其险要，题写了这样的铭文：“仰临砥柱，北望龙门；茫茫禹迹，浩浩长春。”李世民考虑问题，注重长远，经过深入细致的调查研究，决定用立法的形式，建管并重，来保证水利建设的持续发展。“律令格式，为政之本”。在他的积极倡导下，产生了我国第一部严格意义上的水法——《水部式》。《水部式》顾名思义，就是水部司的应用法律。这部法律文字失传已久，我们现在能够看到的只是它的残卷。残卷共2600余字，内容有29个条款，涉及灌溉渠、堰、闸等工程和灌溉用水的管理，以及有关漕运、渔捕等方面的规定。现在看来，这部法律在当时至少发挥了以下几方面的作用：首先是限制了豪强地主霸占土地、强占水源、兼并小农；其次是协调了有关各方的利益，调解、化解了许多水利纠纷；其三是科学、充分地利用了水资源；其四是协调了受益与出工，也就是谁受益谁负责水利设施的养护和维修，保证了水利工程的效益经久不衰。由于这部法律的系统、完整、成熟和实用，它不仅大大提高了唐代的水利管理水平，促进了唐代的水利事业发展和社会经济繁荣，更对其后的朝代产生了重大、深刻的影响，它的许多原则一直到现在仍在沿用。甚至，它的影响力远远辐射到了日本、朝鲜、越南等周边国家，其中日本的古代水法更是直接采用的《水部式》。有法不依，不如无法。李世民不但制定水法，更要求各级官员带头遵守。“仍以当司格令，书于厅事之壁，俯仰观瞻，使免遗忘”。他还对官员的功过实行年终考查，看其所在地区是否“用水得所，田畴丰殖”，有无“用水不平”，“虚弃水利者”。这些切实措施，对唐朝的辉煌鼎盛，起到了至为关键的作用。

七

公元960年，后周殿前都点检赵匡胤发动陈桥兵变，黄袍加身，取代了后周的政权，在开封建立了宋王朝，史称北宋。宋真正由战争转入建设，应是在宋仁宗时期。

宋仁宗天圣二年，为减少洪涝灾害，颁布《疏决利害八事》，规定排水工程必须“商度地形，高下连属开治”，由“州、县役力均定，置籍以主之”。施工后，若出现“水壅不行，有害民田者”，由有关官吏赔偿，不得“敛取夫众财货入己”。及严禁在河渠中截水取鱼，开沟占田及按面积减去田赋等。《疏决利害八事》，称得上是我国第一部专门的排涝法规。

神宗年间，雄心勃勃的王安石入朝辅政。王安石不但诗文好，而且通晓农事。作为改革家，他首先关注的是水利。宋神宗熙宁二年十一月，效仿李世民，制定《农田水利利害条约》颁发诸路：凡有能知土地所宜种植之法，及修复陂湖河港，或元无陂塘、堤堰、沟洫可以创修。或水利可及众而为人所擅有，或田去河港不远，为地界所隔，可以均济流通……县不能办，州为遣官，事关数州，具奏取旨。民修水利，许贷平常钱谷给用。“同时，下派官员，四方严格督查，并下诏诸路设置农田水利官。由于重奖严惩，很快形成“四方争言水利，古陂废堰悉务兴复”的局面。短短数年，全国兴修水利田“府界及诸路凡一万七百九十三处，为田三十六万一千一百七十八顷有余”。在这里，还要特别提及北宋的黄河大放淤。大放淤涉及黄河下游、中游，包括京东、京西、河北、河东地区，面积之广不仅宋前所未有，宋以后也是罕见的。宋神宗赵顼对王安石的这一决策，曾给于积极支持。身为养尊处优的皇帝，难得如此热情高涨，他不仅亲自过问放淤进展和遇到的困难，还派遣亲信内侍太监到淤过的麦田调查，了解麦子的生长情况。他在朝廷改革与守旧两派斗争激烈的情况下，对王安石表示支持的方法也很特别，不顾太后的反对，径直走到田野，当着众大臣的面，很有点石破天惊地抓起一把土，伸出舌尖就去品尝。他对阻拦的大臣这样讲：大河源远流长，皆山川膏腴渗漉，故灌溉民田，可以变斥卤而为肥沃。朕取淤土亲尝，极为润腻。这样一说，谁还敢多言？有了皇帝做坚强后盾，王安石胆气愈壮。他一方面积极鼓励主持黄河放淤的官员们放手干，为他们撑腰，一方面又亲自出马批驳反对放淤的言论。当司马光发出“淤田无益，谓其薄如饼”的指责时，王安石立马言道：就令薄， 固可再淤，厚而后止。在人治的封建时代，皇帝、宰相大力倡导的事，想不如火如荼都难。从放淤的结果看，确实改变了土壤的品质。尽成膏腴，为利极大。“赤淤地每亩价三贯至二贯五,花淤地价二贯五至二贯”，岁“增产数百万石。”由此可见，大放淤取得了显著成效。

北宋京畿重地处于悬河之下，河患直接与统治者的切身利益息息相关。因此，历代宋王朝对防汛都相当重视。对如何能确保安澜，从皇帝到朝廷重臣，都莫敢置身事外。

为供京师之需，围绕开封的漕运空前发展，北宋时期，兴建了十分完备且极为庞大的水网工程，城市水系既能将涝水排出导入泗水，且汴河、惠民河、五丈河、金水河数条河流贯穿全城，水运交通， 四通八达。著名画家张择端的名画《清明上河图》生动地描绘了开封沛渠已经成为把经济中心的南方和政治军事中心的汴京连系起来的运输大动脉。这条大动脉，实际上是维持中央集权统治供给的生命线。特别是汴河，在北宋整整一代的经济流通中发挥了至为显著的作用。它上接黄河，下通淮河、长江，像输血管一样，将江、淮一带的粮米和百货，源源不断地运到开封，供应朝廷和100多万军民的需要。“汴河横亘中国，首承大河（黄河），漕引江湖，利尽南海，半天下之财赋，并山泽之百货，悉由此路而进”。“国家漕事，至急至重，然汴河是建国之本，非可与区区沟洫同言也”。这样一件事，应该能说明汴河的重要程度。宋太宗赵光义在一次汴河遭遇特大暴雨决口后，曾亲自出乾元门视察，并对群臣说:“东京养甲兵数十万，居人百万家，天下转漕，仰给在此一渠水，朕安得不顾?”据《宋史·食货志》记载，宋初，

“京师岁费有限，漕事尚简”，开宝五年（公元972年），运江、淮米才不过数十万石。到了太平兴国六年（公元981年），“汴河岁运江、淮米三百万石，菽一百万石”,至公元1016年，汴河运米更猛增至“七百万石”。不但远远超过了唐代汴渠的漕运量，而且创造了本朝的最高纪录。除“漕粟至京师”外，“又漕金帛、薪炭和各种货物”。这一年各路制造的漕船达2500多艘。清明上河图已极为繁复，但实际反应出的，只能算是冰山一角。

经过多少朝代日积月累的发展演绎，黄河文明达到一个鼎盛时期。宋时，全国大城市已有18座，京师汴梁城市人口更是达到100多万人，成为当时世界上最大、最繁华的都市。

多伟大的人物，都难免有小心眼。赵匡胤因自己是兵变当的皇上，所以看哪个武将都不放心。重文抑武，就成了宋代至死不变的国策。

结果，后来金兵雪亮的弯刀一举把汴梁城上空的阳光全给遮挡了回去，城里所有人的心情全都像阴霾的天空一样灰蒙蒙的。宋徽宗和他新即位不久的儿子宋钦宗赵桓之一起，在金兵赶牲口一样的吆喝声中，被押解着踏上通往关外的一眼望不到边的黄土路，两个人的眼角都挂着凄凉的泪光。金兵疯狂地烧杀奸淫抢掠，使一座让马可波罗钦羡不已的繁华都城，旋即变成了人间地狱。

北宋灭亡后，赵桓之的弟弟康王赵构在南京(今河南商丘)即位，是为高宗。金人南侵时又迁都临安，史称南宋。人心不足蛇吞象。金兵在金兀术的统领下，步步紧逼，终于在江南遭遇军民奋力抵抗受到重挫，败撤到长江边上时，被韩世忠诱困在朝天荡里，丈夫韩世忠奋勇截杀，妻子梁红玉站在吊斗上不顾箭矢如雨擂鼓助威。侥幸逃脱的金兀术，又被岳家军在朱仙镇一场天昏地暗、云愁雾惨的大决战杀得丢盔卸甲。如果，不是因为岳飞被十二道金牌召回，只怕这次再没有朝天荡的幸运，命非丢在黄河南岸不可。金的气数很快就尽了。天兴元年，蒙古军端掉金的老窝后，宜将剩勇追穷寇，由北向南，一直打到河南。再朝南，是血海深仇的南宋在等着。早已成丧家之犬的金军退无可退，只好硬着头皮在豫东摆阵准备与元决一死战。成吉思汗显然读过《三国演义》关羽决白河淹庞德的故事，为避免与做困兽斗的金军正面交锋，以保存实力好来日和宋军交手，在归德府凤池口（今商丘西北）派人决河，以洪水灌金兵，金兵没有提防，溺毙无数。金这场戏，至此谢幕。这次决口，导致黄河首次夺淮水入泗水。成吉思汗以水代兵尝到甜头，1234年攻打宋军决心死守的废都开封时，见城墙坚固厚实，急切之间难以攻下，旧戏重演，再次在开封城北20余里寸金淀决开黄河。黄河由封丘南、开封东至陈留、杞县分为三股：一股经鹿邑、亳州等地会涡水入淮；一股经归德、徐州，合泗水南下入淮；一股由杞县、太康，经陈州会颍水至颍州南入于淮。黄河由此不断南移、西移，到13世纪中，黄河下游到达颍河一线，夺颍入淮，这是黄河南流的最西线。此后，汴河被淤，漕运早停，百姓逃亡，整个汴梁很快萧条下来。昔日的繁华，让黄河想来就像是做了一场春梦。中原的经济地位，用下滑已远远不足以表达。要说，只能说是一个跟头从云彩眼里跌落到泥淖里。

蒙古族战马狂奔的铁蹄把金踏碎后，公元1279年，苟延残喘的南宋也被他收入囊中。元朝统一全国后，定都北京，黄河流域从此不再是全国的政治中心。“中”的含义里，少了很大的一块儿。

元朝这一马背上飚起的王朝，如果让奔跑的马蹄突然停下来，会浑身发痒不自在的。所以，元朝建立后，就是不停地扩张，再扩张。向北、向西、向南，狂扫，再狂扫。根本顾不上，也想不起中原是不是安澜。等它终于安定下来的时候，中原不仅繁华烟消云散，水害更是一发不可收拾。百姓生活在水深之中，不是形容，而是现实写照。黄河自金代夺淮入海后，成为整个元代黄河下游的基本流势，河患频繁，从至元九年到至正二十六年的95年中，就有40年发生决溢。有时，一年决口十几处或几十处。随后，几乎年年决溢，“塞河之段，无岁无之”。特别是至正四年，黄河在今山东省曹县境白茅镇决口，六月又北决金堤，泛滥达七年之久，为害甚大，“千里蒙害，浸城郭，飘室庐，坏禾稼，百姓已其毒”。同时水势北侵安山，延入会通河，通往北京的漕运受到很大影响，经济大动脉几被逼断。黄河决堤后，还顺流而下冲坏山东盐场，严重影响元政府的国库收入。显然，尽快地堵塞白茅镇决口，进行一场较大的治理，既能够拯救鲁西南一带广大灾民和农田，又可使会通河免遭破坏，这无论是从防止民变的政治层面上还是从保证漕运畅通的经济层面上，治水都是必须的，客观形势迫使元朝廷必须作出抉择。

至正十一年四月，元朝廷听从丞相脱脱的建议，决定派贾鲁治河。从史料上分析，贾鲁属于追求完美型性格的人，不干则已，干就干净朗利脆。“通达干练，竭诚行事”。只是，此时的黄河已经欠账太多，从“归德府至徐州三百余里，缺口一百七十处”。用积重难返来形容，一点都不过分。

贾鲁临危受命后，没有草率行事，先带人“循行河道，考察地形，往复数千里”，进行调查研究。掌握大量第一手资料后，“备得要害，上进二策：其一，议修筑北堤，以制横溃，则用功省；其二，议疏塞并举，挽河东行，使复故道，其功数倍”。这期间，元朝廷发生政治变故，脱脱被排挤离开相位。作为“丞相工程”的贾鲁治河，也被搁置，所提策论亦被束之高阁，连贾鲁的工作也给调整了，“迁右司郎中”。至正九年冬，脱脱复任丞相，“慨然有志于事功，论及河决，即言于帝，请躬任其事”。元惠宗接受了脱脱的建议，并命召集群臣研究治河事宜。在廷议中，脱脱表示：“然事有难为，犹疾有难治。自古河患即难治之疾也，今我必欲去其疾。”态度十分坚决。贾鲁这时也再一次强调黄河“必当治”，重新提出了以前进献的二策。脱脱考虑后，同意取其后策。这时，以成遵为代表的朝臣仍极力反对。脱脱认准贾鲁是个能干事、干得成事的能员和专家，清楚能否挽救元朝在此一举，铁下心来支持他。他不顾阻挠，报请皇帝批准，表示若不准即辞职。至正十一年四月初四日，元惠宗拗不过脱脱，这才“下诏中外，命鲁以工部尚书为总治河防使，进秩二品，授以银印。发汴梁、大名十有三路民十五万人，庐州等军兵二万人供役”。脱脱、贾鲁毅然开始了浩大的治河工程。

治水少不了动人动钱动物，而且容易遭人诟病，没有具有远见卓识的领导的大力支持，是很难获得成功的。这样讲来，贾鲁应当感谢脱脱的知遇之恩。

贾鲁这次治河“有疏、有浚、有塞”。疏：整治旧河道，疏通减水河。浚：筑塞小口，培修堤防，保证河回故道后不至出险。塞：堵塞黄陵口门，挽河回归故道。这是关键性的一役，在这方面贾鲁特别下了工夫。首先，他组织力量修了刺水大堤三道，接着又修了截河大堤。当这些工程陆续竣工时，已到阴历八月二十九日。虽然这时故道已经通流，但因“刺水及截河三堤犹短，约水尚少，力未足恃”，决河水势仍甚大。面对这种情况，贾鲁以为，“如下埽迟误，恐水尽涌入决河，因淤故河，前功遂隳”。于是他“乃精思障水入故河之方”，决心“入水作石船大堤”，以加强刺水大堤和截河大堤的挑溜能力。九月七日，贾鲁命“逆流排大船二十七艘，船腹略铺散草，满贮小石，然后选水工便捷者，每船各二人，执斧凿，立船首尾，岸上槌鼓为号，鼓鸣，一时齐凿，须臾舟穴，水入，舟沉，遏决河”。船沉后，立即在船上加高埽段，“出水基趾渐高，复卷大埽以压之”。前船下水后，后船如法泡制，沉余船以竟后工，并在船堤之后加修草埽三道。最后，在口门处下二丈高的大埽进行堵口。至“十一月十一日丁巳，龙口遂合，决河绝流，故道复通”。

贾鲁这次治河，工程浩大，花掉的钱占全国财赋收入的一半还要多。当时，元朝早已处于风雨飘摇中，农民起义此起彼伏，财政开支捉襟见肘，把钱全都投到黄河上，其他方面，包括赈济灾民的事，就要全部停下来。朝廷无法及时拨款，贾鲁只能拖欠民工和军兵的工钱和军饷；为了赶进度，减轻脱脱在朝廷上的压力，对军兵对民工的暴行也只好睁只眼闭只眼。他的两眼里，只有黄河大堤。后世评价贾鲁治河："贾鲁修黄河，恩多怨亦多，百年千载后，恩在怨消磨"。从当时情况看，聚众兴工，劳役太重，不顾民工死活，一心急于求成，招致民怨在所难免。但作为这次工程的主持者，贾鲁"能竭其心思智计之巧，秉其精神胆气之壮，不惜劬瘁，不畏讥评"，一举堵住了泛滥七年的黄河决口，是有贡献的。现在绕着北、东部大半个郑州，为郑州增添不少亮色，且在城市防洪中发挥着重要作用的那条长长的流淌入淮的河，仍叫贾鲁河。所以，"恩在怨消磨"。

问题是就政治而言，元朝此时，早已病入膏肓。为弥补堵口造成的财政巨大缺口，十年底，顺帝又决定变更钞法，滥发纸币，造成物价飞腾。这样，黄河安澜的好处还没来得及体现出来，尖锐的社会矛盾却先激发出来。刘福通，黄河堵口民工，为人仗义，堵口技术上有一套，在民工中有非常高的威信。有事没事，大家都喜欢朝他身边凑。平时闲聊，他只要一开口，所有人都认真倾听，天生是一个具有领袖气质的人。决口堵上后，只剩下一些扫尾的活，工钱却没着没落。大家拿不到钱，就无法回家，群情越来越激愤。他和北方白莲教首领韩山童等决定抓住这一时机，发动武装起义。他们一面加紧宣传"弥勒下生"、"明王出世"，一面又散布民谣"石人一只眼，挑动黄河天下反"，并暗地里凿了一个独眼石人，趁着夜黑埋在即将挖掘的黄陵岗附近的河道上。第二天，在惊呼声中被人挖出，刘福通佯装不知地走过去，大声念出上边的字。这正道出了大家想说不敢说的话。于是，大家"顺乎天意"，头上缠红巾做标志，拥戴着韩山童和刘福通走上了推翻元朝的造反之路。在提着头颅与元军转战的途中，收下了后来足智多谋英勇善战的和尚出身的朱元璋。刘福通战死后，几经周折，起义军的领导权归到朱元璋的手里。朱元璋按照高人指点的"高筑墙、广积粮、缓称王”的方略，最终剪灭群雄，把元朝廷赶到漠北，建起了大明朝。

黄河最有发言权：农民起义发生在治河民工身上，发生在治河的过程中，但这却不是治河本身的错。要一定说其中的联系，只能说这件事做得晚了。如果及早做，工程简单得多，既用不了这么多民工，也花费不了这么多的钱粮。还有，老百姓如果安居乐业，日子过得舒舒服服，谁还会没事想到造反上？纵有人挑动，大家也不一定跟。还有一种假设，贾鲁不堵口，任由其泛滥下去，深重灾难之中的百姓，起义也是早一天晚一天的事情。

八

明太祖朱元璋定都南京，时间不长，因传位给皇太孙惹得儿子朱棣不满，于是，朱棣从燕京发兵，一路攻进石头城里，让皇太孙趁着冲天大火出逃后，再不敢露面。朱棣这个后来编纂有《永乐大典》巨著的皇帝，不愿意留在让他伤心不已的南京，一不做二不休，把京师也挪到了燕京。从燕京到南京，再从南京到燕京，来来往往，朱棣都要从河南地界经过。他眼里的河南，黄河夺淮持久，河道极不稳定，在河南地区呈多支分流状态，黄、淮、运交织在一起。这时，江南的钱粮百货的最终目的地已不是河南汴梁，而是燕京。为了保运，明朝在黄河治理上实行“抑河南行”的方针。这一决策，造成黄河长期夺淮的局面，为河南带来了沉重灾难，使原本沃野千里的中原，变成黄水横流的黄泛区。

到燕京的运河，沿的是这样的线路：自江南运河过长江，从瓜洲古渡(今瓜洲镇)进入江北的扬州运河，沿扬州运河入淮北，再由黄河逆流至中滦(今开封市北，封丘以南)，然后陆运至淇门(今淇县东南)，从淇门再入御河(今卫河)，水运至通州，最后从通州运至大都。这条运输线路在河南仅有两段水运和一段陆运。因为没了使命，河南境内的其他漕运，逐渐废弃。明朝没有真正吸取元朝灭亡的教训，对黄河的安澜并没有放在心上，当然，更不可能有宋代那样休戚与共般的关切了。明代中后期，先是嘉靖严嵩弄权，后是万历阉党把持朝政，等担子交到崇祯的肩上，锦绣江山早已被蹂躏得千疮百孔。黄河也嗅到了即将改朝换代的气息，愈发地不安分起来，决溢次数极为频繁，尤其集中于开封上下。据不完全统计，仅在《明实灵》、《明史》和《明史纪事本末》中，洪武至弘治年间有决溢记载的年份就有59年。其中十之八九都在兰阳、仪封以上的河南各地，仅开封一地决溢的记载就有26年之多。更要命的是，先旱后涝，旱涝交加，随处望去，路上全是拖家带口逃荒的饥民。

元代黄河失修，得便宜的是朱元璋。明代黄河失修，帮的是李自成的忙。李自成在潼关，中了兵部尚书洪承畴的埋伏，这是一场鱼死网破天昏地暗的大血战。最后，李自成仅剩十八骑，惶惶如漏网之鱼逃进商洛山躲了起来。依当时的情况，李自成差不多等于完全丧失了战斗力，只要洪承畴组织力量满山搜剿，加上地主武装的熟悉地形，李自成是绝难逃脱的。洪承畴没有继续围剿，一来是清兵进攻，关外战事告急，崇祯急调他去赴任；二来是他掉以轻心，认为李自成已成强弩之末，很难再翻起大浪。实际上，洪承畴的判断并非一点道理都没有，李自成虽然没有在商洛山自生自灭，但确实也没有大的作为。李自成似乎也认识到了这一点，于是，他心思一动，带着队伍到了河南。河南遍地的流民，全成了他急需补充的兵员，队伍迅速壮大，而且一发不可收，终于成了崇祯皇帝的克星。等他拿下洛阳，杀掉福王，取得足足的军饷和军粮，志在必得地又把开封围得像水桶似的，准备把其一举收到囊中的时候，河南巡抚高名衡命令明朝守城的军队，在开封西北17里的朱家寨，悄然把黄河大堤给扒开了。洪水灌向低洼的义军，李自成只能连忙撤退。李自成不甘心吃哑巴亏，决心以其人之道还治其人之身，同样派人在开封的马家口把黄河掘开一个大口，二口相距不到30里，两股黄水互相淹灌，“至汴堤以外，合为一流，决一大口，直冲汴城以去，而河之故道则涸为平地”。

虽然最终高名衡依靠洪水帮忙让义军退走了，但洪水也灌进城里，城中大水可平地行船，百姓淹死无数。大水过后，开封城市人口由30多万，锐减至8万余人。新中国成立后，考古挖掘开封旧城遗址，发现地下埋有六层。有童谣这样唱：开封城，城摞城，门摞门，路摞路。这些“功劳”，有老天让黄河决口淤积的，也有这些“猛人”的功劳。本来，就是因水害让民心倒向的义军，明军此举，更加深了老百姓的仇恨。等李自成再次到开封的时候，似乎没有费多大力气，就一举把开封攻了下来。接着，挟占领中原之威，很快兵锋直指北京城。

有这样的说法，明朝灭亡，除去北清军、南义军两面作战，腹背受敌的原因外，还与老天不帮忙，降下“旱灾、瘟疫、蝗灾”三大灾难有关。

明朝最后两位倒霉皇帝天启和崇祯统治期间出现了最恶劣的气候。在40多年的时间里，让他们赶上了两次史无前例的“八年大旱”，即连续八年的严重干旱。在华北平原，整整三年未下过一滴雨。华北乃至华中、江南等地，千里赤野。旱魃猖狂触目惊心，蝗灾逞凶同样让人不寒而栗。崇祯大蝗灾开始于崇祯九年，崇祯十年蝗灾向西进入关中平原。崇祯十一年，在连续而又大面积发生旱灾的条件下，蝗虫迅速增殖扩散。崇祯十年的蝗灾区，随着其范围的扩大，在十一年联合成西起关中、东至徐州一带长达上千公里的分布区，东端宽度达400~500公里。到崇祯十三年，蝗灾区的面积达到顶峰，“黄河、长江两大流域中下游以及整个华北平原都是蝗灾区”。

相比看得见摸得着的旱灾、蝗灾，瘟疫更是让人不寒而栗。李自成前往北京的路上，每个将领都料想将遭遇一场恶战。实际上，连个装装样子的抵抗都没有。原因是禁卫军里也爆发了瘟疫，明军基本丧

采风团成员（左起）李良、贺平、叶舟于小浪底大坝

失了作战能力，人们根本无心也无力抵抗。

虽然，上述三个因素都是客观存在，但这三个因素最终能够形成，也都是与水分不开的。试想，如果农田灌溉设施齐备，纵不能扭转天象，但何至于颗粒不收？蝗灾、瘟疫就更是大水患过后的产物了。实际上，明朝在治理黄河上，比此前任何一个朝代都来得复杂。明代后期，不但仍然以“保漕”为最高指导原则，到了嘉靖年间，又冒出“护陵”任务。明人谢肇制曾坦言道：至于今日，则上护陵寝，恐其满而溢；中护运道，恐其泄而淤；下护城郭人民，恐其湮汨而生谤怨。水本东而抑使西，水本南而强使北。又道：今之治水者既惧伤田庐，又恐坏城郭；既恐妨运道，又恐惊陵寝；既恐延日月，又欲省金钱；甚至异地之官，竞护其界，异职之使，各争其利。这样左右摇摆，瞻前顾后，已经决定了明代治河注定要劳而无功。

吊死在煤山老槐树上的崇祯，在地下的灵魂若能反思，是否会觉得是洪水帮了李自成的忙？要是真这样想，那就是执迷不悟。水能载舟，亦能覆舟。这是在唐朝就明了的道理，怪水，是没有道理的。

权利的真空，总有人会急着去填充的。清兵像洪水一样，在吴三桂的引导下，很快就涌满了全国的每一个角落。当然，也包括黄河两岸。

康熙有着非凡的政治家的胆魄，还是对黄河最呕心沥血的一个皇帝。他亲政不久，即在他召见大臣商议国家大事的太极殿的柱子刻上必不能忘，且须全力完成的三件大事：平藩、河务、漕运。“三藩”指吴三桂、尚可喜、耿仲明三股军阀割据势力。漕运则是通过运河进行南粮北调、南货北运。将河务与三藩、漕运并列，足见黄河在康熙的心目中的地位有多高。康熙知道要领导治河，首先要成为内行，其次要选好河官。为此，他不辞辛苦，腾出时间分出精力，钻研水利理论，并熟练掌握了测量技术。他一生六次巡视河工，很专业的“指示”常令老河工们服气得五体投地。

一次他巡视到江苏高邮，竟然亲自测量出运河水位高出高邮湖水4尺8寸，指示河道总督于成龙“湖水似不能越此堤而入运河。这段工程甚属紧要，应差贤能官员作速查验修筑”。接着往前走到扬州，又测出运河水位高出运西诸湖1尺3寸9分，指示官员：“应加紧建造湖之石堤。”

为了把黄河的事情彻底弄明白，他除了多次视察下游的孟津、徐州、宿迁和清口等地，还扬帆远上，直达中游的山西、陕西、内蒙古、宁夏等地，历时22天，行程数千里，“所至之处，无不详视”。

在河官的选拔上，他慧眼独具，力排众议，把安徽巡抚靳辅调任河道总督。

靳辅也算是临危受命。康熙十五年，黄、淮并涨，奔腾四溃，“漕堤崩溃……共决三百余丈”，河道、运河均遭严重破坏。当时康熙虽正在讨伐以吴三桂为首的三藩割据势力，军用浩繁，却毅然下了治理黄河的决心。靳辅清楚治水失败对正处于困厄之中的康熙皇帝意味着什么，弄不好，就是改朝换代的结局。康熙认准靳辅是个堪当大任的经世之才，靳辅也的确没让康熙失望。靳辅是大家子弟，身上却没有大家子弟的纨绔习气。到任即实地进行调研，“跋涉险阻，上下数百里，一一审度”。他没有架子，不不懂装懂，不论是兵民还是工匠夫役，“凡有一言可取者，一事可行者……莫不虚心采择”。由于礼贤下士，和胸有治河之志的布衣陈潢，成了推心置腹的朋友。掌握第一手资料后，靳辅提出了“治河之道，必当审其全局，将河道运道为一体，彻道尾而合治之，而后无弊”的治河主张，并连续向康熙帝上了八疏，系统地提出了治理黄、淮、运的全面规划。康熙照准其奏，令其夺情而为，循序渐进。有这样的君臣，岂有办不好的事？黄河安澜的梦想，很快便在靳辅、陈潢两个人手里成为现实。陈潢也被靳辅保奏戴上了红顶带，两人合在一起刻印的治水专著《治河方略》和《河防述要》，成为后来治水者不能不读的经典。

到了咸丰年间，外有列强入侵，内有太平天国起义，哪里还顾得上发展水利、治理河患。咸丰五年，黄河在河南铜瓦厢决口，黄河西来，到这里漫转东南，是明清两代河防上的险要处所。这年六月中旬，黄河上游连降暴雨，铜瓦厢坍塌开三四丈宽的大口，在洪水不断冲刷下，十九日这段堤防终于溃决，到二十日全河夺溜。铜瓦厢决口之后，黄河主流先流向西北，淹没封丘、祥符两县村庄。而后折转东北，淹及兰阳、长垣等县村庄。黄河决铜瓦厢后掉头北去，改道由山东利津入海。咸丰在承德避暑山庄丧命，慈禧经过密谋和打拼，终于实现垂帘听政的梦想，她急于量中华之物力，结与国之欢心，连北洋海军的军费都敢拿去修颐和园做祝寿之用，怎会有闲功夫操心黄河的事？光绪戊戌变法时，有人趁此机会，提出黄河归回故道的事，但眨眼功夫，谭嗣同等六君子的人头便在菜市口被砍了下来。再接着，八国联军打进北京，圆明园冲天大火把整个北京城的夜空都映照得通红，仓皇逃窜、忙于奔命的慈禧，就更对河水泛滥的事，连听都不愿意听了。就这样，黄滔浊浪，旁若无人地一直肆意横行着。最终，还成为孙中山领导的国民革命把清朝终结掉的见证。

九

蒋介石虽为国民政府总统，但更多示人的是身着戎装的形象，特别手按中正剑的那一张，在国民党军队作战指挥室的正面墙上，是都要悬挂的。他毕业于日本军校，归国后追随孙中山左右时也一直负责军事工作。他骨子里军人情结很重，也就深信什么问题都是可以通过军事手段解决的。在离开大陆以前，他把自己的大部分日子，都用战争那支笔给画上圈。所以，在黄河的记忆里，他也只能是打来打去。先是对红军根据地一次比一次疯狂地围剿，较量的最终结果是红军通过长征到了离黄河壶口瀑布不远的一个地方——延安。当他对占领东北紧接着又像蝗虫一样扑向华北的日军视而不见，仍要攘外必先安内而飞到西安督战时，张、杨和他们麾下有血性之气的军人发动兵谏，似乎是顺理成章的事。在黄河看来，蒋介石此行是中国的幸运，它让中华民族终于挽起手来一致对外，上演了一曲风起云涌的《黄河大合唱》。这关系到中华民族生死存亡的一幕，为什么没有出现在别的地方，而出现在黄土高原之上，我更相信是黄河母亲发出的呼唤。

在大浩劫面前，黄河母亲注定要承受更多的大灾难。1938年6月9日，蒋介石为迟滞日军的进攻，在郑州花园口扒开黄河大堤，决心以水代兵。泛水波及豫、苏、皖3省44县，酿成1200万人受灾、391万人流离失所、89万人死亡的空前灾难。“以黄制敌”是否是一厢情愿，历史早已给出了答案。但这一次，黄河母亲只能把眼里流出的泪水，再默默地用舌头添回肚里，就像含辛茹苦养大一个不孝子的老人，她能对人诉说什么？

扒口还有一个说出口的理由，在黄河归故之争上，蒋介石更多玩的就是政治游戏了。黄河改道以后，黄河故道除开封、济南等几个大中城市，都为冀鲁豫解放区和山东渤海解放区所辖。河道断流8年多，堤防险工破败，移居故道开荒种田的群众多达40多万，这时仓促复堤，是在“拯救泛区人民于水火”的幌子下，又一次以水代兵，是一场没有硝烟的内战。这一次，黄河久郁胸中的那一声沉重的叹息，再也忍不住发了出来。

黄河的预感没有错，又一场惨烈的战争悲喜剧要上演了。她把双目慢慢地闭上，不想看她用乳汁喂养大的共同唱过保卫黄河壮歌的子孙们同室操戈。但是人间的许多事情是不以黄河的意志为转移的。

没有多久，黄河就看到刘邓大军强渡黄河千里跃进大别山的英勇向前，看到毛泽东渡河去西柏坡时在船上露出的畅快的微笑，看到黄泛区解放军几乎完胜的淮海大战。不过，这时黄河的心情是欣慰的。不然，泛起的朵朵浪花，怎笑得那样灿烂！

当毛泽东在开国大典上意气风发地挥过手，坐上出京视察的专列，眼望着窗外广袤无垠的华北平原，心早飞到了黄河岸边。毛泽东是什么时间登上的邙山头？毛泽东有心不想惊动黄河，脚步放得很轻很轻，轻得黄河没有能够听见。但毛泽东临离开时说的那句“要把黄河的事情办好”的话，黄河清晰地听进了耳朵里。她慢慢地抬起头凝视远方，知道历史崭新的一页，自此就要掀开。

这一页，是非常重要的，它印满黄河整整一甲子的足迹。从黄河入海口一望无际的芦苇荡，到“座中四连”、“金城汤池”的沿黄河两岸而建的西北名城兰州，行走出了数千公里，仔细盘点，心里只有四个刀刻一样深的字：黄河安澜。

峡谷风云录

侯全亮

2011年5月11日上午。风和日丽，清爽宜人。“行走黄河看水利”中国作家协会采风团一行来到举世闻名的小浪底水利枢纽。登上拦河大坝极目望去，微风拂煦下，群山环抱中的湖水，波光粼粼，浩淼无垠，静若处子，显得那么温婉而深邃。

置身此情此景,我怎么也无法将眼前娇艳柔美的湖光山色，与十多年前发生在这里的“搏杀之战”联系起来。

那是1990年代初期，经过近半个世纪的规划、设计、论证，小浪底工程终于开工兴建。1994年，根据“使用世界银行贷款，必须进行国际招标”的国际惯例，欧、亚、美几十家管理精良、技术先进的公司蜂拥而至来到中国黄河的最后一段峡谷，在小浪底战场上展开了实力的较量。

不久，国际招标工作尘埃落地。接着，一所绿林环抱、草坪连片、酒吧俱乐部等设施一应俱全的“欧式营地”，在大河岸边拔地而起。

然而，有一天，当一份份高如天价的索赔报告如纷飞雪片般从这座营地里奔涌而出时，小浪底工地原本和谐共进的建设气氛顿时变得萧杀起来。

这场景，竟然来得那么突然，使中国水电建设工程管理者感受到一种从未有过的焦灼和不知所措。

掀起这场突变风云的，首推德国承包商人威根特。

威根特，中等个头，宽宽的上额，德国旭普林公司项目经理。在德国，自从20世纪40年代充当“战争狂人”受到重创之后，人们更多地转向对科学技术的追求。青年时期的威根特即毕业于波恩大学经济系，后来介身土木工程建筑，成为一名经营管理型专家。

对于那场波澜起伏的小浪底工程夺标之战，威根特自信那完全是他们交了好运。

根据国际惯例，采用世界银行贷款的工程必须采用国际招标。当时，小浪底工程列入国际竞标的项目主要有三个主体土建工程，即拦河大坝、泄洪排沙洞群工程和引水发电系统，依序称为“一标”、“二标”、“三标”。

毫无疑问，是一次强手如林、极具挑战性的竞争。9个国家的37家公司参加了这场夺标大战。不久，一标、三标先期为意大利英波吉罗公司和法国杜美思公司所斩获。而“二标”工程，却出现一波三折。多支竞标劲旅中，法国斯卑公司是一家驰名世界的实力派，在中国的海南国际机场、大亚湾核电站等项目领域，出手不凡。因此，尽管德国旭普林公司使尽浑身解数，名次还是排在了斯卑公司之后。然而，谁想到招标后期，事情突然出现了转机。当时斯卑公司觉得中标大局已定，在接下来的技术谈判和商务谈判中不慎食言，被认为缺乏诚信，结果被中国建设管理单位挡在了大门之外。于是，德国旭普林公司反而后来居上，以“B角”身份意外中标。

1994年7月16日，小浪底工程招标合同签字仪式在北京钓鱼台国宾馆隆重举行。威根特清楚地记得签订合同时，他畅饮香槟，手舞足蹈，是怎样为命运之神的翩然来临而欣喜若狂的。

威根特更为得意的是，自从在小浪底抢滩登陆后，靠“索赔”这种独特的战术竟然连连得手获利。

有这样几件实例。

中国一家隧道工程局分包了他们旭普林公司中标的一段泄洪洞，由于洞子直径挖得大了，威根特依照条款进行反索赔，得到的赔偿金额比分包的全部劳务费用还多。那家中国隧道工程局3000多人干了9个月，不仅没拿到一分钱，还得倒贴。无奈之下，只好卷起铺盖悻悻离开工地。

水利部、黄河水利委员会、黄河上中游管理局陪同采风人员在甘肃天水。左起：梁海燕、袁建军、侯全亮、吴修杰、王银山、李建劳

另一家中国分包商也败在了他威根特的手里。两家签订合同时，在“泄洪洞允许平均超挖40厘米之内”这一条款中，威根特有意卖出破绽，漏掉了“平均”二字。这家中国分包商竟毫无察觉，结果，被威根特以累计计算确定为“超挖”。100多万元的索赔金额，不费吹灰之力又进了他们旭普林公司的账单。

几分钱一颗的小钉子中国工人不是看不上吗？然而威根特他们却专门打这些小东西的主意。从采购到投用增加11个环节，足使这些菲薄之物身价增加几十倍。一旦使用超过规定数量，就能扣除中方几百万元劳务费，那将又为旭普林降低生产成本增加一笔可观的数目。

中国劳动法规定实施“五天工作制”，“菲迪克”条款上事先可没有规定。这样一来，势必大大增加工人的加班工资，中国建设管理业主必须向外商赔偿这笔损失。具体数目是：5亿元人民币！

每每看到兵不血刃便攻掠一城的局面，威根特的心头便露出丝丝快意。

是的，在国际工程的竞技场中，业主与承包商，承包商与分包商，都是纯粹的合同关系，各方必须按照菲迪克国际条款行事。如果说，小浪底有一部圣经，那么这部圣经就是“菲迪克”合同文本！而威根特作为现场经理，只管压缩成本、扩大利润，而不管什么道德情理。何况低报价、高索赔这种国际惯例，就像经济学上的教案一样天经地义。因此，威特根看来，在“菲迪克”面前，中国军团真可谓不堪一击，胜利一定属于强大的“德国战车”！

客观地讲，威根特尽管嘴硬，但他还不属于专门跟中国过不去的人。由于这位日尔曼子孙只知道“菲迪克”条款，而对中国的国情知之甚少，所以那种任马由缰的性格便时时表露出来。

接着，威根特在小浪底战场上继续他的“刚性表演”。

1995年5月，正在掘进中的三条导流洞因地质问题，接连发生20多次重大塌方，工程进度失控，施工濒临绝境，“德国战车”因此受阻。于是，威根特认为这又是一次“高索赔，发大财”机会。他一方面强令全面停止施工，一方面提出“推迟工期11个月，向中方索赔8818万马克(约5亿元人民币)”的调整计划。

“什么，泄洪导流系统拖后11个月？”

讯息传出，中国朝野震惊。

1997年，黄河小浪底截流，与香港回归、三峡截流被并称为当年中国三大盛事。作为小浪底工程的“瓶径”战役，泄洪导流系统拖后11个月，就等于将小浪底大坝截流的目标推迟一年！如果截流推迟，因此造成的重大影响与巨额经济损失，如何向国人交代！

一纸国际合同究竟带给中国人什么？难道国际招标就是要“引狼入室”，就是这样注定要置于高悬头顶的“菲迪克”之剑下被动挨打吗？怎样才能杀出一条有中国特色的国际工程建设血路呢？……

经过反复痛苦的思考、研究、论证，中国水电建设管理高层果断决策，那就是：“与狼共舞”，师夷之长，革新自我，原定截流目标决不改变！

这是一种反思后的彻悟，阵痛后的欢愉。

侯全亮（左）和中国作家协会创联部高伟（右）在甘肃天水采风考察

1996年初，数支善打硬仗的中国水电施工队伍临危受命，火速会师小浪底，组成一个代号为“OTFF”的特殊联营体。

在谈判桌前的另一“战场”上，中国军团与“德国战车”以“菲迪克”为原则，签订《谅解备忘录》，“OTFF”以联营分包的形式从“老外”手中赎回施工权。

一部“反弹琵琶”战略，就此部署大定。

关于这场风雨硝烟的“赶路”工程，后来国内许多家新闻媒体都作过详尽报道，归纳起来大意是说：

不久，小浪底工程建设管理局即建立起“三分三合”、责任明确的建设管理机制，与此同时，他们悉心研读“菲迪克”，对“国际军团”实施“反索赔”。那艘代号为OTFF的“中国施工战舰”，以外国承包商雇员的身份，行国家主人之大义，勇战塌方，优化方案，与岩石展开强力对抗，追赶先前被延误的时间，创造出了水电建设史上一个个奇迹……

1996年10月，也就是在“反弹琵琶”战略实施10个月后，三条导流洞基本全线贯通，黄河按原定日期截流大势已定。

多日来笼罩在小浪底工地上的重重阴霾，一扫而空。

不过，这时，小浪底战场上“德国战车”的舵手已经走马换将。那是一个寒风凛冽的冬日，曾经骄横一时的威根特被上司提前召唤回国。据说，临走时威根特曾独自爬上德国营地后面的山顶上，用丝巾包了一包黄土，又风尘仆仆跑到黄河滩里，装了满满一罐头瓶黄河水带回了德国……

而在小浪底峡谷，接下来的事情则风光炯然。继1997年大河成功截流之后，1999年小浪底工程下闸蓄水、首台机组发电，2001年主体工程全部竣工投入综合运用。2002年以来利用该工程连年进行调水调沙，冲刷下游河道，成效显著。2009年 4 月顺利通过国家竣工验收，进入正常运行、全面发挥效益的新阶段……

“上船了！”呼唤声中，我收回思绪，和采风团的作家们登上龙舟，在小浪底水库中穿行击水，感慨时空，创作的冲动也在心中如泉奔涌。

调水调沙　治理黄河泥沙的壮举

靳怀埼

2001年6月12日上午，黄河水利委员会办公大楼的大会议室里坐满了这个黄河治理机构的精英们，他们在聚精汇神地聆听水利部部长汪恕诚的侃侃而谈。

汪恕诚是个睿智、深邃、自信的学者型官员，他担任水利部部长期间在调查研究的基础上提出了关于治水的新理念、新思路，比如，人与自然和谐相处，变工程水利为资源水利，当好河流代言人，等等，让人耳目一新。

这一次，汪恕诚在黄委干部大会上的讲话同样没有事先准备稿子。但人们却深深记住了他对21世纪黄河治理与开发提出的“四个不”的概括表述，即“堤防不决口、河道不断流、污染不超标、河床不抬高”。这四句话20个字，既形象又通俗，既简明又易记，但仔细咂摸起来，又感到高屋建瓴，切中要害，既是对黄河洪水、断流和生态问题的高度浓缩，又是21世纪全国人民对黄河工作的殷切希望。

思考着汪恕诚提出的“四个不”的涵义，作为刚刚到任履新黄委“一把手”的李国英，常常站在窗前，望着黄河的方向深思、遐想。

李国英清楚，实现“四个不”最难的是“河床不抬高”，即遏制悬河逼人的态势。因为，黄土高原每年卷入黄河的泥沙高达16亿吨，其中4亿吨淤积在下游河道，下游河床由此以平均每年10厘米左右的速度抬升，为了防洪安全，迫使人们不得不锲而不舍地加高两岸的堤防。治河专家们更是绞尽脑汁，苦苦寻找着停止或减少淤积的办法。但由于认识水平和工程条件等因素的限制，只能眼睁睁地看着黄河河床一天天地“长高”。按照传统的治河方法，要使“河床不抬高”，似乎比登天还难。要找到问题的“结”与“解”，必须解放思想，转变观念，另辟蹊径。

他知道，前人在治黄治沙中已经积累了弥足珍贵的经验——在漫长的治黄史上，古人经过艰难的探索，逐步认识到黄河“害在下游，病在中游，根在泥沙”，也深切体会到“治黄百难，唯沙为首”。为了破解泥沙这个治黄领域的“哥德巴赫猜想”，先贤们殚精竭虑，艰苦摸索，提出了“束水攻沙”等不少有价值的见解和主张。但由于受当时的生产力水平的限制及各种因素的影响，他们的真知灼见，大多被束之高阁，难以转化为现实的生产力。

他也知道，黄河携带着天文数字的泥沙滚滚而下，让“万里黄河第一坝”三门峡差点成为治黄史上的“滑铁卢”。20世纪60年代，三门峡水库泥沙问题出现后，有人提出建设小浪底水库进行泥沙反调节的设想。70年代中后期以后，随着三门峡水库改建的成功和运用方式的调整，人们更加深刻地认识到，黄河下游河道淤积的主要症结在于“水少、沙多、水沙关系不协调”。解决的途径有三，就是增水、减沙、调水调沙。增水主要靠南水北调，减沙主要靠水土保持、骨干工程拦沙和大规模的干流滩地放淤，而这两条途径一则需要一个漫长的周期方能见成效，二则需要较大的投入为保障。只有调水调沙，才是目前工程和技术条件下能够付诸实施并迅速见效的主要途径。

他还知道，就工程条件而言，2001年小浪底水利枢纽的建成运用，加之三门峡、故县、陆浑等水库的运用，让黄河下游主河槽不再“长高”的梦想是可以去探索的。就技术条件而言，通过治黄技术人员多年来对黄河洪水过程的大量分析发现，虽然黄河水少沙多，但只要找到一个合适的水沙平衡关系，黄河水流是完全有能力将泥沙输送入海的。为了找到这个水沙平衡关系，黄河人矢志不移地探索着、测验着、计算着，终于找到了理论上可行的水沙关系。

箭在弦上，只待满弓而发。下一步，就要看有没有勇气了。

想到这些，李国英心里有了主见，也有了强烈的担当和进取的勇气。李国英思路开放而活跃，想问题高远而深刻，他平时勤于学习，善于思考，眼光锐利，同时还是个充满激情、敢想敢干、雷厉风行的人。很快，“调水调沙”便被摆到了黄委重要的工作日程。

黄委一位多年致力于调水调沙研究的专家告诉我，所谓调水调沙，就是在现代技术条件下，利用黄河干支流水库工程，对来水来沙进行有效的控制和调节，适时蓄存或泄放，变不协调的水沙关系为协调的水沙关系，增强水流携沙能力，从而达到输水冲沙、减轻河道淤积、恢复并维持中常洪水河槽的目的。他还特别强调，调水调沙并非简单地用水冲沙，它要综合考虑多方面因素，既要把水库和下游河道的泥沙带走，不会在下游淤积，又要最大限度地节约宝贵的黄河水资源。因此，调水调沙的关键词是那个“调”字，一是调节水的流量，二是调节水的含沙量，甚至包括泥沙颗粒的粗细。

但是，当时，并非所有人都能理解调水调沙，都能支持调水调沙，于是，在此起彼伏的怀疑和责难声中，“调水调沙”带着勇敢、信心和顽强，开始向黄河泥沙发起了绝地反击。

为了不打无准备之仗，黄委用了近一年的时间进行了黄河实体模型和数学模型调水调沙的模拟实验。在掌握一定规律和做了各方面充分准备后，酝酿了近60年的“调水调沙”大幕终于雄壮地拉开了。

依据河势、水情和沙情，黄委开展了三种不同类型的调水调沙试验：

第一次，基于小浪底水库“单库”运行的调水调沙。2002年汛期，小浪底水库上游出现了中小洪水。7月4日，小浪底开始放水调沙，在人工的控制下，原本不协调的水沙关系变为协调的水沙关系，泄流11天后，出库沙量为0.319亿吨，排沙比17.4%，取得了预期效果。

这次调水调沙的试验效果虽好，但过程却一波三折，充满挑战性。

7月3日下午，黄委主任、黄河首次调水调沙试验总指挥李国英主持召开了调水调沙试验前的最后一次会议。经过认真分析讨论，最后确定开启小浪底水库的3条排沙洞、2条明流洞、4个发电机组闸门的控泄方案。令人始料不及的是，7月4日，调水调沙开始不久，影响调水调沙的不利因素扎堆出现了：中游高含沙洪水不期而至，小北干流出现“揭河底”现象，小浪底库区再现异重流，下游水头演进缓慢，水位偏高。面对接踵而来的困难和问题，总指挥部沉着冷静，迅速启动了应对“突发事件”的方案。为了保证实时调度的科学和准确，总指挥部根据大量的水情信息，滚动分析，滚动调度，及时调整调水调沙的水量。7月6日16时起，小浪底水库按2600立方米每秒的流量控制。7月9日，当发现小浪底水库出库含沙量较高时，及时调整了泄流孔洞，关闭所有排沙洞，全部开启2、3号明流洞、部分开启1号洞。通过这些科学的实时调度，使小浪底出库流量和含沙量均在预案控制范围之内。

7月4日，陕北地区的强降雨导致龙门站发生4600立方米每秒的洪峰，由于此次洪水含沙量高（最大含沙量达810公斤每立方米），小北干流部分河段出现“揭河底”现象。经过缜密测算，总指挥部决定对三门峡、小浪底水库实施联合调度。洪水进入三门峡水库后，为防止潼关河段淤积，总调度中心发出指令：要求三门峡水库于5日20时开始泄流排沙，流量先按800立方米每秒控泄，待水位达到305米时，再敞泄洪水。同时，根据异重流在小浪底坝前的运行情况，及时调整泄流孔洞组合，控制了出库沙量。最终达到了三门峡排沙、小浪底库区形成异重流并运用至坝前而又不出库的三重目的，取得了三门峡、小浪底水库调水调沙联合调度运用的宝贵经验。

有一篇题为《大河扬波铸丰碑：黄河首次调水调沙试验综述》的文章这样记述“第一次”调水调沙：

2002年7月4日，一个写进世界水利史的日子。

靳怀堎、贺平和小浪底建设管理局的同志在一起

这天上午9时，在黄河干流最后一段峡谷上建起的小浪底水利枢纽11个闸门徐徐开启，不同层面泄流洞喷涌出3150立方米每秒流量的清白、酱黄两种颜色的水头，犹如宣泄的巨浪，伴随着震耳欲聋的轰鸣，奔向黄河下游河床，从而拉开了世界水利史上迄今为止最大规模人工原型试验——黄河首次调水调沙试验的序幕。

“调水调沙”，四个普通汉字的组合，跨越了几代治黄人的梦想，今天终于真实地呈现在今天的黄河之上。十几天的流淌，不仅是人类第一次以自主调控水沙关系的洪水重塑大黄河，也是现代水利和现代治黄的高科技技术的大检阅，更是传统治黄精神在新时期治水理念引导下的又一次集中展示。

第二次，基于小浪底、陆浑、故县“三库”水流空间尺度对接的调水调沙。2003年汛期，小浪底水库上游发生洪水，下游的支流伊洛河、沁河也出现洪水。天赐良机，9月6日至17日，黄委不失时机地实施了不同来源区水沙对接的调度试验。黄河干流上的小浪底水库，下游支流伊河上的陆浑水库、洛河上的故县水库三库联动，在花园口实现水沙的空间“对接”，以清水和浑水掺混后形成“和谐”的水沙关系。这次实验，既排出了小浪底水库的不少泥沙，又使小浪底至花园口的“清水”不空载运行，挟裹大量河道泥沙滚滚而下，可说是“一箭三雕”。

第三次，基于干流“多库”联合调度和人工扰动的调水调沙。试验自2004年6月19日开始，7月13日结束，历时25天。试验范围包括万家寨、三门峡、小浪底三座水库在内的2000公里的黄河中下游河道。通过科学调度上述三座水库的水量和放水时间，在小浪底库区成功塑造“人工异重流”，同时辅以库区淤积三角洲和下游卡口处的人工扰沙措施，变水库弃水为输沙水流，携带大量泥沙入海。“上自万家寨水利枢纽，下至黄河入海口，在绵延2000多公里的战线上，大河上下2万名职工充分巧妙地利用自然的力量，成功地演奏了第三次调水调沙的恢弘乐章。”

这次调水调沙的确意义非凡，它是一次不同于前两次试验的调水调沙模式，开黄河上下游均无洪水状况下“以水攻沙”的先河。试验证明：在黄河波澜不惊的时候，照样可以调水调沙。

三次调水调沙积累了丰富经验，这让黄河水利委员会的决策指挥者和工作人员都长出了一口气。李国英那颗一直悬在嗓子眼的心，也终于放下了。

知己知彼，百战不殆。

既然已基本摸清了黄河水沙运动的规律，就要将试验状态转为生产运行之中，使之成为黄河生命律动的常态。于是，从2005年起，黄委针对黄河来水来沙的实际，将三次试验、三种类型年份、三次调度运用方式分别运用到调水调沙的生产中。经过2002～2010年的9年12次调水调沙，防洪减淤效果显著：

——黄河搬运泥沙的“马力”明显增强。调水调沙，提高了黄河奔流的“马力”，将水库、河道的7亿多吨泥沙排入大海，三门峡、小浪底水库的寿命得以延长。

——黄河主河槽过流能力直线攀升。黄河的中小洪水流量不大，枯水期流量更小，均在下游主河槽即深槽中流动。于是，人们沿着主河槽筑起了缕堤——生产堤，用以约束一般洪水不上滩。天长日久，主槽不断淤高，沙高堤涨，形成高出滩面的“二级悬河”。调水调沙，使下游主河槽普遍刷深1.58米，已由过去的“浅碟型”变为“深槽型”，过流能力由1800立方米每秒提高到4000立方米每秒，有效遏制了“二级悬河”高耸逼人的态势，大大减轻了中常洪水对下游滩区189.5万人的威胁。

——黄河河道和河口三角洲进入了生态修复的绿色航程。20世纪70年代以来，黄河多次断流，致使黄河河道干涸，入海口湿地萎缩，生态环境恶化。通过调水调沙，奏响了维持黄河生命的绿色颂歌——不仅在一定时段内使大河恢复了往日雄浑的气势、奔腾的激情，也使黄河入海口三角洲得到了源源不断的黄河之水的补给滋润，河口自然保护区新增湿地9万亩，百草丰茂，天鹅翔集，魛鱼复生……

2011年1月14日，一个喜讯从北京传来，在刚刚召开的国家科学技术奖励大会上，“黄河调水调沙理论与实践”荣获2010年国家科技进步奖一等奖。这是黄河水利委员会成立60多年来首次摘取如此金光闪闪的奖项。

更让黄委人欣慰的是，沿黄地方政府和人民群众对调水调沙的认识也有了很大的转变：从怀疑不解甚至指责、诟病，转为理解、肯定和支持。

黄委防汛办公室魏向阳处长告诉笔者：2002年汛前第一次调水调

沙后，适逢下游大旱，黄河汛后来水锐减，尽管黄委紧急从上游的龙羊峡等水库调水抗旱，但还是满足不了下游用水的需求，一些沿黄地方政府和部分群众便把缺水的过错“赖”在了调水调沙身上。他们说，黄河本来就水少，你们还搞调水调沙，让水库的水白白流到大海。他们不知道，即使不调水调沙，水库汛前也要按规定弃水。2003年9月调水调沙，又逢“华西秋汛”，致使下游兰考蔡集护滩堤溃决，控导工程险象环生，虽然很快堵住了溃口，化解了险情，但一些人“秋后算账”，又把责任推到了调水调沙身上。其实，即使不调水调沙，根据防洪调度规程，超过汛限水位的小浪底也要向下游泄洪放水，以确保水库的安全。后来，经过几次调水调沙后，黄河下游河槽全线得到冲刷，过水能力明显增强，一举改变下游滩区“小水大漫滩”的局面，加之调水调沙对黄河特别是河口一带生态有明显改善，使他们逐渐认识到调水调沙的好处。

2004年调水调沙后，山东省东明县人民政府专门给黄委写了一封感谢信，信中说：我们代表东明县70万人民，感谢黄委实施调水调沙刷深扩大了“中水”河槽，减少了洪水漫滩的几率，为滩区百姓安居乐业提供了保障。

金杯银杯，不如老百姓的口碑。得到百姓的衷心拥护和称道，说明这件事干对了，没白干！

在我写这篇文章的时候，黄河第13次汛前的调水调沙又开始了。6月24日上午，我借到三门峡水利枢纽管理局采访之机，专门造访了小浪底水库，亲眼领略了小浪底坝前“巨龙冲锋”的磅礴气势。但见明流洞、排沙洞闸门大开，喷涌而出的水流像一头头挣脱身上镣铐的巨龙，翻腾着、咆哮着，冲向前方，白雾弥漫，水声如雷，震天动地。我知道，这只是调水调沙的前奏，先出清水，再逐渐加大泄量，过几天，由排沙洞排出的将是高含沙水流，届时，呈现在人们面前的将是浊流滚滚，“黄龙”奔腾。

新闻报道

“行走黄河看水利”采风启动

人民日报记者　常　莉　高云才

人民日报北京5月10日电　由水利部和中国作协举办的“行走黄河看水利”黄河采风活动近日启动。水利部部长陈雷勉励广大作家，走近水利、感受水利、描写水利，创作出富有时代特色的优秀文学作品。中国作协副主席高洪波表示，通过这次采风活动，希望能更深入地了解黄河新貌，创作更多更好的作品。

“行走黄河看水利”采风活动正式启动

新华社记者　姚润丰

新华社北京5月5日电　由水利部、中国作家协会联合组织的“行走黄河看水利”采风活动5日在北京启动，正式拉开了在中华民族的母亲河采风活动的序幕。

水利部部长陈雷在出发仪式上说，水利是治国安邦、造福子孙的千秋伟业，也是丰富多彩、绚丽多姿的文学题材。为宣传贯彻今年的中央一号文件，讴歌水利事业发生的巨大变化和治水实践的显著成绩，凝聚全社会治水兴水力量，奋力推进水利改革发展新跨越，水利部、中国作家协会联合组织15位中国作家协会会员赴黄河采风及创作活动。

采风团团长、中国作家协会副主席高洪波表示，如何让世界了解中国的水利事业的飞速发展，让世人了解中国人民在中国共产党的领导下艰苦卓绝的劳动创造，从而凝聚全民族的智慧和力量进一步加快水利的改革发展，意义非常重大。因此，组织这次文学采风正逢其时，作家们一定会珍惜机会，认真采访，勤于创作，有所作为。

黄河是中华民族的母亲河，黄河文化是中国水文化的典型代表，黄河水利是中国水利的缩影。陈雷希望作家们能更深入地了解黄河历史、黄河文化、黄河新貌，熟悉水利工作，体验人文风情，感受时代变化，积累创作素材，激发创作灵感，创作更多更好的作品，发挥文学艺术团结人民、鼓舞斗志、凝聚人心的重要作用，使得这次“行走黄河看水利”采风活动，成为一次重要的体验之旅，成为一次难得的文学之旅。

行走黄河看水利

光明日报记者　何　平

光明日报北京2011年5月5日电　水利部部长陈雷今天宣布，由水利部、中国作家协会联合举办的“行走黄河看水利”黄河采风活动正式启动。十余位作家组成的采风团将赴山东、河南等省，沿黄河进行采风及创作，行程预计超过10天，中国作家协会副主席、书记处书记高洪波任采风团团长。

水利部副部长李国英表示，现代水利事业特别是广大人民群众的水利实践活动，既是水文化发展的丰厚土壤和活水源泉，也为文学艺术创作提供了丰富素材和广阔空间。黄河水利是中国水利的缩影，希望通过这次采风活动，作家朋友们能更深入地了解黄河新貌，熟悉水利工作，体验人文风情，感受时代变化，创作更多更好的作品。

“行走黄河看水利”
中国作家黄河采风活动在京启动

文艺报记者　颜　慧

文艺报2011年5月9日讯　5月5日，由水利部和中国作家协会联合组织的“行走黄河看水利”采风创作活动在京举行出发式。活动旨在宣传贯彻《中共中央国务院关于加快水利改革发展的决定》，讴歌水利事业发生的巨大变化和治水实践的显著成绩，凝聚全社会治水兴水力量，奋力推进水利改革发展新跨越。水利部部长陈雷主持启动仪式并宣布“中国作家协会黄河采风团”出发。采风团团长、中国作家协会副主席高洪波，水利部副部长李国英、水利部总规划师周学文等出席仪式。

陈雷在讲话中说，水是生命之源、生产之要、生态之基，也是经久不衰的文学母题。水利是治国安邦、造福子孙的千秋伟业，也是丰富多彩、绚丽多姿的文学题材。多年来，广大作家朋友们用敏锐的眼光发掘题材，用火热的激情创作作品，用真挚的笔触传播信息，用隽美的华章讴歌水利，采写和创作了一大批描写水利的壮美诗篇，为水利改革发展营造了良好的文化氛围。在当前和今后一个时期，水利改革发展迎来了更加美好的春天，治水兴水实践为文学创作提供了更为丰厚的素材。衷心希望采风团的作家朋友，抓住这次黄河采风的宝贵机遇，对水利工作给予更多的关心、重视和支持，用最真挚的感情、最生动的文章、最丰富的形式、最鲜活的语言、最强劲的声音、最完美的佳作，创作出更多更好的水利文学精品，使社会各界和广大群众更加了解我国的国情水情，更加关注水利事业的发展，进一步提高全民水患意识、节水意识和水资源保护意识，更多地关爱水、珍惜水、节约水、保护水，为水利事业更好更快地发展营造良好氛围，使中国的水更好地造福国家、惠泽民生，为中华民族的伟大复兴贡献我们的一份力量。陈雷希望作家们通过此次活动走近水利、感受水利、描写水利，创作出富有时代特征、水利特色的优秀文学作品，为水利事业更好更快地发展营造良好氛围。

高洪波在讲话中系统介绍了中国作家协会及其会员近些年来以水利为题材的文学创作活动。他强调，让世界了解中国水利事业的飞速发展，让世人了解中国人民在中国共产党的领导下艰苦卓绝的劳动创造，从而凝聚全民族的智慧和力量，进一步加快水利改革发展，是一件非常有意义的事情。他说，水利事业是反映中国经济建设飞速发展的重要窗口，其艰难困苦、玉汝于成的历程很值得作家们大书特书。因此，组织这次文学采风正逢其时，作家们一定会珍惜机会，认真采访，勤于创作，有所作为。

受陈雷部长委托，李国英介绍了今年中央一号文件和水利改革发展的有关情况。他说，黄河是中华民族的母亲河，黄河文化是中国水文化的典型代表，黄河水利是中国水利的缩影。希望通过这次采风活动，让作家朋友们能更深入地了解黄河历史、黄河文化、黄河新貌，熟悉水利工作，体验人文风情，感受时代变化，积累创作素材，激发创作灵感，创作更多更好的作品，发挥文学艺术团结人民、鼓舞斗志、凝聚人心的重要作用，使得这次“行走黄河看水利”采风活动，成为一次重要的体验之旅，成为一次难得的文学之旅。

据悉，在短短十几天时间里，作家们将奔赴济南、东营、郑州、焦作、三门峡、甘肃天水等地，深入考察黄河水系的水资源现状及水利建设情况，与一线水利工作人员进行交流采访。采风团副团长为吕雷、陈世旭，成员包括杨克、哲夫、叶舟、高凯、方英文、刘功业、常莉、韩春旭、贺平、李良、靳怀堾、侯全亮等。

“行走黄河看水利”中国作家协会黄河采风团出发式会场

水利部部长陈雷(左2)、中国作家协会副主席高洪波（左3）、水利部副部长李国英（左1）、水利部总规划师周学文（右1）出席仪式

“行走黄河看水利”中国作家黄河采风团报道之一

——感受山东垦利堤防与河口模型基地

中国水利报记者　果天廓
黄河报记者　吕亚鹏

中国水利网站2011年5月6日讯　5月6日，“行走黄河看水利”中国作家协会黄河采风团第一站赴山东东营，先后考察了东营黄河外滩、垦利义和险工一号坝，以及正在建设中的黄河河口模型基地。

垦利义和险工位于黄河下游右岸垦利县境内，工程长度2470米，主要作用是迎挑缓解左岸东坝控导工程的溜势，调整流向走势。自2008年开始，黄河职工利用义和险工得天独厚的地理优势，积极打造以该险工为依托的水利风景区，现已成为黄河上一道亮丽的风景。

位于东营市的黄河河口模型试验基地，占地面积66.7万平方米，是“模型黄河”的重要组成部分，同时也为国内大江大河河口研究提供了科学试验平台；建成后，不仅可以为河口的治理、下游河道防洪决策及黄河三角洲的开发提供科学依据，而且也将对世界河流的研究治理开发起到积极的推动作用，成为集科研、爱国主义教育、科教普及和黄河文化为一体的现代化基地。

采风团在山东东营黄河外滩考察

黄委副主任徐乘（左2）向采风团介绍建设中的黄河河口模型相关情况

"行走黄河看水利"
中国作家黄河采风团报道之二

——黄河河口湿地印象

黄河报记者　吕亚鹏

黄河网站2011年5月9日讯　"鹰击长空，鱼翔浅底"！曾经一度成为诗人画家行吟工笔之下的愿景，而在黄河三角洲湿地公园，鹤立、鹳翔、鱼游、绿色葱茏……这些诗画映照的景象却真真切切地呈现在"行走黄河看水利"中国作家协会采风团一行的眼前。泛光的黄河湿地、野生的蒿草，独立的鹳鹤……特有的地理条件和自然环境给采风团一行留下了深刻的印象。

采风团一行在河口湿地公园栈道上听取湿地情况介绍

采风团深入了解黄河河口生态修复情况

采风团考察山东东营义和险工

“行走黄河看水利”中国作家黄河采风团报道之三

——济南黄河标准化堤防揽胜

黄河报记者　吕亚鹏
中国水利报记者　果天廓

黄河网站2011年5月9日讯　一场夏雨，为济南黄河平添了几分朦胧，她在蒸腾的雾气中，蜿蜒向前，直到目光所触不及。5月8日，对于情怀浪漫、激扬文字的中国作家协会黄河采风团一行来说几近难忘，虽然雨水带来了丝丝侵肤的凉意，但对于站在黄河大堤上如此近距离地接触母亲河的他们来说，激动溢于言表！

高洪波团长等查看济南黄河形势图

采风团饶有兴致地参观济南黄河银杏种植基地

黄河采风团成员在济南黄河标准化堤防纪念碑前合影

“行走黄河看水利”中国作家黄河采风团报道之四

——造访模型黄河基地和花园口

黄河报记者　吕亚鹏

黄河网站2011年5月12日讯　5月10日，“行走黄河看水利”中国作家黄河采风团一行冒雨前往位于郑州的模型黄河基地和花园口。首次切身接触模型黄河，着实让作家们为之一震，模型黄河的宏伟、科技治黄的成效，让大家赞不绝口。

雨一直下着，当“郑州花园口”几个大字映入眼帘时，大家才意识到闻名的黄河花园口已近在咫尺。濛濛雨雾中花园口显得格外清新，在雨水浸润下的黄河也呈现隽秀的模样。撑伞漫步花园口，感受黄河，体味历史，顿感心旷神怡。

采风团一行参观郑州模型黄河基地

黄委党组成员、纪检组长李春安向作家介绍相关情况

采风团一行冒雨参观花园口纪事广场，了解当年掘堤堵口的历史

在花园口将军坝听取河南黄河防洪形势介绍

“行走黄河看水利”中国作家黄河采风团报道之五

——参观人民胜利渠和南水北调中线穿黄工程

黄河报记者　吕亚鹏

黄河网站2011年5月12日讯　前一天还阴雨绵绵，今天就骄阳似火，5月11日，“行走黄河看水利”中国作家协会黄河采风团一行顶着炎炎烈日抵达焦作。

人民胜利渠，这是个全国人民捻熟于心的名字，更是滋润豫北万顷良田的引黄工程，黄河水自1942年月12日从这里奔流而出后就一直滋养着新乡、焦作等地黄河北岸的田野。循着伟人的足迹，采风团一行首次踏上渠首、走进闸室，真切地感受了人民胜利渠的惠泽之功。

嘉应观，这是个与黄河、与水利密切相关的地方。它是我国历史上唯一记述治黄史的庙观，古朴庄严的造型格局，以及依附于其后深厚的黄河文化底蕴，成了作家们急切和期待了解的重头。

南水北调中线工程，因穿黄多了几许的神秘，地下50米的穿黄隧洞显得“曲径通幽”，站在直径7米的隧洞里，不禁感叹工程的浩大和科技的力量。

采风团一行在人民胜利渠了解这座水利工程的建设历史和效益

参观人民胜利渠渠首闸室

采风团在南水北调中线穿黄工程考察

高洪波团长进入南水北调中线穿黄工程隧洞

"行走黄河看水利"
中国作家黄河采风团报道之六

——领略黄河小浪底工程的风采

黄河报记者　吕亚鹏

黄河网2011年5月14日讯　高峡出平湖！黄河蜿蜒穿越中条山、王屋山的峡谷，就被一座红色的大坝拦腰横截，犹如一颗璀璨的宝石镶嵌在群山环抱之中。5月11日，"行走黄河看水利"中国作家协会黄河采风团登上了闻名于世的黄河小浪底大坝。

站在154米高的坝顶，举目远眺，平静的黄河水在微风的吹拂下、在斜阳的照耀下波光粼粼，黄河水在这里显得深邃！近有绿幔披身的高山，远有烟色浩淼的湖面，半岛、孤岛、险峰，山水交相辉映，形成湖光山色的自然景观，使得小浪底水库同时成为由山水自然风光和水利工程相得益彰的大型旅游区。

登舟击水搏浪，出入高峡平湖，过吊桥、观瀑布！自然的回归，田园的享受，让作家们一路尽情领略了母亲河在小浪底的风采！

在小浪底水利枢纽管理局参观听取工程建设运行情况

参观小浪底地下发电厂房

“行走黄河看水利”中国作家黄河采风团报道之七

——“人门、神门、鬼门”三门峡

黄河报记者　吕亚鹏

黄河网站2011年5月14日讯　5月12日，“行走黄河看水利”中国作家黄河采风团一行来到了陕州故城三门峡。这是一座既悠闲又有情调的中原城市，她的闻名于世不仅因为渊源的虢国文化，更得益于“万里黄河第一坝”！

一个古老而神奇的传说让采风团的作家们兴致大增。相传大禹治水时，用神斧将阻挡大河的高山劈成了人门、鬼门、神门三道峡谷，滚滚黄河才得以东流而去，三门峡也因此而得名。中流砥柱、梳妆台等坝前的每一个景点，讲出来都是一个个生动的寓含神话的传说，光这万里黄河第一坝就有说不完的故事！

美丽的三门峡，作为黄河的出山口，在这里将桀骜不驯的黄河扼守，镇守一方平安，惠泽亿万生命。站在三门峡大坝上尽可饱览“不尽黄河滚滚来”的雄伟气势。

参观三门峡水利枢纽展馆

参观三门峡水利枢纽模型

工作人员向采风团员讲解三门峡电厂运行情况

切身感受古虢国的历史文化魅力

“行走黄河看水利”
中国作家黄河采风团报道之八

——顶礼黄河壶口瀑布

黄河报记者　吕亚鹏

黄河网站2011年5月16日讯　“黄河之水天上来，奔流到海不复回”，唐代著名诗人李白脍炙人口的佳句，勾画出了大河奔流的壮观景象。

5月14日，“行走黄河看水利”中国作家协会黄河采风团一行从山西运城奔波3个小时抵达壶口瀑布。

壶口，因大自然的鬼斧神工而闻名。黄河流经秦晋大峡谷时，犹如被利斧在坚实的大地上劈出一道宽、深约50米的深沟，滚滚黄河水在此骤然紧缩，在巨大的落差下翻滚奔腾，气壮秦晋大地！

穿过宽阔的河滩，踏经曲拱的石桥，就可以与壶口瀑布非常近距离地接触了。未见其势先闻其声！采风团的作家们还未看到那斧凿的壶口景观时，就听到了雷鸣般的瀑布声，大家不禁加快了脚步！

“千里黄河一壶收”！当站在了瀑布前，看到那种慑人心魄的气势的时候，向前，再向前……任凭瀑布激起的水雾扑打在脸上。变换角度抓拍、走近前去合影,不正是“所有的溢美之词在如此磅礴之势下都不如尽情感受来得直接”的真实写照吗！

雄浑壮观的壶口瀑布

采风团员即景抓拍游人如织场面

“行走黄河看水利”中国作家黄河采风团报道之九

——感悟“天河注水”的前世今生

黄河报记者　吕亚鹏

黄河网站2011年5月18日讯　天水，是个极富诗意的名字。“天河注水”让人不由自主地联想到“山水灵秀，林木密茂”。

天水，是个充满神奇的地方。伏羲庙、麦积山石窟、大象山、水帘洞……每一个地方都有一个让人神往的传说。

浓厚的人文历史和巧夺天工的自然秀色交相辉映，让这个位于祖国西部的城市在黄土高原上散发着无限的神秘和魅力。

5月15日，“行走黄河看水利”中国作家协会采风团一行来到了这个人文底蕴浓厚的地方，登山涉沟，实地考察了天水中山流域和谢家沟流域治理的成果，并参观了伏羲庙和麦积山石窟等历史文化遗迹。

一路走，一路看。坡改梯，淤地坝……让登上黄土高原的文人惊叹水利事业的发展。

一路行，一路听。伏羲制八卦，天河注水……让踏进文明发祥地的作家沉醉历史文化的厚重。

采风团考察甘肃天水中山流域水土流失治理

采风团参观历史文化遗迹伏羲庙合影

黄河三角洲的时空之美

——“行走黄河看水利”中国作家黄河采风侧记之一

黄河报记者　吕亚鹏

5月5日，“行走黄河看水利”中国作家协会黄河采风团在北京吹响了启程号角，当天下午，采风团一行就赶赴山东，开始了此次黄河采风的首站之旅。

7日，下榻东营的采风团作家们都起了个大早，透露出想一睹黄河三角洲容颜的急切心情，这也让河口管理局的工作人员异常激动。

经过两个小时的疾驰，终于进入黄河三角洲的腹地，立夏的黄河三角洲，每个物种、每个生命都是萌动而向上的！公路两旁都是由黄河泥沙经年累月淤积而成的湿地，沟道弯曲，泛着亮光，偶有点点红砖绿瓦疾驰而过。野生的柳树、野生蒿草，还有单足矗立小憩的鹤鹳，构成了一幅独有的原生态田园风光！这里独特的地理条件和良好的自然环境成为了“鸟类的国际机场”。每年都有几百万只候鸟把这里作为迁徙的“中继站”、“加油站”，黄河三角洲给它们的长途跋涉提供了一个安全而舒适的避风港湾!

随着湿地面积的不断拓展，车内的气氛也逐渐活跃起来，湿地、滩涂、黄河泥沙、冲积平原……平淡无奇的词眼，在作家们你一言我一语的交流中，揉进了文化的内涵，一下子就生动起来。水文化、黄河文化成了作家们聊得最多的内容。

聆听，在此时显得很是享受!

沧海桑田一直以来都是用以形容世间事物的极大变迁，但这种变化往往要经过数百数万年的漫长岁月，很少有人意识到空间的变迁是随着时光的穿梭而渐行渐远的。矗立在黄河三角洲，就能够在同一时空静观沧海桑田的变化，坐看海陆分界的变迁。

从古至今，黄河都像一条奔腾的巨龙，携沙而下，一路翻滚咆哮，直入渤海湾内，她特有的颜色为大海画上了浓重的、色彩分明的一笔——入海口被染成了大片的黄色。每年，都有10多亿吨的泥沙从黄土高原被奔腾不息的黄河水驮运、堆积到入海口，由彼及此，这些泥沙踟蹰几千里，远到黄河口，把海岸线向东不断拓展，不仅为共和国生成出几十平方千米的“新生”土地，也为世界创造了最“年轻”的陆地。

浪漫情怀、人文关怀，是具有浓厚文化沉淀的作家们身上独有的气质，面对母亲河将归入大海所呈现出的独有画面，创作欲望和灵感在不断地迸发。

从河口管理局工作人员的介绍中，我们了解到黄河三角洲是以黄河入海河道为中心向着大海辐射的巨大扇形。沿着黄河由西向东，你能很直观地感受她分明的层次——陆地、湿地、入海口。离渤海越近，其堆积形成的时间越晚，这些土地，或者叫做湿地更为确切，她的生命就越新鲜!

“黄河码头”，这是离海最近的地方，也是黄河与大海搏斗的战场，举目远观，是一望无际的渤海，回首望去，是向前奔流的“黄龙”，曾几何时，大海还在这里翻卷着浪花，击打着海岸，如今却被“黄龙”盘踞，成为新生陆地的一部分，分不清楚哪里是海水，哪里是黄河水。而海水并不甘心退让回避，这就形成了黄河入海特有的景象——黄蓝分界!

时间和空间的相随变化，构成了黄河三角洲别与其他的独有韵味!

雨雾萦黄河

——“行走黄河看水利”中国作家黄河采风侧记之二

黄河报记者　吕亚鹏

5月8日，“行走黄河看水利”中国作家协会黄河采风团一行结束黄河三角洲的采风向济南开拔。

一路上，黄河三角洲的湿地之美、入海口的黄蓝分界等让采风团的作家们念念不忘，交流中语言的碰撞，成了作家们创作的灵感来源，黄河三角洲让他们兴奋，但大堤内的黄河更成为了他们的期待。

雨，在散文、诗歌等文学作品中一直是情愫悸动的代名词。车窗外愈下愈大的雨催生了作家们的浪漫情怀，轻松活跃的气氛充斥整个车厢。雨、水、黄河、水利，这些与水有关的词汇在车内跳跃，有好几个文采飞扬的作家当场就赋诗数首，为黄河添彩！

途径寿光，高速两旁是受黄河水惠泽的万顷良田，一排排、一溜溜包裹着白色幔衣的是闻名全国的寿光蔬菜大棚种植基地，虽是疾驰而过，还是能够想象出里面一定是万蔬葱茏的绿色。

在听了河务局同志的专业介绍后，断面、生态基流、断面流量、控导工程、备防石等既专业又新鲜的黄河水利术语成为驾驭文字的作家们关注和急于了解的内容。大家分头行动，三三两两地围着河务局的技术人员要求释疑解惑。……三个小时的雨中兼程，终于，在期待中采风团抵达济南。一到黄河大堤，作家们就迫不及待地下车，争相一睹母亲河的风采！这场夏雨，为济南黄河平添了几分朦胧，她在蒸腾的雾气中，蜿蜒向前，直到目光所触不及！这对于情怀浪漫、感情细腻的中国作家协会黄河采风团一行来说几近难忘，虽然雨水带来了丝丝侵肤的凉意，但对于第一次站在黄河大堤上如此近距离地接触母亲河来说，激动溢于言表！目之所向，黄河就像一条黄色的带子一样呈现，她没有浪花翻卷，也没有水流湍急，只是静静地流淌着。为什么黄河没有想象中的气势?这是作家们亟待要询问的。“现在这个断面的流量大概在60立方米每秒左右，这是黄河的生态基流，这是一个用以维持黄河下游生态健康平衡的流量。”

“挖掘”而来的黄河水利知识，让采风团的作家对黄河的基本情况有了大致的了解，曾经陌生的专业术语，此时也成为了脱口而出的带有诗意的句子。

泺口险工、标准化堤防示范段，每到一个地方，采风团的作家们都会对黄河了解得更深入一层。文化赋予了这条古老的河流以历史的衔接，文学赋予了这条曾经桀骜不驯的河流以人文的关怀，而黄河治理开发与管理事业则赋予了这条曾经几近干涸的河流以生命的永续!

黄河背后的浓郁的文化和难忘的故事，让采风团一行如痴如醉，尽情徜徉在富有健康生命的“黄河”里。

雨中漫步花园口

——“行走黄河看水利”中国作家黄河采风侧记之三

黄河报记者　吕亚鹏

黄河自小浪底夺山峡而出，沿途两岸，自古就有许多带“口”字的地方，花园口、黑岗口、柳园口……其中花园口位置最靠前，同时也最为有名。与其他的“口”不同，花园口的闻名，充满了苦难和悲情。1938年，有史以来黄河最大的人为水灾就发生在这里。花园口，因黄河泛滥殃及万亩良田、涂炭千万生灵而出名。

“花园口”，这曾经是个让人悲恸的名字，也是个让人回忆苦涩的地方！5月10日，“行走黄河看水利”中国作家协会黄河采风团一行结束模型黄河基地的考察之后就冒雨前往黄河花园口。雨一直下着，雨雾萦绕着中原大地，当“黄河花园口”几个大字映入眼帘的时候，大家这才意识到闻名于世的黄河花园口已近在咫尺。濛濛雨雾中的花园口显得格外清新，笔直的堤顶道路、整齐的备防石、向外延伸的控导，都显示着黄河的蓬勃，大堤外侧的防护林在雨水的浸润下也呈现出隽秀的模样。

采风团一行在景区南大门对面，也就是万里黄河上独一无二的著名坝头——将军坝下车，踏上了河南黄河标准化堤顶。该坝建于清代乾隆年间，后经不断加固，距近已有200多年历史，清嘉庆年间，在此又修建了一座将军庙，为百姓祈祷黄河安澜，庙址就是今日的花园口的引黄闸处，故又被称为“将军坝”。

在这里，工作人员向采风团的作家们作了黄河花园口的情况介绍，让大家对花园口有了初步、大体的认识。花园口地处黄河下游的上端部位，历史上黄河曾多次在此泛滥决口；花园口也是黄河下游的起始段，它不同于上游窄河道，河面宽广，气势雄伟，属于典型的“宽、浅、散、乱、悬”游荡型河段。河势变幻多端，是观赏黄河的最佳去处。花园口还是绵延数百公里、号称“水上长城”的黄河标准化堤防，代表了黄河下游治理的最高水平，是黄河治理的窗口，同时还是一处爱国主义教育基地和对外宣传教育基地。

和“将军坝”紧挨着的就是花园口纪事广场，是为铭记和纪念1938年花园口事件而修建的。在纪事广场，镌刻在碑文上的过往勾起了作家们对当年国共两党治理黄河的历史故事的极大兴趣；纪事墙上的浮雕更是对当年黄河决口泛滥的真实再现——难民迁徙、饿殍遍野……系统、通俗、生动的讲解让黄河采风团的作家们对过往的沉重历史有了更为立体的感知，记忆尤为深刻！

撑伞漫步花园口，感受黄河，体味历史，雨雾朦胧中，黄河好像穿越了时光向到来者诉说着衷肠。

壶口而行

——"行走黄河看水利"中国作家黄河采风侧记之四

黄河报记者　吕亚鹏

万物刚刚苏醒，东方微红，因天空万里无云，太阳显得很大，阳光也很刺眼，今天定是个大热天！5月14日的一大早，"行走黄河看水利"中国作家协会黄河采风团一行就从运城启程赶赴黄河咆哮的地方——壶口。

司机师傅说，我们要从山西吉县进入壶口。3个小时的路程，汽车都行驶在千折百回的省道上，一辆接一辆"擦肩而过"的大货车卷尘而过，时刻提醒着这里是山西。早起、颠簸、睡眼惺忪，让一行人歪靠在座椅重回睡梦。或许，在梦里他们已与壶口的壮观有了亲密的接触。

汽车终于进入了吉县境内，道路两旁隔三差五出现的巨大广告牌昭示着壶口越来越近。两个小时的"回笼觉"让作家们抖擞起了精神，车厢里开始了关于壶口的种种讨论，山西、陕西籍的作家向大家描述着自己曾见过的壮美，水利系统的作家则向大家讲解壶口的形成与地理形势，气氛顿时热闹了起来。

"黄河之水天上来，奔流到海不复回"，唐代著名诗人李白脍炙人口的佳句，勾画出了大河奔流的壮观景象。千百年来，引得无数人对黄河、对壶口产生无限的向往和敬畏，也掀起了描写黄河与壶口壮美佳句的此起彼伏。

壶口，因大自然的鬼斧神工而闻名。黄河流经秦晋大峡谷时，犹如被利斧在坚实的大地上劈出一道宽、深约50米的深沟，滚滚黄河水在此骤然紧缩，在巨大的落差下翻滚奔腾，气壮秦晋大地！

还未进入壶口瀑布景区就听到雷鸣般的瀑布声，就像黄河水从天而降扑打大地的声音。虽是正午，太阳高照，但前来观景的游客还是熙熙攘攘，还有吹唢呐的老人和牵着毛驴招揽客人的当地人，显得热闹非凡。

穿过宽阔的河滩，踏经曲拱的石桥，就可以与壶口瀑布非常近距离地接触了。未见气势先闻其声！采风团的作家们还未看到那斧凿的壶口景观时，就听到了雷鸣般的瀑布声，大家不禁加快了脚步！

“千里黄河一壶收”！当站在了瀑布前，看到那种慑人心魄的气势的时候，向前，再向前……任凭瀑布激起的水雾扑打在脸上，尽情享受着它带来的清凉，大家静静地站着，看着，抑或与这壮美合影留念，少了我想像中的赞美之词。

正像此行的一位作家所言：面对黄河，我无所适从，唯有呆看，呆听。按照李白的说法，这是一条来自天上的河，所以他的壮美与坦荡乃是一个天意，天意自古高难问，复何有言以状之。

顿时，我明白了，所有的溢美之词在如此磅礴之势下都不如尽情感受来得直接！

"行走黄河看水利"中国作家黄河采风团访问黄委

黄河报记者　吕亚鹏　刘湍康　张在厚

黄河网站2011年5月11日讯　5月10日，"行走黄河看水利"中国作家协会黄河采风团来到郑州，黄委主任陈小江就黄河治理开发与黄河文化建设问题与采风团一行进行了深入交流。陈小江说，进一步把黄河的事情办好，需要自然科学、人文科学多学科联合攻关，以水文化建设的丰硕成果，推动治黄事业的科学发展。

此次"行走黄河看水利"中国作家赴黄河采风及创作活动由水利部和中国作家协会联合组织，旨在宣传贯彻中共中央、国务院关于加快水利改革发展的决定，讴歌水利事业发生的巨大变化和治水实践的显著成绩，凝聚全社会治水兴水力量，奋力推进水利改革发展新跨越。

陈小江对中国作家协会副主席高洪波带领的黄河采风团一行表示热烈的欢迎。他说，在全国上下深入贯彻落实中央一号文件精神、加快推进水利改革与发展的重要时刻，水利部和中国作家协会联合组织这次"行走黄河看水利"黄河采风及创作活动，充分体现了对治黄事业的高度重视和对母亲河的深情厚爱。这次活动，既是难得的水利与文化交融之旅，也是让世人更好地了解黄河，让黄河进一步走向社会的重要之举，对于振奋全河上下职工的精神，推进治黄事业的新跨越，具有十分积极而重要的影响。

陈小江向采风团一行介绍了黄河的基本情况、治黄机构的沿革情况、人民治黄取得的伟大成就以及新时期黄河面临的挑战。他说，黄河是一条源远流长、惠泽万物的生命之河，是一条光辉灿烂、生生不息的文明之河，是一条博大精深、波澜壮阔的文化之河，是一条桀骜不驯、复杂难治的忧患之河。由于黄河在国家大局中的重要地位，历史上黄河治理都由中央政府直接管理，时至今日，黄河仍是全国七大流域中唯一由流域机构直接负责河道及防洪工程规划、建设与管理的河流。

陈小江说，治理黄河历来是治国安邦的大事。历朝历代为根除黄河水害进行了不懈探索，但因生产力发展水平和社会制度的限制，广大人民期盼的“黄河宁，天下平”的美好愿望一直难以实现。新中国成立后，黄河治理开发进入了历史新纪元。在党和国家高度重视下，饱经沧桑的黄河得到了空前规模的治理开发，取得了连续60多年伏秋大汛堤防不决口的辉煌成就，保障了国家经济社会的安全和稳定发展。黄河水利水电资源得到合理开发利用，保障了流域及相关地区供水安全、粮食安全和能源安全，支撑了流域经济社会的可持续发展。在黄土高原地区进行了大规模的水土流失治理，初步治理水土流失面积21万平方公里，有效减少了人黄泥沙，改善了人民群众的生活生产条件。60多年来，中国共产党领导人民治理开发黄河取得的巨大成就，造福华夏，举世瞩目，是历史上任何一个朝代都无法比拟的，充分彰显了社会主义制度的无比优越性。

陈小江同时向采风团一行介绍了新时期黄河面临的挑战。他说，随着经济社会的快速发展，人们对黄河的索取远远超过了其承载能力。世纪之交，黄河健康出现了严重的危机，主要表现在水资源供需严重失衡，河流生态用水被大量挤占，河道淤积加快，下游形成“二级悬河”，水污染趋势加剧，重大水污染事件频繁发生。

陈小江说，面对新情况、新问题，在中央的亲切关怀下，在水利部的正确领导下，黄委以科学发展观为指导，积极践行可持续发展治水思路和民生水利新要求，在深入总结前人治黄经验的基础上，立足黄河自身特性和流域经济社会发展需求，提出了维持黄河健康生命的治河理念，进行了一系列重大治黄探索与实践。加强流域水资源实施统一管理与调度，确保了黄河连续11年不断流。加强防洪工程建设，建成标准化堤防745公里。加强水土保持建设，找到对下游淤积影响最大的核心产沙区域，提出了构筑三道防线、多举措处理黄河粗泥沙的战略构架。坚持不懈实施调水调沙，累计将7亿多吨泥沙送入渤海，主河槽平均下降1.85米，最小过流能力提高了1倍以上。着力提高联合治污与水污染突发性事件处置能力，成功处置了40多起突发性水污染事件，保证了黄河供水安全。不断健全规划体系和法规体系，一大批规划编制完成和批复实施，水法规体系进一步健全。不断强化治黄科技的支撑作用，科研成果在治河实践中发挥了重要作用。不断加强人才队伍建设，为推进黄河治理开发与管理提供了人才保障。

陈小江指出，黄河是世界上最复杂、最难治理的河流，许多自然规律至今尚未被完全认识，许多治黄的重大技术问题尚需取得突破。当前，黄河流域正处于工业化和城镇化加快发展的阶段，正是能源资源消耗、污染排放强度加大的时期，资源环境约束压力进一步凸显，新矛盾、新问题仍会不断出现，维持黄河健康生命，依然任重而道远。2011年中央一号文件明确了新形势下水利的战略定位以及水利改革发展的指导思想、基本原则、目标任务和重大举措，为进一步推进人民治黄事业提供了历史机遇。黄委将把中央一号文件提出的加快水利改革发展的政策措施与治黄工作实践结合起来，积极践行可持续发展治水思路，牢固树立民生水利理念，进一步把黄河的事情办好，让黄河更好地造福中华民族。

陈小江说，全面了解黄河，深刻认识和掌握黄河的基本规律，进一步把黄河的事情办好，需要全民族共同行动，需要社会各界广泛参与，需要自然科学、人文科学多学科联合攻关。希望采风团各位作家把黄河作为一个创作基地，深入开展文学创作和研究，以黄河水文化建设的丰硕成果，推动治黄事业的科学发展。

高洪波代表采风团一行对黄委的热情与支持表示感谢。他说，此次黄河采风与创作活动得到水利部和黄委的高度重视，机会难得。通过近距离接触黄河、全方位地感知黄河，使采访团一行进一步了解了黄河的历史，加深了对黄河文明、黄河文化的认识，增进了对新中国治黄事业取得伟大成就的了解和理解，同时也深切感受到黄河人对治黄事业的热爱和自豪之情。

采风团在郑州期间还现场考察了模型黄河基地、黄河花园口段防洪工程、黄河水量统一调度系统。

中国作家黄河采风团在黄委座谈会场

中国作家黄河采风团在郑州召开座谈会

中国水利报记者　果天廓

中国水利网站2011年5月12日讯　5月10日下午，“行走黄河看水利”中国作协黄河采风团的作家们在黄委召开座谈会，回顾梳理了几天来的黄河采风活动。

座谈会上，作家们对水利部和中国作家协会组织此次活动表示感谢，此次活动意义重大。经过几天的采访，大家对母亲河的自然状况和历史文化都加深了认识；通过与黄河人的交流，对黄河的治理、开发和保护有了新的理解。这些都激发着创作的冲动。

采风团成员们纷纷表示，水利工作、党领导人民治水的历史，是文学丰富的矿藏。作为人民的作家，一定要创作更多反映水利题材的作品，用自己的笔铭记我们民族治水的厚重记忆。

采风团在黄委召开座谈会小结几天来的采风活动

黄土高原上来了作家采风团

黄河报记者　孙太旻

黄河网站2011年5月19日讯　黄河是孕育华夏儿女成长的母亲河，黄河沿岸是华夏文明的发祥地。5月14日至16日，“行走黄河看水利”中国作家黄河采风团一行带着对母亲河敬畏和探秘的心情走近黄河中游。

14日中午时分，作家采风团一行顾不上旅途劳累，顶着三十五六度的高温，兴奋地聚集在黄河壶口瀑布前，拍照的、构思的、吟诗的、作画的……面对万里黄河一壶收的壮观场面，采风团的作家们尽情地用自己的方式抒发着对母亲河的敬重和热爱。

15日至16日，采风团在甘肃天水参观考察了黄河流域第一个大型生态环境建设样板工程——藉河示范区，以及天水市麦积区甘泉镇3万亩优质梯田示范工程，亲身感受黄土高原的神奇与魅力。葡萄园边问经济，沟道跟前看工程，梯田埂上留个影，综合治理问究竟……每到一处大家都有着强烈的新鲜和好奇感，同时震撼于黄土高原的山川秀美。他们对黄土高原水土保持工作赞不绝口，对黄土高原水土保持工作者啧啧称赞。

记者在随同采风考察中获悉，在十分紧张的行程中，有的作家随行随感随发，写出了不少不同体裁的作品；有的作家已经完成构思，并制订出详细的创作计划，活动结束后不久将推出新的力作，具有黄河特色的诗歌、散文、小说、报告文学、长篇通讯、图文连载等多种形式的宣传体裁，将会在近期陆续面世。作家们将用真实的镜头和笔触，记录下对黄河的情感。

作家采风团成员行走黄河看水利，黄河中游看水保，沿途关注黄土高原的生态环境，是本次探访母亲河活动的内容之一。5500多公里的紧张行程，作家们将以各自独特的视角，把黄河沿途的美景、人文地理、自然风貌、母亲河治理开发与保护、水土保持生态建设、科技示范园工程和纯朴的民风民俗全方位地展现给社会。这是一次水利与文化交融之旅，是一次为水利工作鼓劲加油之旅，也是一次寄情母亲河的寻根之旅。

千年沙土的沉淀，掩不住中华大地上搏动的血管。沧海桑田的更替，挡不住历史巨轮的滚滚向前。繁衍的生命，进化的物种，沉积的历史，繁华与落寞，都在深邃的思考中渐息无声，正如黄河之水天上来，奔腾到海不复还一样。在各位作家们的独特构思中，描绘出母亲河更加灿烂的明天。

我眼中的采风团作家们

梁海燕

作为这次黄河采风之行的一位工作人员，尽管有些俗套，但还是想说那句："我很幸运，也很感谢！"因为，在一路同行的十余天里，我不仅深切领略到作家们丰厚的文学素养和创作功底，更感受到了他们充满激情、极富个性和魅力的心灵。也许，后者更是需要时间来慢慢欣赏和品味的。

"小朋友"作家高洪波

初见他时，我忍不住暗暗乐了，实在不能把眼前这个身材高大魁梧的副部级领导和一个著名儿童诗人联系起来。不由得，女儿小学语文课本上的那首《我想》便跳了出来："我想把小手/安在桃树枝上/带着一串花苞/牵着万缕阳光/悠啊，悠/悠出声声春的歌唱/我想把脚丫/接在柳树根上/伸进湿软的土地/汲取甜美的营养/长呀，长/长成一座绿色的篷帐……"这首诗歌是一次晚间散步时女儿教给我的，一听，便深深喜欢上了，末了，女儿还崇拜地感慨道："这首诗好美呀，高洪波小朋友写得太好了！"大概在她小小的心灵里，凡是写儿童题材的便一定是她的同龄人吧！得知此次黄河之行我能和她崇拜的作家们在一起，女儿特意从自己的习作中千挑万选地找出几本来，千叮咛万嘱咐要我一定要让作家们看看，并给她签名。

当我将这个小故事讲给作家们听，并提出女儿的要求时，众人都乐了，高副主席也朗笑着："高洪波小朋友！这是最高的评价呀！"随和、真诚的笑声透着长者的宽厚，没有领导的威严，一如他的诗作——纯净，透明。

从河口沿河溯源而上，他且行且吟，诗作不断，或思或悟，或歌或咏，对黄河独特的诗意观察，让人感受到诗人丰富、充满激情的内心世界。一日清晨，见高副主席的秘书小王拿着一迭手稿在整理，显然，在每日的舟车劳顿之后，他晚间都还要坚持写作，我的心中又平添一份敬意！

"天堂里的女人"韩春旭

"天堂里的女人"，这是一次偶尔的阅读，看到一位作家对韩春旭大姐的评语，刹时就击中了我。多贴切的描述啊，不是吗？那澄澈的眼神，温暖的笑容，人群中不张不扬，不卑不亢，淡淡地散发着岁月之香，静静地释放着生命之美，宛如她的名字一般美好。

她是一个环保主义者，路上不时地提醒我接待餐要简单点，不可以浪费。在我忙乱时，理解而宽容地冲我笑笑，我的心便安静下来。那天晚上，因一件小事敲开她的房门，却无意间为自己打开了一扇通往智者灵魂的窗。和她的交流是一种享受，她智慧、深邃的思想向我展示了一个充满大爱的世界。她爱一草一木，她爱世间所有的美好，她的语言闪烁着宗教般的光芒。我们谈对生命的感悟，谈对感情的认知，谈对真善美的理解……对我而言，这不啻于是一次精神大餐。时间就这样悄悄流逝，不知不觉已是凌晨三点，我不舍而又歉意地告辞。临走，看着她眼底宠溺般的认同与爱意，那丝丝不安便甜甜散去，转身雀跃离去。

行走至壮美的壶口瀑布，众人按捺不住激动的心情，欢呼着，争相合影留念，抒发着对黄河最本真的爱。要上车了，却不见了春旭大姐的身影，远远望去，只见河边一处高高的石头上，她面对咆哮的瀑布盘腿而坐，一动不动。我阻止了他人的呼喊，我知道，此刻的她，不需要打扰，她在用心倾听黄河，她在静静地，静静地和大自然融为一体！

后来，拜读她的作品，感触她女性作品里少有的思辨气息，惊叹她把哲学思考演化为生动、形象的文学表述。都说文如其人，还是在她的字里行间寻找她的影子吧："我之希望，就是不要退化我们的真诚，我们的热情，我们的爱。让人类文明的每一块基石，不松动，不风化，不倒塌。让人类在文明金字塔的峰颠上，更欢乐，更肥沃，更黎明……"

亦庄亦谐方英文

的确，如果采风团里少了方英文老师，那么欢声笑语便会少了一半。因为同是陕南人的缘故，我和方老师很快熟络并以老乡相称。老乡的语言充满了"方氏风格"，戏谑调侃间透着睿智幽默，荤素并陈中显出率真性情。只要他一张口，车上肯定就有人"中招"。更要命的是，在我们笑得前仰后合、泪花乱转时，他却是一副深沉和无辜的样子。同行中的每个人，每件小事，他都可以信手拈来，妙语连珠地化作我们酣畅淋漓的笑声。一路下来，最初对他稍嫌拘谨的"方老师"也变成了昵称"方老"。

行程中，"方老"写的一篇短文却让我看到了另一个他。那是一份手稿，端庄、秀逸的毛笔行楷让人好生赞羡。"方老"写得一手好字，这也是他经常明为自嘲、实为自得的地方。看那题目我不由得便肃穆起来——《黄河树》："我到了黄河入海口，恍然发觉黄河站了起来，站成一棵树，一棵你仰望无尽的，连神话里也不曾有过的，直破天庭的树——这就是黄河树，炎黄父亲树，华夏母亲树。黄河树上的一个个水库，全然是一窝窝鸟巢、一垛垛蜂房，于是我们有了家园与甜蜜。我们无可选择地来自树上，又将无可选择地回归树下。面对黄河，我无话可说，唯有跪下！”寥寥数语，便一气呵成地勾勒出了对黄河厚重的情怀和无声的敬仰！

瞬间，我的眼睛有些发潮，面对这条已看过N遍并深深热爱的大河，我惭愧地发现自己已丢失了多少感觉！

行程结束时，传来喜讯，“方老”的长篇小说《后花园》入围茅盾文学奖了，真为他高兴！

至纯至美的萌娘

这里，不能不提采风团里另一位美丽的女性——贺平，她的笔名叫萌娘。岁月似乎对她格外地厚爱，并不曾过多地伤害她，使她有着比实际年龄年轻很多的身姿和容貌。她举手投足，知性优雅，说话温言软语，颇有大家小姐的风范。总觉贺平这个名字太中性，倒是萌娘更符合她柔媚婉约的气质。她笑，原来萌娘是汪曾祺老先生所赐，因为她的儿子叫萌嘛！我也笑，其实萌娘还可以视作成年但长得很可爱的小女孩来

作者（左）和贺平（中）、韩春旭（右）在黄河口

解。看着她小鹿一样纯纯的眼睛，我更愿意理解为后者。

她有着童真般的清纯和美好。每到一处，总是惊奇地问，欣喜地记，摆出好看的姿态让人拍照。她歌唱得也好，受过专业训练，从表情到音色，让人陶醉，用“方老”的话说：“贺平，你不能唱，你一唱让别人就没法唱了！”但她也爱丢东西，从相机到小背包，总会不经意地落下，以至高副主席中途回京时，特意交待我说：“小梁，你要帮贺平看好东西！”其实，我挺愿意跟在她身后帮她收拾东西的，我喜欢看她满怀歉意柔柔地抱怨自己记性不好的样子，好有女人味。这一切在日后的交谈中，渐渐有了答案。她的确有着不同寻常的家世背景，从小便受到良好的教育，尽管在那个“文革”动乱年代也为此付出了巨大的代价。后来，读了她的美文《秋天的钟》，写她在秋日的细雨中，静静地回忆着曾祖父，笔端倾诉着细腻、感伤的情愫，很是感叹那是如何的才情才能写下这空灵之极的文字啊！

她待人做事也有着少有的真诚和认真。记得赶到郑州的那天晚饭后，她马不停蹄地赶到徐福龄老先生家采访，说要赶紧收集第一手资料；在三门峡座谈会上，她独到视角的提问显示出深厚的专业功底；采风结束后，她第一个把自己相机里的照片分类整理好并发给大家，还时不时地给你的邮箱发一些油画、美景什么的，和你共享美丽,让你的心底柔软，笑意盈唇！

十余天的黄河行走，不算长，却丰满了我的感受和记忆。一位位作家的音容笑貌似乎还在眼前浮现：让人心生敬意的文坛前辈吕雷；性情豪爽、文思深邃的陈世旭；对黄河有着不一般解读的哲夫；一路上勤奋笔耕，在车上不断与大家分享新作的刘功业；兰州夜色黄河边上那个喝着啤酒、激情唱着花儿的叶舟；嘴角永远挂着若有若无的笑意，走到哪儿都不停画着素描的诗人高凯；话语不多、温尔儒雅的杨克；还有我们水利文坛的骄傲：侯全亮、靳怀堵、李良、果天廓……一路奔波，一路感怀，作家们在行走中看黄河、听黄河、读黄河，而我，也在行走中努力地感知着他们！

情系母亲河

——记“行走黄河看水利”中国作家黄河采风活动

中国水利报记者　果天廓　文艺报记者　周李立

5月的兰州，已经热了起来。依偎于黄河的这座城市，这个季节的山水相映，尽情渲染着她的秀丽丰腴。坐在上行白塔山的缆车上，可以鸟瞰兰州城，雄浑的黄河在穿越繁华中静静流淌，从容而镇定。

5月16日，中国作家协会“行走黄河看水利”采风团抵达兰州。在结束了为期12天、行程5500公里的黄河文化之旅后，稍感疲惫的采风团成员们充满着激情。在当晚举行的总结座谈会上，作家们纷纷表示，此次走进水利、亲近黄河、领略黄河文化的行程是一次极为难忘的经历；从出发伊始的激动和期盼，到过程中的感动和震撼，及至活动结束时满怀创作的冲动，作家们情系母亲河，对黄河的认识因此更加具体、全面，不仅收获了大量创作素材，也经历了一次精神的洗礼——黄河作为我们中华民族的心灵家园、民族的精神高地，真正体现着中华民族勤劳勇敢、坚韧不拔的品格；党领导人民治理黄河的伟业，黄河人的精神，黄河的悠久文化，都将融入今后各自的创作之中，为中华民族书写一条文学的黄河。

一

今年伊始，中央一号文件聚焦水利，为水利改革发展明确了新的任务，为水利工作带来了新的战略机遇。在这种形势下，水利部与中国作家协会首次联手，组织了此次主题为“行走黄河看水利”的采风活动，以讴歌在中国共产党的领导下水利事业发生的巨大变化和治水实践的丰功伟绩，鼓舞和凝聚全社会治水兴水力量，奋力推进水利改革发展新跨越的伟大事业。对于此次采风活动，水利部党组和中国作家协会党组都高度重视。5月5日，水利部党组书记、部长陈雷在北京主持了采风团的启动仪式，他勉励广大作家，抓住这次黄河采风的宝贵机遇，对水利工作给予更多的关心、重视和支持，用最真挚的感情、最生动的文章、最丰富的形式、最鲜活的语言、最强劲的声音、最完美的佳作，创作出更多更好的水利文学精品，使社会各界和广大群众更加了解我国的国情水情，更加关注水利事业的发展，进一步提高全民水患意识、节水意识和水资源保护意识，更多地关爱水、珍惜水、节约水、保护水，为水利事业更好更快发展营造良好氛围，使中国的水更好地造福国家、惠泽民生，为中华民族的伟大复兴贡献我们的一份力量。

水利部党组成员、副部长李国英在采风团出发前给大家介绍了今年中央一号文件和我国水利改革发展的基本情况。他希望作家们通过这次采风活动，能更深入地了解黄河历史、黄河文化、黄河新貌，熟悉水利工作，体验人文风情，感受时代变化，积累创作素材，激发创作灵感，创作更多更好的作品，发挥文学艺术团结人民、鼓舞斗志、凝聚人心的重要作用。

中国作家协会党组成员、副主席、书记处书记高洪波任采风团团长。他在启动仪式上发表讲话时指出，水利事业是反映中国经济建设飞速发展的重要窗口，其艰难困苦、玉汝于成的历程很值得作家们大书特书，希望采风团的作家们珍惜机会，认真采访，勤于创作，有所作为，力争写出好的作品来回报水利人的信任。

二

“行走黄河看水利”采风活动，得到了黄河水利委员会的高度重视。黄委党组书记、主任陈小江在采风团抵达郑州后，专门主持召开会议，向采风团一行介绍了黄河的基本情况、治黄机构的沿革情况、人民治黄取得的伟大成就以及新时期黄河面临的挑战，并与作家们就黄河治理开发与黄河文化建设等问题进行了深入交流。在采风活动结束时，正在兰州调研工作的陈小江还特地前往采风团驻地为作家们送行。

对于采风团的行程，黄委也进行了精心组织。采风团从黄河入海口溯流而上，考察了黄河上的重要水利工程。从湿润温暖、百鸟翱翔的山东垦利入海口湿地，到获得“大禹奖”和“鲁班奖”的山东济南黄河标准化堤防工程；从郑州“模型黄河试验基地”，到“把黄河装进计算机”的“数字黄河”建设的核心——水调中心；从现代化的“黄河年轻的心脏”小浪底水利枢纽，到历经沧桑而充满故事的三门峡水利枢纽，以至建设中的南水北调中线穿黄工程；最后，在黄土高原地区，还考察了拦泥坝、坡改梯两个不同类型的水土保持典型工程，初步了解了水土流失治理方向、治理措施及其治理目标……作家们加深了对水利工作重要意义的认识，感受到了人民治黄事业取得的巨大成就。“险工”、“调水调沙”、“三条黄河”、“二级悬河”、“淤地坝”等原来十分陌生的水利术语，经过十几天的考察和交流，大家也已经耳熟能详，并运用到写作中。一路上，作家们还接触和采访了许多作为“黄河守护者”的水利工作者，他们多年来默默无闻、以黄河作为自己的事业和生命的事迹，让作家们十分感动。作家吕雷说：“从解放战争的枪林弹雨中像冲锋陷阵般筑堤护坝的河工，到当今每逢汛期必有数百万人奋勇治河的大军，都是我人生的一面面镜子，他们教会我用黄河水洗涤心灵，竭力恢复我们开始荒芜的精神绿洲、信仰高地，在这个五光十色、纷扰庞杂的大变局中保持着一点纯真、一点定力。黄河守护者们的质朴、务实、坚忍、真诚令我们感动，他们的牺牲精神、献身精神和忘我奋斗更让我们震撼和肃然起敬。”

除了一条水利意义上的黄河，此行也是在亲近一条生态的黄河、文化的黄河。从拉开人民治理黄河事业序幕的冀鲁豫黄河水利委员会的纪念碑，到历经沧桑如今已焕发新颜的郑州花园口；从黄河入海口蓝黄分明于一线的奇观，到雄浑壮观的黄河壶口瀑布；从上游的宁静、中游的深沉到下游的阔然……作家们表示，此行是非常深刻的一课，母亲河孕育了中华民族几千年的文明，黄河有太多说不尽、写不完的内容。作家方英文说：“面对黄河，我无所适从，唯有呆看、呆听。这是一条来自天上的河，她的壮美与坦荡，乃是一个天意。”作家叶舟说：“相较于她神启的光辉，我们属于管中窥豹的一族，属于子民，属于悄然感思却拙于言表的一脉。幸运的是，她又是无私的，灌输心灵和墨水，命令我们写下或者说出。同时，她又是温柔的母体，包容了我们的偏见、促狭和莽撞。”

三

“此次活动从黄河入海口溯源，经山东、河南、山西、陕西、甘肃等省，行程之远、跨度之大、时间之长、收获之丰在近年中国作协组织的作家深入生活活动中都是罕见的。”作为采风团团长，高洪波如此评价了此次采风活动。一次水利与文化融汇之旅，一次为水利工作鼓劲加油之旅，一次寄情母亲河的寻根之旅。此次活动的顺利举行，意味着中国作家正拓宽深入生活的渠道，这是水利部与中国作家协会一次成功的合作尝试。

参与活动的作家有来自珠江流域的吕雷、杨克，也有来自长江流域的陈世旭，还有海河流域的刘功业、韩春旭。他们对黄河文化、水利事业充满兴趣，正如作家杨克所说：“此前以为黄河离我们很远，此行发现我们与黄河的心理距离其实一直很近。”本就生活于黄河流域的叶舟、高凯、哲夫、方英文也通过此行，重识了一条熟悉的黄河，正如诗人高凯所说：“此前的黄河在心中是一个点，现在更懂得黄河是一条线、一个面，认识黄河的过程也是认识自己的过程。”担纲《中国治水史概要》责编工作的作家出版社编辑贺平则表示，“自己本就长期关注着水文化，此行更是收获巨大，感受颇多，为自己今后的工作提供了不少思路”。本身就是水利工作者的作家侯全亮、靳怀堾、李良在此次活动中，从水利和文学的双重视角观察和思考，为大家带来了更为丰富的信息和更新的思路。

作家们纷纷表达了要将此次受益终生的“走读”化作文学创作的动力和源泉的意愿。正如叶舟所说：“黄河就像一桌盛宴，养育了几千年的子民，我们这一代人不过来匆匆赴宴，用我们短短几十年的时间来参悟黄河，这是一名生长在黄河边的作家的使命。”作家们在途中就已经开始了诗歌、散文的创作，而且也已经有了下一步创作的构想和计划，活动结束后，大家将运用不同的创作体裁，把母亲河此行的感受用文学的形式抒写出来。

万里黄河万里情

——“行走黄河看水利”采风活动纪行

文艺报记者　周李立

5月的兰州正是初夏时节，兰州城静卧于黄河两岸、苍黄的山峦之间，呈现出一派雄浑的西北风情。5月16日，中国作协“行走黄河看水利”采风团抵达兰州，为历时12天、跨越5500公里、途经山东、河南、山西、陕西、甘肃五省的行程圆满划上句号。

16日晚，采风团举行了总结座谈会。作家们在会上表示，此次走进水利、亲近黄河、领略黄河文化的行程是一次极为难忘的经历，从出发伊始的激动和期盼，到行程中的感动和震撼，及至活动结束时满怀创作的冲动，大家对母亲河的认识因此更加具体、全面和立体。不仅收获了大量创作素材，也经历了一次精神的洗礼，黄河作为我们中华民族心灵的家园、民族精神的高地，真正体现着中华民族勤劳勇敢、坚韧不拔的品格。黄河的故事、黄河的文化、黄河的精神都将融入今后各自的创作之中。用文学的步履丈量母亲河，书写一条中华民族的黄河、文学的黄河。

水利部黄河水利委员会主任陈小江亲赴兰州，为采风团作家们送行言别。

今年伊始，中央一号文件聚焦水利，为水利改革发展明确了新的任务，为水利工作带来了新的战略机遇。在这种形势下，水利部与中国作家协会首次联手，组织此次主题为“行走黄河看水利”的采风活动，旨在讴歌在中国共产党的领导下水利事业发生的巨大变化和治水实践的丰功伟绩，鼓舞和凝聚全社会治水兴水力量，奋力推进水利改革发展新跨越的伟大事业。活动得到了承办单位水利部黄河水利委员会的大力支持。

此次采风活动由中国作协副主席、党组成员、书记处书记高洪波带队，参与活动的作家有来自珠江流域的吕雷、杨克，也有来自长江流域的陈世旭，来自海河流域的刘功业，他们对黄河文化、水利事业充满兴趣，正如作家杨克所说：“此前以为黄河离我们很远，此行发现我们与黄河的心理距离其实一直很近”。本就生活于黄河流域的叶舟、高凯、哲夫、方英文也通过此行重识了一条熟悉的黄河，正如诗人高凯所说：“此前的黄河在心中是一个点，现在更懂得黄河是一条线、一个面，认识黄河的过程也是认识自己的过程。”《工人日报》高级编辑、散文家韩春旭表示，“我的内心，多年来一直默默地忧患着我们的母亲河。当我如此与黄河为伴了12天，应该说，每一天都在一种意外的惊叹中。”担纲《中国治水史概要》责编工作的作家出版社编辑、散文家贺平则表示，“自己本就长期关注着水文化，此行更是收获巨大，感受颇多，为自己此后的工作提供了不少思路。”本就是水利工作者的作家侯全亮、靳怀堾、李良也参加了此次活动，他们以水利和文学的双重视角观察和思考，为大家带来了更丰富的信息和更新的思路。

5月5日，采风活动在北京举行了出发仪式，水利部部长陈雷主持，他勉励广大作家，走近水利、感受水利、描写水利，创作出富有时代特色的优秀文学作品，为水利事业又好又快发展营造良好氛围。水利部副部长李国英介绍了今年中央一号文件和水利改革发展的有关情况。中国作家协会党组成员、副主席、书记处书记高洪波，作为此次采风团团长在出发仪式上讲话。

正如高洪波所说：“此次活动从黄河入海口溯源，经山东、河南、山西、陕西、甘肃等省，行程之远、跨度之大、时间之长、收获之丰在近年中国作协组织的作家深入生活活动中都是罕见的。”作家们自黄河入海口朔流而上，考察了黄河上的重要水利工程。从湿润温暖、百鸟翱翔的山东垦利黄河入海口湿地，到斩获“大禹奖”和“鲁班奖”的山东济南的黄河标准化堤防工程；从山东、河南两省的黄河河道，到防洪工程体系建设；从郑州“模型黄河试验基地”，到“把黄河装进计算机”的“数字黄河”建设的核心——黄河水调中心；从现代化的“黄河年轻的心脏”小浪底水利枢纽、历经沧桑而充满故事的三门峡水利枢纽，到建设中的南水北调中线穿黄工程……作家们深入了解了这些大型水利工程的重要意义、历史沿革和现实运用，感受到人民治黄事业取得的巨大成就。“险工”、“调水调沙”、“三条黄河”、“二级悬河”、“淤泥坝”等本来十分陌生的水利术语，经过持续多日的考察和交流，作家们也已经耳熟能详，能灵活运用。一路上，作家们还接触和采访了许多作为“黄河守护者”的水利工作者，他们多年来默默无闻、以黄河作为自己的事业和生命的事迹，让作家们十分感动。正如作家吕雷所说：“从解放战争的枪林弹雨中像冲锋陷阵般筑堤护坝的河工，到当今每逢汛期必有数百万人奋勇治河的大军，都是我人生的一面面镜子，他们教会我用黄河水洗涤心灵，竭力恢复我们开始荒芜的精神绿洲、信仰高地，在这个五光十色、纷扰庞杂的大变局中保持着一点纯真、一点定力。黄河的守护者们的质朴、务实、坚忍、真诚令我们感动，他们的牺牲精神、献身精神和忘我奋斗更让我们震撼和肃然起敬。”

除了一条水利意义上的黄河，此行也是在亲近一条生态的黄河、文化的黄河。从拉开人民治理黄河事业序幕的冀鲁豫黄河水利委员会的纪念碑，到历经沧桑如今已焕发新颜的郑州花园口；从黄河入海口蓝黄分明于一线的奇观，到雄浑壮观的黄河壶口瀑布；从平坦从容的中原的黄河，到活泼的西北的黄河，从上游的宁静、中游的深沉，到下游的阔然……作家们表示，此行是非常深刻的一课，母亲河孕育了中华民族几千年的文明，黄河有太多说不尽、写不完的内容。作家刘功业说：“行走黄河，不只是水利之旅，更是文化之旅，精神之旅。黄河，不只是养育中华民族的母亲河，也是所有中国人的精神原乡。”作家方英文说：“面对黄河，我无所适从，唯有呆看、呆听。按照李白的说法，这是一条来自天上的河，所以，他的壮美与坦荡，乃是一个天意。”作家叶舟说：“相较于她神启的光辉，我们属于管中窥豹的一族，属于子民，属于悄然感思却拙于言表的一脉。幸运的是，她又是无私的，灌输心灵和墨水，命令我们写下或者说出。同时，她又是温柔的母体，包容了我们的偏见、促狭和莽撞。”

高洪波表示，“此次活动的顺利举行，意味着中国作家正拓宽深入生活的渠道，这是一次成功的合作尝试。”作家们纷纷表达了要将此次受益终生的“走读”化作文学创作的动力和宝库的意愿。正如叶舟所说：“黄河就像一桌盛宴，养育了几千年的子民，我们这一代人不过来匆匆赴宴，用我们短短几十年的时间来参悟黄河，是一名生长在黄河边的作家的使命。”部分作家在途中就已经创作出诗歌、散文作品多篇，不少作家也已经有了创作的构想和计划，活动结束后，大家将运用不同的创作体裁，把心得体会用文学的形式抒写出来。高凯计划创作长诗《大河志》，叶舟计划创作小说，刘功业、杨克、方英文、韩春旭也都有创作散文的计划。

“行走黄河看水利”
中国作家黄河采风圆满结束

黄河报记者　吕亚鹏

黄河网站2011年5月18日讯　5月16日，“行走黄河看水利”中国作家黄河采风活动在甘肃兰州圆满结束。正在兰州进行工作调研的黄委主任、党组书记陈小江专程赶往采风团驻地，看望采风团成员并致以亲切的问候。

陈小江在与作家们交流采风感受时，希望各位作家经常到黄河上来，体验生活，用作家独特的视角开展文学创作，共同开创水利与文学融会交流的新局面，推动水利改革发展与治黄事业持续前进。

此次采风活动5月5日由北京正式出发，从河口溯流而上，历时12天，行程5500公里，跨越北京、天津、山东、河南、山西、陕西、甘肃7个省(市)。

连日来，黄河采风团一行先后实地考察了山东、河南两省的黄河河道形势、防洪工程体系布局和湿地生态恢复；参观了小浪底水利枢纽、三门峡水利枢纽和建设中的南水北调中线穿黄工程，深入了解了这些大型工程的重要作用、建设过程和发挥的综合效益；考察了晋陕峡谷北干流河段的河道形势和治理现状，亲身感受了壶口瀑布雄浑跌宕的壮观景象；最后，在黄土高原地区考察了谢家沟流域治理等不同类型的水土保持典型，初步了解了水土流失治理方向、措施及目标。同时，结合采风主题，采风团沿途参观了冀鲁豫边区革命纪念馆等革命传统教育基地和历史文化遗迹。作家们在这里了解黄河、感受黄河，有了不少新的感悟和收获。

在十分紧张的行程中，采风团的作家们随行随感而发，写出了不少各类题材的作品。采风团团长、中国作家协会副主席高洪波沿途抒写了《入海口即兴》、《观黄河大堤》、《走黄河有感》等十多首诗歌；其他作家均已完成构思，并制订了详细的创作计划，甘肃文学院常务副院长高凯拟完成一部长篇史诗《大河志》的创作。水利部、中国作家协会将对作家们黄河采风创作的作品集结成册。

总结会上，采风团副团长、中国作家协会主席团委员、广东省作协副主席吕雷表示，通过这次自下而上比较系统的黄河之行，进一步增进了对黄河及其治理开发成就的感知和认识，激发了新的灵感，发现了新的题材，为创作出新的力作提供了源泉。他同时要求活动结束后，所有采风团成员根据此行所见所闻、所感所想，用自己的笔墨深入进行文学创作，描绘出黄河治理开发和水利改革发展波澜壮阔的画卷。

"行走黄河看水利"中国作家黄河采风活动结束时，正在兰州进行工作调研的黄河水利委员会主任陈小江专程前往采风团驻地看望作家并进行亲切交谈。图为陈小江与黄河采风团成员合影

作家采风感言

走进水利　了解水利　抒写水利——高洪波：

本次活动为中国作家协会和水利部首次联手举办，从黄河入海口溯源而上，经山东、河南、山西、陕西、甘肃等省，行程之远、跨度之大、时间之长、收获之丰都是近年罕见的。

作家们经过本次活动，达到了走进水利、了解水利进而热爱并抒写水利的目的，对黄河水利委员会及其工作性质有了从历史到现实的了解，对数万名黄河职工的贡献以及黄河治理的辉煌历史有了切身体验，对原型黄河、模型黄河、数字黄河“三条黄河”及河流伦理学等产生了浓厚的兴趣。经过此次采风活动，作家们将运用不同的文学体裁施展才华，把心得体会抒写出来。

在水利部和黄河水利委员会的大力支持下，“行走黄河看水利”采风活动顺利结束。这是一次成功的合作和尝试，意味着中国作家深入生活的渠道越来越宽泛。

“走读”黄河——吕雷：

黄河是中华民族的母亲河，此次有幸来朝拜，感慨良多。临行前水利部领导有两句话，我将铭刻心底：第一句是河流是有生命的，第二句是要敬畏黄河。此番我等行程5000多公里，是一次受益终生的“走读”，我们重读了5000年黄河的苦难，也重读了我们民族5000年的奋斗和拼搏，令我们离开书斋，离开城市的喧嚣，仔细地品味黄河，贴近黄河，贴近黄河的守护者们。我们知道，在九曲黄河的上游，有个只有一个人的水文站，几十年如一日，孤独地为母亲河“量血压”、“数脉搏”，守护者几乎失去了与外人的交往能力，为了保持语言功能，每天只好对着黄河大声吼歌；我们还知道，有这样一位黄河守护者，他的女儿出生后从未吃过苹果，不知道苹果为何物，当前来慰问的同志给她送上苹果时，她竟茫然不敢接受……正是由于有这样千千万万的黄河守护者们，我们古老的母亲河才得以容光焕发，才能岁岁安澜！

从在解放战争的枪林弹雨中筑堤护坝的河工，到当今每逢汛期必有数百万人奋勇治河的大军，都是我人生的一面面镜子，他们教会我用黄河水洗涤心灵，竭力恢复我们开始荒芜的精神绿洲、信仰高地，在这个五光十色、纷扰庞杂的大变局中保持着一点纯真、一点定力。黄河守护者们的质朴、务实、坚忍、真诚令我们感动，他们的牺牲精神、献身精神和忘我奋斗更让我们震撼和肃然起敬。

朝觐之旅——陈世旭：

对我来说，走黄河、看黄河、感知黄河，是一次朝觐之旅。

黄河是一个民族的象征，黄河是一个民族的史诗，黄河就是一个民族自身。世界上没有哪一条河，它的生存、成长、繁衍、变迁，它的命运、性格、特征、精神品质，能像黄河一样同一个民族的生存、成长、繁衍、变迁，一个民族的命运、性格、特征、精神品质连接得如此紧密，互为一体。无论是密西西比河之于北美，无论是亚马孙河之于南美，无论是多瑙河之于西欧，无论是尼罗河之于北非。

此行从东营河口到壶口瀑布，我心里越来越强烈地涌动着一个词：敬畏。这敬畏将成为一种深刻的动力，使我的人生和写作受益无穷。为此，我要深深地感谢水利部，感谢黄委，感谢中国作协，感谢所有为此行尽力工作的朋友们。

黄河人　黄河情——杨克：

黄河是中国人的生命之河，哪怕在直观上，它的黄肤色跟我们的血缘都如此亲近。作为中华文明的精神脐带，它承载了一个民族深邃绵长的情感。千川万水，百国亿民，再没有哪一条江河，如黄河一般，被一代代子民视为国脉。尽管就地理位置来说，我生活在远离黄河的珠江流域，可内心里黄河激越的涛声，别有一种亲切，因为我居住的广州番禺，就是《黄河大合唱》的曲作者冼星海的故乡。走黄河，为这条李白吟诵的大河赋新诗，是我多年的梦想。

感谢水利部、黄委和中国作协，给了我这次圆梦之旅。亲临黄河，一段一段溯源而上，不仅让我深切感受到了历史上那条浩浩荡荡的文化黄河、精神黄河的伟大，更现场领略了60多年来人民治黄的巨大成就，特别是目睹了黄委近年在调水调沙、科学治淤、消除断流、水土保持等诸多方面取得的新成果、新进步。而这些不仅我在来之前知之甚少，也是当下传播的盲点和国人认知的空白。更为重要的是，我懂得了要用全局观点看待黄河治理，黄河沉沉一线贯九省，牵一发而动全身，必须同时兼顾上中下游需求，不能只顾局部和地方利益。万里黄河万里行，黄河精神和黄河人的品格使我深受教育。归来后，我会用心写出不辱没这条万古奔流的长河的诗篇，并以散文记录水利人治理黄河的事迹，感恩母亲河的涓涓滋养，感激黄河人的一路同行！

一次有意义的文化行走——高凯：

这是一次非常有意义的文化行走。首先，对我来说，是人生一次重要的阅历，不仅影响我的文学创作，而且触动我的人生态度。其次，10多天的行走，让我对黄河有了更多更真切的感受和了解。自己虽生在黄河流域，且在黄河岸边生活了10多年，但原来并不了解黄河。通过这次行走，我发现黄河不是一个点，而是一条奔流延伸的线；黄河不是平面的，而是立体的。我看到了一条生态的黄河、民生的黄河。最后，我看到了不平凡的黄河人，他们的丰功伟绩、事业理想和工作精神使我感动和敬仰。

非常感谢水利部和中国作协组织的这次黄河采风之行。经过一段时间的沉淀，我会写出无愧于自己关于黄河的诗篇，我已有创作长诗《大河志》的冲动和构想，希望在补充一些资料和游历之后动笔。

重读黄河——哲夫：

这是我第三次走黄河，过去我对黄委会在枯水期往黄河中注入水流，使黄河维持一脉细细的水流，使黄河不至于断流，有自己的一些看法。通过这次采风我发现这是一个再认识的过程，现在我明白，使黄河不断流至少有这样两个好处：一是自然生态方面的，这样可以挽救黄河中的濒危鱼种；二是人文生态方面的，对文化和信仰、人心的安宁、社会的稳定，以及国际言论，都有举一反三的生态作用。

黄河世代养育着沿河子民，如今除满足黄河沿岸九省区外，还要为天津、河北等省市供水。黄河流量并不大，只占中国淡水的2%，浇灌了12%的耕地，养育中国15%的人口，是真正的母亲河。一方面是母亲乳汁逐年递减，一方面是沿黄城市工业和生活用水逐年增加，大水漫灌之风屡禁不绝。若不杜绝奢靡浮华不实之风，有多少水资源经得起轻抛浪掷?

此次中国作协与水利部“行走黄河看水利”活动有别于寻常采风，说采风不如说是踩点。

毛泽东说：你可以藐视一切，但不可以藐视黄河。李白曾经写过“将进酒”，如今“将进酒”已无酿酒的好粮（粮食污染），“将饮茶”亦无好茶可饮了（土壤污染），“将进水”水污染了，“将饮黄”黄河捉襟见肘了。不保护环境就没法保护水资源，没有水我们只有“将进死”，所以说，保护黄河就是保护我们自己。中央出台一号文件，就是为了保护黄河等大江大河，保护中国日见污染、日见匮乏的种种水资源。通过这次黄河采风我认识到，光是上边重视根本不够，节约用水，人人有责，更要沿黄各省市区县的配合才行。

我曾写过黄河，此次想重新写过，也是一个再认识的过程！节约用水，人人有责，更要沿黄各省（区）的配合才行。

黄河的壮美与坦荡——方英文：

面对黄河，我无所适从，唯有呆看、呆听。按照李白的说法，这是一条来自天上的河，所以，她的壮美与坦荡，乃是一个天意。天意自古高难问，复何有言以状之！

我到了黄河入海口，恍然感觉黄河站了起来，站成一棵树，一棵你仰望无尽的，连神话里也不曾有过的，直破天庭的树--这就是黄河树、炎黄父亲树、华夏母亲树。黄河树上的一个个水库，全然是一窝窝鸟巢、一垛垛蜂房，于是，我们有了家园与甜蜜。

我们无可选择地来自树上，又无可选择地回归树下。面对黄河树，我无话可说，唯有跪下。

水利之旅　文化之旅　精神之旅——刘功业：

融入身体的水，占到人类身体的百分之七十以上。覆盖地球的水，占到地球表面的百分之七十以上。但是，地表上，人类实际能够利用的淡水资源却很少很少。一下子缩到小数点后。河流、湖泊，常常不堪重负。

中国水利人说，水是生命之源、水是生产之要、水是生态之基。

行走黄河，不只是水利之旅，更是文化之旅、精神之旅。

黄河，不只是养育中华民族的母亲河，也是所有中国人的精神原乡。

亿万年来，黄河不息流淌在我们的国土上，也融化在我们的血液里、精神中。黄河，不能断流；文化和精神，也不会断流。

从黄河入海口开始的这次行走，溯源而上，更像是一次对依托于黄河文化精髓的探秘和追寻。队伍中，有著述丰富、知识渊博的作家、诗人，有长期研究水文化的学者，也有长期在水利行业奉献着青春和才智的人们。和作家、水利人的一路同行，也成为我的学习之旅。

“清风清水走东海”，贺敬之以诗句唱出了新中国“河清世明”的豪迈和梦想。歌唱黄河，永远是诗人的光荣。比青铜还要古老的水，比玉石还要晶莹的水，洗濯着年轻的肉体，也构成了坚硬的骨头。黄河人和黄河上的建筑一样，有着永远的责任和使命：让奔腾的洪水平静下来，让汹涌的泥沙沉淀下来。护坝、蓄能、发电、灌溉、滋养。粗砺的沙，浑浊的水，一同繁衍出两岸广阔肥沃的土地。各得其用，各造其福。文学，其实如是。

短短十几天的奔波中，我关注着黄河文化、黄河精神、黄河人物、黄河事件，以及，依托其上的那些日月星光。

我注视着黄河入海口湿地上那只快乐飞翔在天空的鸟儿。天在上，海在下，有着同样的蓝色。

来自天上的黄河，如一只有力的拳头，砸出壶口的震天轰鸣。我就这样被感召着行走，更远地行走，直到黄河之源。然后，像一滴黄河水那样，重新汇入海的歌唱。

大河的恩赐——叶舟：

我诞生在黄河岸边，生长于黄河之畔。她美妙的光辉和秘密的营养一直滋润着我，令我的生命与生活充满了沉淀、开阔、广袤和高拔；同时，她上游的宁静、中游的深沉以及下游的阔然，如同恩赐的母爱予我哲学和文字，并教诲我在北方的隐忍、耐心和写作。

这么说的缘故，是因为个体有限的认知和阅读中，对这条伟大的河流或多或少存在着某些疏漏、局限与偏差。相较于她神启的光辉，我们属于管中窥豹的一族，属于子民，属于悄然感思却拙于言表的一脉。幸运的是，她又是无私的，灌输心灵和墨水，命令我们写下或者说出。同时，她又是温柔的母体，包容了我们的偏见、促狭和莽撞。

这种知觉，会留付将来的歌吟、咏诵和举念。感谢中国作协和水利部组织的这次“行走黄河看水利”采风活动，我看见，我记下，我将说出……

怎一个“几”字了得——贺平：

沿着黄河走，一定要走到兰州或者兰州以远。兰州的黄河，不急也不黄。看了兰州的黄河才知道，下游几个省（区）又干又黄又浑浊的黄河，不是原来的黄河，那是走累了的黄河。看了兰州的黄河才知道，黄河入海有多么不容易。

有人说，黄河要是从内蒙古直着流到天津入海就好了，那给引黄工程能省不少钱。可是，黄河偏要九曲十八转，她蜿蜿蜒蜒走出一个大大的“几”字，跨过了9个省（区）才入海。她每一次转身，都救活了一方水土，她要哺育更多的生灵万物，以全部的爱喂养着中华民族的灵魂。这个“几”字，足以让我们掉下眼泪。

尽管我们不会忘记多少次黄水泛滥，多少次黄河改道，滚滚洪流，淹没无数，那些过往的繁荣与奢华，尽被掩埋在泥沙之下……我们还是叫黄河母亲，我们就认这个母亲——为了那回转千百次的身影，为了那一往情深的大爱。

写不尽，道不清，唱不完的黄河，怎一个“几”字了得！

生命之河——韩春旭：

当我得知能够参加这次采风活动时，我的心格外激动和期盼。我虽然不是一个身体力行的环保主义者，但在我的内心，多年来一直默默地忧患着我们的母亲河。黄河，在我心中就是干涸断流的河床；黄河，就是悲伤无奈流动的河。

当我如此与黄河为伴了12天，应该说，每一天都在一种意外的惊叹中。黄河在如此合理的治理中有了真实健康的生命形态。

今日的黄河，在中华大地上有了敬畏的呵护，有了虔诚的顺从，有了合理的治理与开发。这恩泽万物的生命之河才有了如此顺畅、饱满和绵绵不绝的流淌。

每一天，我看到的有关黄河的一切，都给我内心一个真实的校正。黄河母亲，那神奇博大之爱，让我们中华民族的子子孙孙一同走来。黄河母亲，那绵绵不绝的流淌，让黄河卫士和作家们一同走来。黄河母亲，那神奇的血脉，让我们与黄河融为一体，永恒地祈祷，黄河安澜。

双重角色　多重收获——侯全亮：

这次黄河采风之行，作为中国作家，我是采风团的一名团员；作为黄河水利委员会的一位文化宣传管理干部，又是本次活动的陪同和服务者。虽然采访创作加联络服务这种双重角色，一路上感到十分紧张，但毫无疑问，此行收获也是多重的。

古希腊哲学家赫拉克利特有一句名言“人不能两次踏进同一条河流”，更何况我们是去朝圣文化宝藏极为丰厚、自然条件复杂善变的母亲河呢？这次溯源而上的黄河行走，对河口生态修复、标准化堤防建设、河势变化、黄土高原坡改梯水土保持措施以及长河与人生、大河与博爱等人文内涵，都有了新的认识和升华，在对我来说看似司空见惯的治黄生活素材中，又开掘出了文学创作的一些新意。连日来和各位文学方家朝夕相伴，一路同行，作家同仁们深厚的文学功力，对黄河及治黄事业的独特视觉和极富个性的感情表达，使我深受启迪，获益匪浅。我将把这些多面而厚重的收获，化为种子，播撒在为黄河生生不息、安澜无恙而奋斗的创作田野里，力图结出新的丰硕果实。

传承精神保安澜——李良：

“责令李白改诗句，黄河之水手中来”。作为“行走黄河看水利”采风团的一员，从黄河入海口溯流而上，怀着对母亲河的敬畏之心走到三门峡，面对着湍流中的梳妆台，一下就把著名诗人贺敬之的名篇《三门峡——梳妆台》里的这两句诗，深深地印到了脑海里。

诗句中虽然充满了诗人的浪漫和豪情，但也道出了这样的事实，黄河安澜不是凭空从天上掉下来的，而是靠一代代水利人顽强拼搏争取来的。从遗迹中辨寻，从水利人的一段段叙述里，远眺白日依山尽的黄河，我们仿佛看到大禹三过家门而不入的公而忘私；看到贾让、王景细研河情，苦寻治河良策的殚精竭虑；看到靳辅、陈潢冒着倾盆大雨在大堤上巡查汛情，组织抢险的认真负责；看到林则徐不计个人荣辱以待罪之身与兵民一起抢险的日月丹心；看到王化云“化云为雨”心系百姓安危，在大河上下辛劳奔波的艰苦卓绝……透过这些人的背影，我真切地看到了中华民族的脊梁所在。

沿着九曲黄河一路走来，领略远见卓识的“上拦下排”治河方略，眼观囊括“鲁班奖”、“大禹奖”等大奖在内的坚固靓丽堤防，走近现代化治理黄河的高精科研成果，我知道，这是水利精神薪火传承的结果。

只要水利精神在，黄河今天安澜，明天、后天，永远都会安澜。

黄河宁　天下平——靳怀堾：

古人说：黄河宁，天下平。这次采风从山东东营黄河口溯流而上到甘肃兰州，一路走来，给我印象最深的是，自新中国成立至今，母亲河岁岁安澜，不再泛滥成灾！

众所周知，黄河是一条多泥沙的大河，“黄河斗水，泥居其七”，日积月累的泥沙淤积，使下游形成举世罕见的地上“悬河”。历史上，黄河“三年两决口，百年一改道”，给中华民族带来深重的灾难。为了解决黄河水患，人民治黄以来，一代代黄河水利人呕心沥血，多措并举，构筑起牢固的防洪屏障，他们在上中游大搞水土保持、修水库，在下游筑堤防、辟设蓄滞洪区，严密防守，科学调度，写就了黄河60余年波澜不惊的辉煌史诗，在黄河上矗立起了一座千秋丰碑。

与此同时，黄河水利人从放淤改土、引黄灌溉，到城乡供水、生态补源，通过不懈努力，让黄河化害为利，给两岸人民带来了越来越多的福祉。近年来，围绕着“堤防不决口、河道不断流、污染不超标、河床不抬高”的目标，用智慧和忠诚书写着治理开发黄河的新篇章。我们不禁从心底发出这样的呼唤：黄河，母亲河，谁也不能忘记您的养育之恩，您将在儿女们的呵护下永远奔流不息，造福中华民族！